Weis, Finke · Not- und Sicherheitsbeleuchtung

de-FACHWISSEN

Die Fachbuchreihe
für Elektro- und Gebäudetechniker
in Handwerk und Industrie

Bruno Weis, Hans Finke

Not- und Sicherheitsbeleuchtung

3., überarbeitete Auflage

Hüthig · München/Heidelberg

Produktbezeichnungen sowie Firmennamen und Firmenlogos werden in diesem Buch ohne Gewährleistung der freien Verwendbarkeit benutzt.
Von den im Buch zitierten Vorschriften, Richtlinien und Gesetzen haben stets nur die jeweils letzten oder die zum Zeitpunkt der Errichtung gültigen Ausgaben verbindliche Gültigkeit.

Autoren und Verlag haben alle Texte und Abbildungen mit großer Sorgfalt erarbeitet bzw. überprüft. Dennoch können Fehler nicht ausgeschlossen werden. Deshalb übernehmen weder Autoren noch Verlag irgendwelche Garantien für die in diesem Buch gegebenen Informationen. In keinem Fall haften Autoren oder Verlag für irgendwelche direkten oder indirekten Schäden, die aus der Anwendung dieser Informationen folgen.

Bibliografische Information der Deutschen Bibliothek
Die Deutsche Bibliothek verzeichnet diese Publikation in der Deutschen Nationalbibliografie; detaillierte bibliografische Daten sind im Internet über https://portal.dnb.de/ abrufbar.

Möchten Sie Ihre Meinung zu diesem Buch abgeben?
Dann schicken Sie eine E-Mail an das Lektorat
im Hüthig Verlag:
buchservice@huethig.de
Autoren und Verlag freuen sich über Ihre Rückmeldung.

ISBN 978-3-8101-0584-4

3., überarbeitete Auflage

Printed in Germany
Titelbild, Layout, Satz, Zeichnungen: schwesinger, galeo:design
Titelfotos: Hintergrund: Stock Foto ID: 108179351, TTstudio
Links: Notleuchte 161PX PROXIMA, Firma Adolf Schuch GmbH
Rechts: Notausgangsleuchte, SLV GmbH
Druck: Westermann Druck Zwickau GmbH

Vorwort zur 3. Auflage

Seit der letzten Auflage dieses Buches von 2017 hat sich im Bereich der Notbeleuchtung sehr viel geändert, besonders durch den Siegeszug der LED, die in der Not- und Sicherheitsbeleuchtung mit viel Erfolg zum Einsatz kommt. Erstaunlich war für uns, dass das Buch noch immer auf sehr großes Interesse stößt und inzwischen ausverkauft ist. Sehr erfreulich waren auch die Kommentare und Bemerkungen, die uns zu dem Werk erreicht haben. Gemeinsam haben wir das Buch aktualisiert und auf den heutigen Stand der Normung und Technik gebracht.

Unser Dank gilt vor allem den Kollegen, die uns durch aktive Zuarbeit und Korrekturlesen sehr geholfen haben: *Prof. Dr. Christoph Schierz* (TU-Ilmenau) für das Thema Lichttechnik, *Dr. Stephan Kloska* (VDE Prüf- und Zertifizierungsinstitut GmbH) für den Abschnitt EMV und EMF, *Haimo Huhle* (ehemals ZVEI) für den Bereich der Europäischen Richtlinien, *Hans-Gerd Kaiser* (TRILUX GmbH & Co. KG in Arnsberg) für den Bereich der elektrotechnischen Normen, *Steffen Alt* für den Bereich Explosionsschutz, *Frank Keim* für Fragen zu Notleuchten und *Jens Schütte* (alle Adolf Schuch GmbH) bei Fragen zur Normung und zur LED, *Jörg Finkeldei* und *Ulrich Höfer* (INOTEC), *Jürgen Prasuhn* (Eaton), *Axel Fischer* (Fischer Akkumulatorentechnik), *Wolfgang Scharpenberg* (Inlight) zu den aktuellen Fragen in der Notbeleuchtung und der Anlagentechnik.

2023

Prof. Dr.-Ing. habil. Bruno Weis,
Dipl.-Ing. (FH) Hans Finke

Inhaltsverzeichnis

1 Einleitung

Allgemeinbeleuchtung ist, als eine vom Netz der Stromversorgung abhängige Beleuchtung, durch den täglichen Umgang und einschlägige Normen und Vorschriften meist gut bekannt. Bei der *Notbeleuchtung*, die bei Ausfall oder Absinken der Netzspannung wirksam wird, kann man das weniger voraussetzen.

Erschwerend für das Verständnis der Notbeleuchtung sind die Vielfalt der Normen, Vorschriften und Richtlinien sowie die verschiedenen Begriffe.

In den letzten Jahren sind über die internationale Normung und die Europäischen Richtlinien einige Vereinfachungen eingetreten. Danach lautet der Oberbegriff Notbeleuchtung. Das ist die Beleuchtung, die nach Ausfall der Allgemeinen Beleuchtung wirksam wird. Dient die Beleuchtung dem sicheren Verlassen von Gebäuden oder dem Beenden eines potenziell gefährlichen Arbeitsablaufes, spricht man von *Sicherheitsbeleuchtung*.

Aufgrund des Arbeitsschutzgesetzes (ArbSchG, Gesetz über die Durchführung von Maßnahmen des Arbeitsschutzes zur Verbesserung der Sicherheit und des Gesundheitsschutzes der Beschäftigten bei der Arbeit, vom 7. August 1996 im BGBl. I S. 1246 [30]) gilt, dass der Arbeitgeber durch eine Gefährdungsbeurteilung ermitteln muss, ob für die Beschäftigten mit ihrer Arbeit verbundene Gefährdungen bestehen. Ist das der Fall, muss er entsprechende Arbeitsschutzmaßnahmen ergreifen. Ergibt die Gefährdungsbeurteilung, dass bei Ausfall der Allgemeinbeleuchtung mit einer Gefährdung zu rechnen ist, ist eine Sicherheitsbeleuchtung zu installieren.

Wenn eine Gefährdung ausgeschlossen werden kann, aber die Notwendigkeit besteht, dass Arbeitsprozesse weitergeführt werden und aus diesem Grund weiterhin Beleuchtung erforderlich ist, spricht man von Ersatzbeleuchtung. Anschaulich zeigt diese Zusammenhänge **Bild 1.1**.

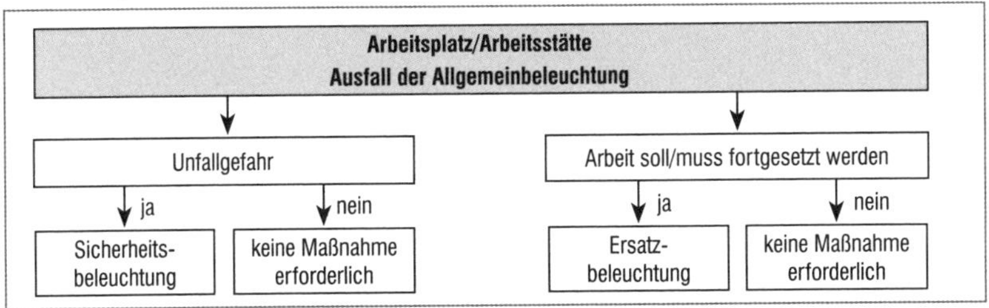

Bild 1.1 Gefährdungsbeurteilung zum Ausfall der Allgemeinbeleuchtung

In den folgenden Abschnitten werden die wichtigsten Erkenntnisse auf dem Gebiet der Notbeleuchtung zusammengestellt und diskutiert.

Ein Schwerpunkt gilt den fast unübersichtlich erscheinenden Vorschriften, Normen und Richtlinien. Die elektrotechnischen und lichttechnischen Anforderungen sowie die Planung und Messung der Notbeleuchtung werden ausführlich erläutert.

Die verschiedenen Notbeleuchtungssysteme wie Zentralbatterie- oder Einzelbatterieanlagen werden detailliert beschrieben, besonders im Hinblick auf die technischen Grundlagen und Vorschriften sowie die zugehörigen Systemleuchten.

Das Hauptaugenmerk dieses Buches richtet sich auf den deutschsprachigen Raum. Trotzdem werden die internationalen Aktivitäten entsprechend erwähnt und erläutert.

Das Buch wendet sich an alle, die sich mit dem Thema Notbeleuchtung befassen.

Hinweis zu der vorliegenden 3. Auflage

Das große Interesse an allgemeinen Informationen zur Not- und Sicherheitsbeleuchtung hat dazu geführt, dass die 2. Auflage dieses Buches von 2017 bereits ausverkauft ist und neu aufgelegt werden musste. Ein Grund dafür sind sicher auch die neuen technischen Möglichkeiten und deren technische Umsetzung in der Anlagen- und Leuchtentechnik. Man denke beispielsweise an die je nach Gefahrenlage anpassbare Fluchtweglenkung mit variierbaren Sicherheitszeichen und änderbaren Fluchtrichtungsanzeigen.

Dies hat großen Einfluss auf die Normung, die für sich in Anspruch nimmt, den Stand der anerkannten Regeln zu spiegeln.

---

2 Störung der Stromversorgung

Notbeleuchtung ist die Beleuchtung, die bei einer Störung der Stromversorgung der allgemeinen künstlichen Beleuchtung wirksam wird.

Die Notbeleuchtung ist über die Störung der Stromversorgung definiert. Aus diesem Grund ist es sinnvoll, sich über Störungsursachen und deren Folgen bei der Stromversorgung Gedanken zu machen.

Licht ist ein fundamentaler Bestandteil unseres Sicherheitsempfindens. Dunkelheit erzeugt Angst und daraus können die verschiedensten Unfallgefahren resultieren. Fällt in einem voll besetzten Theater die Beleuchtung aus, so bedarf es nur eines geringen Anlasses und unter den Besuchern bricht Panik aus. Noch gravierender können die Folgen sein, wenn dies beispielsweise auf einer Bohrinsel während eines Unwetters passiert.

Etwa 80 % unserer Sinnesempfindungen werden über das Auge aufgenommen. Fällt diese Empfängereinheit wegen fehlender Reize aus, so geraten wir in große Unsicherheit, da uns die wichtigsten Informationen für eine sinnvolle Reaktion fehlen. Kommen zu diesem Informationsausfall oder Defizit noch weitere erschwerende Parameter hinzu wie z. B.

- unerwartete Ereignisse,
- optische Störquellen,
- Rauchentwicklung,
- akustische Störmeldungen,
- Klaustrophobie,
- Menschengedränge,
- fehlende Ortskunde,
- Sehfehler,

so ist eine große Unfallgefahr gegeben.

Anlass für einen Stromausfall kann z. B. sein:

- Defekt in einem Kraftwerk,
- Kurzschluss,
- lokale Überlastung des Stromnetzes,
- Unwetter.

Im Darmstädter-Tagblatt vom 2. Juli 2016 heißt es:

„Stromausfall bei Heinerfest – Menschen in Gondeln gefangen: Zwölf Minuten ist alles dunkel – Fehler in Umspannwerk.

Ein Stromausfall hat am Freitagabend (1. Juli) weite Teile von Darmstadt und das Heinerfest lahmgelegt. Alle Fahrgeschäfte stoppten. Menschen waren zunächst darin gefangen, saßen etwa in den Gondeln des Riesenrads fest. Der Spuk dauerte etwa zwölf Minuten.“

Für die Stromversorgung des Endverbrauchers gilt in Deutschland das sogenannte (n–1)-Kriterium. Das (n–1)-Kriterium bedeutet, dass zu jeder Zeit ein elektrisches Betriebsmittel ausfallen darf, ohne dass es zu einer Unterbrechung der Energieversorgung kommt. Es müssen also in einem korrekt betriebenen System mindestens zwei negative Ereignisse zusammenkommen, damit beim Endverbraucher eine Störung auftritt.

Dass dies nicht immer eingehalten werden kann, zeigt anschaulich ein Bericht der Bundesnetzagentur zu einem der weitreichendsten Stromausfälle der letzten Jahre.

Ausgangspunkt war der Stromausfall am 4.11.2006 im Emsland, wo eine Höchstspannungsleitung von E.ON Netz GmbH (im Folgenden: E.ON Netz) ausgeschaltet worden war, um die gefahrlose Überführung eines Kreuzfahrtschiffes aus Papenburg zu ermöglichen. Es kam zur Überlastung der Verbindungsleitung Landesbergen-Wehrendorf, die sich dann automatisch abschaltete. Kaskadenartig fielen daraufhin von Nord nach Süd quer durch Europa weitere Leitungen aus, und das europäische Verbundnetz zerfiel in drei Teilnetze unterschiedlicher Frequenzen. Etwa 15 Millionen Menschen waren europaweit von dem Stromausfall betroffen. Die Stromversorgung war nach rund 1,5 Stunden wieder komplett hergestellt, die Zusammenschaltung der drei Teilnetze war um 24:00 Uhr beendet. Durch diesen größeren Stromausfall waren Teile von Deutschland, Frankreich, Belgien, Italien, Österreich und Spanien teilweise 120 Minuten ohne Strom. Sogar in Marokko waren die Auswirkungen spürbar.

Einen weiteren nennenswerten Stromausfall gab es am 30.1.2008 in Karlsruhe. Von 17:36 Uhr bis 18:40 Uhr fiel im gesamten Stadtgebiet von Karlsruhe der Strom aus. Die Ursache war die Explosion eines Transformators am Rheinhafen, der das Abschalten zweier weiterer Trafos auslöste.

Ein bemerkenswerter Stromausfall traf am 9.3.2010 das ZDF in Mainz. Für mehr als 30 Minuten fiel das ZDF-Sendezentrum auf dem Lerchenberg aus.

An diesen wenigen Beispielen sieht man, dass immer wieder Netzausfälle vorkommen können.

Die Bundesnetzagentur untersucht die Verfügbarkeit der Netze und publiziert die Ereignisse.

ANMERKUNG

Mit dem SAIDI (System Average Interruption Duration Index) kann international anerkannt eine Aussage über die Qualität der Stromnetze, bezogen auf deren Verfügbarkeit, getroffen werden (Pressemitteilung VIK, Verband der Industriellen Energie- und Kraftwirtschaft e.V., der Bundesnetzagentur).

In einer Pressemitteilung der Bundesnetzagentur vom 23. August 2021 heißt es: *„Die Zuverlässigkeit der Stromversorgung in Deutschland war im Jahr 2020 erneut sehr gut. Die bisher niedrigste Ausfallzeit des Jahres 2019 konnte im Jahr 2020 erneut unterboten werden“, sagt Jochen Homann, Präsident der Bundesnetzagentur. „Die Energiewende und der steigende Anteil dezentraler Erzeugungsleistung haben weiterhin keine negativen Auswirkungen auf die Versorgungsqualität.“*

„Die durchschnittliche Unterbrechungsdauer je angeschlossenem Letztverbraucher sank im Vergleich zum Vorjahreswert um 1,47 Minuten auf 10,73 Minuten. Dies ist die bisher geringste Ausfallzeit seit der ersten Veröffentlichung durch die Bundesnetzagentur im Jahr 2006.“

Die folgende Übersicht über die bundesweite Entwicklung der SAIDI-Werte von 2006 bis 2021 ist der Website VDE FFN Forum Netztechnik entnommen (**Bild 2.1**).

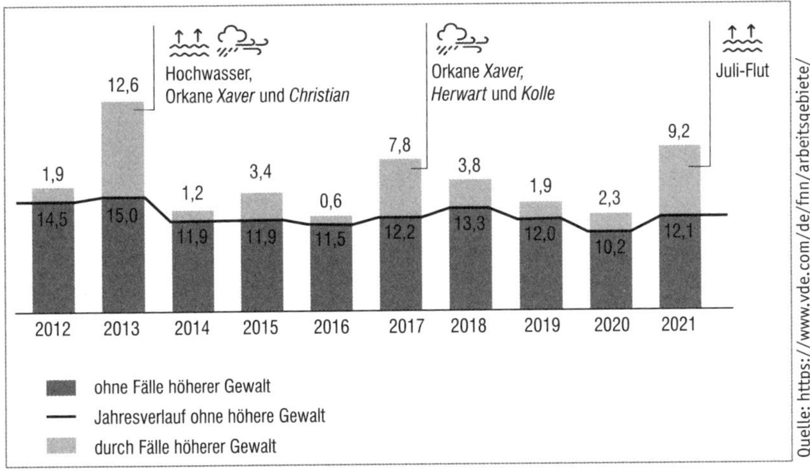

Bild 2.1 Durchschnittliche Strom-Unterbrechungsdauer pro Kunde ohne Fälle höherer Gewalt in Minuten

3 Rechtliche Grundlagen – Produktrecht und Arbeitsschutz

3.1 Produktrecht – Richtlinienkonformität

Wird ein Produkt, z. B. eine Notleuchte, im europäischen Markt in den Verkehr gebracht, so muss das Produkt den europäischen Richtlinien und Verordnungen genügen, in deren Geltungsbereich es fällt. Eine entsprechende Konformitätserklärung ist zu erstellen.

Die in den Richtlinien formulierten Produktanforderungen beschränken sich auf allgemein gehaltene sogenannte „grundlegende Anforderungen". Technische Detailfestlegungen werden nicht angegeben.

Zum Nachweis der Übereinstimmung mit Richtlinien und Verordnungen können Normen verwendet werden.

Bei Verwendung „harmonisierter Normen", auf die zu einschlägigen Richtlinien und Verordnungen im Amtsblatt der Europäischen Union (engl.: Official Journal of the EU, OJEU oder kurz OJ) verwiesen wurde, besteht die sogenannte „Vermutungswirkung".

ANMERKUNG
Das Amtsblatt der Europäischen Union ist die offizielle Quelle für das Recht der Europäischen Union und vergleichbar mit dem Bundesgesetzblatt in Deutschland.

Hält sich ein Hersteller an die „harmonisierte Norm", wird davon ausgegangen, dass sein Produkt die entsprechenden „grundlegenden Anforderungen" erfüllt. Ist beispielweise eine Behörde der Meinung, dass trotz normgerechter Konstruktion ein bestimmtes Produkt einen Sicherheitsmangel aufweist, obliegt die Beweislast der Behörde und nicht dem Hersteller. Zu beachten ist dabei, dass eine Norm nicht unbedingt alle grundlegenden Anforderungen einer Richtlinie gleichzeitig abdeckt. In diesem Fall müssen eventuell weitere Normen oder Technische Regeln herangezogen werden.

Für Produkte der Beleuchtungstechnik leiten sich die „grundlegenden Anforderungen" an die elektrische Sicherheit im Wesentlichen aus der Niederspannungsrichtlinie 2014/35/EU [26c] (LVD, engl.: Low Voltage Directive) ab.

Zweck dieser Richtlinie ist es, sicherzustellen, dass auf dem Markt befindliche elektrische Betriebsmittel den Anforderungen entsprechen, die ein hohes Schutzniveau in Bezug auf die Gesundheit und Sicherheit von Menschen und Haus- und Nutztieren sowie in Bezug auf Güter gewährleisten und gleichzeitig das Funktionieren des Binnenmarktes garantieren.

Diese Richtlinie gilt für elektrische Betriebsmittel zur Verwendung bei einer Nennspannung zwischen 50 V und 1.000 V für Wechselstrom und zwischen 75 V und 1.500 V für Gleichstrom mit Ausnahme der Betriebsmittel und Bereiche, die in Anhang II aufgeführt sind. (2014/35/EU)

Damit ein Produkt in der EU in Verkehr gebracht werden kann, muss die richtlinienkonforme Bauweise in einem EU-Konformitätsbewertungsverfahren durch den Hersteller nachgewiesen und dokumentiert werden. Im Regelfall führt der Hersteller diese Konformitätsbewertung selbst durch. Für Produkte mit erhöhtem Risiko (typisch bei Leuchten im Explosionsschutz, ATEX-Richtlinie zum Explosionsschutz, siehe Abschnitt D.4) ist die Einhaltung der technischen Parameter von einer unabhängigen Prüfstelle nachzuweisen, einer sog. „notifizierten Stelle" (engl. Notified Body). Nach erfolgreicher Überprüfung stellt der Hersteller eine Konformitätserklärung aus.

Eine Konformitätserklärung muss die folgenden Punkte enthalten:

- einmalige Kennnummer,
- Name und Anschrift des Herstellers bzw. Bevollmächtigten,
- eindeutige Bezeichnung des Produktes (Typ, Artikelnummer),
- Richtlinien und Verordnungen (gegebenenfalls mehrere), mit der die Konformität erklärt wird,
- die angewandten harmonisierten Normen oder andere technische Spezifikationen,
- Name und Kenn-Nummer der benannten Stelle bzw. „notifizierte Stelle" (NB = Notified Body), sofern beteiligt,
- rechtsverbindliche Unterschrift.

Die Konformitätserklärung einer Notleuchte, die als Produkt bezüglich der elektrischen Sicherheit maßgeblich der Niederspannungsrichtlinie 2014/35/EU [26c] zugeordnet ist, ist nicht für den Anwender des Produktes bestimmt und muss nicht dem Produkt selbst beigefügt sein. Sie ist vielmehr vom Hersteller auf Verlangen der zuständigen Behörde auszuhändigen. Es zeigt sich aber immer häufiger, dass auch vom Käufer des Produktes die aktuellen Konformitätserklärungen verlangt werden.

Für die Konformitätserklärung eines Beleuchtungsproduktes sind in jedem Fall die Anforderungen der in **Tabelle 3.1** aufgeführten Richtlinien einzuhalten. Eine Konformitätserklärung sollte die in Tabelle 3.1 gezeigten Textbausteine enthalten.

feststehende Textbausteine	variable Textbausteine
EU-Konformitätserklärung *EC Declaration of Conformity*	Nr. XX, MM/YYYY
Hiermit erklären wir unter unserer alleinigen Verantwortung, dass die im folgenden aufgeführten Produkte mit den im Weiteren aufgeführten EU-Richtlinien und -Normen übereinstimmen: *Hereby we declare under our sole responsibility, that the following products comply with the EU directives and standards listed below.*	Typenbezeichnung *Type designation*
Richtlinie 2014/35/EU – Niederspannungsrichtlinie (LVD) *Directive 2014/35/EU – Low Voltage Directive (LVD)*	Eingehaltene LVD-Normen *List of LVD Standards complied with*
Richtlinie 2014/30/EU – Elektromagnetische Verträglichkeit (EMV) *Directive 2014/30/EU – Electromagnetic Compatibility (EMC)*	Eingehaltene EMV-Normen *List of EMC standards complied with*
Richtlinie 2011/65/EU – Beschränkung der Verwendung bestimmter gefährlicher Stoffe in Elektro- und Elektronikgeräten (RoHS) *Directive 2011/65/EU – Restriction of the use of certain hazardous substances in electrical and electronic equipment (RoHS)*	Eingehaltene RoHS-Normen *List of RoHS Standards complied with*
Verordnung (EU) 2019/2020 – Ökodesign-Anforderungen an Lichtquellen und separate Betriebsgeräte gemäß der Richtlinie 2009/125/EG *Regulation (EU) 2019/2020 – Ecodesign requirements for light sources and separate control gears pursuant to Directive 2009/125/EC*	Eingehaltene ErP-Normen *List of ErP Standards complied with*
Diese Erklärung beinhaltet keine Zusicherung von Eigenschaften. Technische und sicherheitsbezogene Informationen der Produktdokumentation sind zu beachten. *This declaration does not contain any assurance of properties. Technical and safety-related information in the product documentation must be observed.*	Adresse Unterschriftsfeld *Address* *Signature*

Tabelle 3.1 Textbausteine einer EU-Konformitätserklärung nach LVD [26c]

Sobald dieses Beleuchtungsprodukt dauerhaft mit Funksendern oder Funkempfängern verbunden ist, wird es dem Geltungsbereich der Funkanlagenrichtlinie 2014/53/EU (RED, engl.: Radio Equipment Directive) [29] ergänzt durch Richtlinie EU/2022/2380 zugeordnet. Das Produkt wird zu einer Funkanlage:

„Funkanlage" ein elektrisches oder elektronisches Erzeugnis, das zum Zweck der Funkkommunikation und/oder der Funkortung bestimmungsgemäß Funkwellen ausstrahlt und/oder empfängt, oder ein elektrisches oder elektronisches Erzeugnis, das Zubehör, etwa eine Antenne, benötigt, damit es zum Zweck der Funkkommunikation und/oder der Funkortung bestimmungsgemäß Funkwellen ausstrahlen und/oder empfangen kann. (2014/53/EU)

Diese Priorisierung der RED gilt im Wesentlichen für jedes Produkt, das eigentlich dem Geltungsbereich der Niederspannungsrichtlinie (LVD) [26c] 2014/35/EU [26c] zuzuordnen ist. Die grundlegenden Anforderungen zur Produktsicherheit, zur elektromagnetischen Verträglichkeit und die zur effektiven und effizienten Frequenznutzung sind einzuhalten. In der Konformitätserklärung zu diesem Produkt nach RED wird aus formalen Gründen nicht explizit Bezug auf die Niederspannungsrichtlinie [26c] und die EMV-Richtlinie [29] genommen.

Für Produkte, die unter die Funkanlagenrichtlinie 2014/53/EU [29b] fallen, gilt im Gegensatz zur Niederspannungsrichtlinie, dass die Konformitätserklärung dem Produkt beigefügt werden muss. Diese kann in verkürzter Form beigelegt werden, unter Ergänzung einer Web-Adresse, unter der die vollständige Version heruntergeladen werden kann.

Die Konformitätserklärung zu einem Produkt, das unter die Funkanlagenrichtlinie [29] fällt, sollte die in **Tabelle 3.2** gezeigten Textbausteine enthalten.

Für internetfähige Produkte sind bzgl. der „Cybersecurity" gegebenenfalls auch noch Artikel 3, 3.d, 3.e und 3.f der Richtlinie hinzuzuziehen.

feststehende Textbausteine	**variable Textbausteine**
EU-Konformitätserklärung *EC Declaration of Conformity*	Nr. XX, MM/YYYY
Hiermit erklären wir unter unserer alleinigen Verantwortung, dass die im folgenden aufgeführten Produkte mit den im Weiteren aufgeführten EU-Richtlinien und -Normen übereinstimmen: *Hereby we declare under our sole responsibility, that the following products comply with the EU directives and standards listed below.*	Typenbezeichnung *Type designation*
Richtlinie 2014/53/EU – Funkanlagen (RED) – Artikel 3 (1.a): Gesundheit und Sicherheit *Directive 2014/53/EU – Radio Equipment (RED), Article 3 (1.a): Health and Safety*	Liste der Normen zur Klassifizierung Leuchtenart *List of standards for classification of type of lumina*
Richtlinie 2014/53/EU – Funkanlagen (RED) – Artikel 3 (1.b): Elektromagnetische Verträglichkeit *Directive 2014/53/EU – Radio Equipment (RED), Article 3 (1.b): Elektromagnetische Verträglichkeit*	Eingehaltene EMV-Normen *List of EMV standards complied with*
Richtlinie 2014/53/EU – Funkanlagen (RED) – Artikel 3 (1.a): Effektive Frequenznutzung *Directive 2014/53/EU – Radio Equipment (RED), Article 3 (2): Effective use of frequencies*	Eingehaltene Normen *List of standards complied with*
Richtlinie 2011/65/EU – Beschränkung der Verwendung bestimmter gefährlicher Stoffe in Elektro- und Elektronikgeräten (RoHS) *Directive 2011/65/EU – Restriction of the use of certain hazardous substances in electrical and electronic equipment (RoHS)*	Eingehaltene RoHS-Normen *List of RoHS Standards complied with*
Verordnung (EU) 2019/2020 – Ökodesign-Anforderungen an Lichtquellen und separate Betriebsgeräte gemäß der Richtlinie 2009/125/EG *Regulation (EU) 2019/2020 – Ecodesign requirements for light sources and separate control gears pursuant to Directive 2009/125/EC*	Eingehaltene ErP-Normen *List of ErP Standards complied with*
Diese Erklärung beinhaltet keine Zusicherung von Eigenschaften. Technische und sicherheitsbezogene Informationen der Produktdokumentation sind zu beachten. *This declaration does not contain any assurance of properties. Technical and safety-related information in the product documentation must be observed.*	Adresse Unterschriftsfeld *Address* *Signature*

Tabelle 3.2 Textbausteine einer EU-Konformitätserklärung nach RED [26c]

Wird für die „grundlegenden Anforderungen“ an eine „effektive und effiziente Frequenznutzung“ der „Funkanlage“ eine im Amtsblatt gelistete Norm angewendet, kann auf eine Konformitätsbewertung durch eine Benannte Stelle („Drittstellenzertifizierung“) verzichtet werden. Der Hersteller kann sie in eigener Verantwortung durchführen und dokumentieren.

Liegen Einzel(teil)bewertungen für das Beleuchtungsprodukt (ohne Funkfunktion) einerseits und den Funksender/-empfänger andererseits vor, können beide für die Bewertung des kombinierten Produktes herangezogen werden. Es ist jedoch eine Delta-Analyse durchzuführen, um zu bewerten, ob sich aus der Kombination zusätzliche Aspekte ergeben, die eine weitere Bewertung erfordern. Als Orientierung dient der Leitfaden ETSI EG 203 367 („Guide to ... combined radio and non-radio equipment“, nicht auf Deutsch erhältlich).

ANMERKUNG

Die hier wiedergegebenen Feststellungen und das Zitat sind aus einer ZVEI-Veröffentlichung des FV Licht zur Funkanlagenrichtlinie RED [10d] entnommenen.

Weitere Richtlinien zu Aspekten der Umweltverträglichkeit eines Produktes, zum Verbrauchschutz und der Information über die Verbrauchseigenschaften sind zu beachten. Sie betreffen unter anderem Anforderungen an die Kennzeichnung des Produktes, die Verwendung von gefährlichen Stoffen und deren Recyclingfähigkeit.

2010/30/EU	Richtlinie über die Angabe des Verbrauchs an Energie und anderen Ressourcen durch energieverbrauchsrelevante Produkte mittels einheitlicher Etiketten und Produktinformationen [20]
2006/25/EG	Richtlinie zum Schutz der Arbeitnehmer vor der Gefährdung durch physikalische Einwirkungen (künstliche optische Strahlung) [17a]
2010/31/EU	Gesamtenergieeffizienz von Gebäuden (Gebäudeenergierichtlinie) [21]
2012/27/EU	Energieeffizienzrichtlinie zur Änderung der Richtlinien 2009/125/EG [19] und 2010/30/EU [20] und zur Aufhebung der Richtlinien 2004/8/EG und 2006/32/EG [24]
2012/19/EU	Elektro- und Elektronik-Altgeräte (WEEE-Richtlinie) [23]
EG/1907/2006	Verordnung zur Registrierung, Bewertung, Zulassung und Beschränkung von Chemikalien (REACH-Verordnung) [14]

2013/35/EG	Richtlinie über Mindestvorschriften zum Schutz von Sicherheit und Gesundheit der Arbeitnehmer vor der Gefährdung durch physikalische Einwirkungen von elektromagnetischen Feldern [25]
EG/245/2009	Verordnung zur Festlegung von Anforderungen an die umweltgerechte Gestaltung von Leuchtstofflampen ohne eingebautes Vorschaltgerät, Hochdruckentladungslampen sowie Vorschaltgeräte und Leuchten zu ihrem Betrieb [13]
EU/2019/2020	Verordnung Festlegung von Ökodesign-Anforderungen an Lichtquellen und separate Betriebsgeräte gemäß der Richtlinie 2009/125/EG des Europäischen Parlaments und des Rates und zur Aufhebung der Verordnungen (EG) Nr. 244/2009, (EG) Nr. 245/2009 und (EU) Nr. 1194/2012 der Kommission [22b]

Wenn es keine aus Normen abgeleitete Anforderungen für ein Produkt gibt, oder von zutreffenden Normen abgewichen wird, muss die verwendete Spezifikation oder die Risikoanalyse zu dem Produkt mit deren Ergebnissen in der zu erstellenden Konformitätserklärung angegeben werden. Das Konformitätsbewertungsverfahren schließt die Erstellung einer kompletten technischen Dokumentation ein.

Im Rahmen der Konformitätserklärung und der damit verbundenen CE-Kennzeichnung (siehe Abschnitt 9.4.1), die vom Hersteller in alleiniger Verantwortung erstellt wird, übernehmen der Hersteller bzw. sein Bevollmächtigter, der Importeur oder Händler, Verantwortung für die folgenden Punkte:

a) Hersteller

- technische Aspekte des Produktes,
- Konformitätsbewertung und -erklärung,
- technische Dokumentation,
- Identifikation und Rückverfolgbarkeit.

b) Bevollmächtigter

- Teilaufgaben, die ihm vom Hersteller übertragen werden.

c) Importeur

- Prüfung der Pflichterfüllung des Herstellers,
- Sicherstellung der Verfügbarkeit der technischen Unterlagen,
- Bereithalten der Konformitätserklärung,
- Einhaltung der Rückverfolgbarkeit,
- unter Umständen „Ersatzhersteller“.

d) Händler
- Prüfung der Kennzeichnung und der erforderlichen Unterlagen,
- Einhaltung der Rückverfolgbarkeit,
- unter Umständen „Ersatzhersteller".

Der Aufbewahrungszeitraum der Konformitätserklärung beträgt zehn Jahre, nachdem das letzte Exemplar eines Serienproduktes in Verkehr gebracht wurde.

3.2 Arbeitsschutz

Der Arbeitsschutz in Deutschland ist zweigeteilt. Auf der einen Seite stehen das staatliche Recht, wie das Arbeitsschutzgesetz (ArbSchG) [30] und die Arbeitsstättenverordnung (ArbStättV) [31a], zuletzt geändert im Dezember 2020, und auf der anderen Seite die Vorschriften der Deutschen Gesetzlichen Unfallversicherung (DGUV) – siehe **Bild 3.1**.

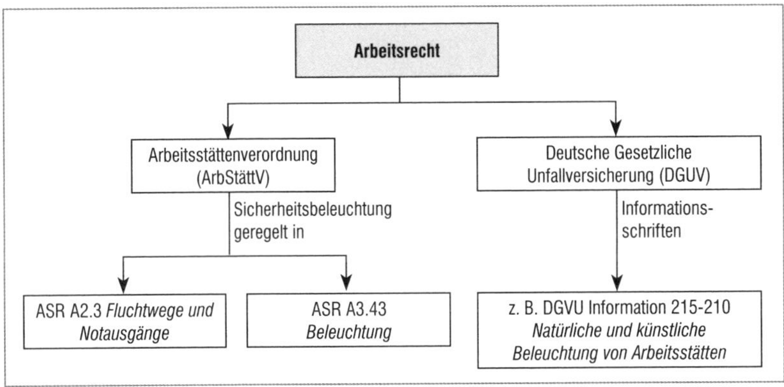

Bild 3.1 Arbeitsschutz in Deutschland

ANMERKUNG

Das Arbeitsschutzgesetz [30] ist ein deutsches Gesetz zur Umsetzung von EU-Richtlinien zum Arbeitsschutz. Auf Grundlage des Arbeitsschutzgesetzes wurden bis Juli 2013 folgende Verordnungen umgesetzt:
- Arbeitsschutzverordnung zu künstlicher optischer Strahlung (OStrV),
- Arbeitsstättenverordnung (ArbStättV [31a]),
- Baustellenverordnung (BaustellV),
- Betriebssicherheitsverordnung (BetrSichV [28]),
- Bildschirmarbeitsverordnung (BildscharbV),
- Biostoffverordnung (BioStoffV),

- Gefahrstoffverordnung (GefStoffV),
- Lärm- und Vibrations-Arbeitsschutzverordnung (LärmVibrationsArbSchV),
- Lastenhandhabungsverordnung (LasthandhabV),
- PSA-Benutzungsverordnung (PSA-BV),
- Verordnung zur arbeitsmedizinischen Vorsorge (ArbMedVV).

Einzelne Bereiche des Arbeitsschutzes werden durch Verordnungen abgedeckt. Herausragende Beispiele hierfür sind die Betriebssicherheitsverordnung mit Regelungen zur Verwendung von Arbeitsmitteln und die Arbeitsstättenverordnung, die den sicheren Betrieb und die menschengerechte Gestaltung der Arbeitsplätze zum Inhalt hat.

Anders als bei den Anforderungen an sichere Maschinen oder elektrische Betriebsmittel kann sich der Unternehmer beim Arbeitsschutz nicht allein auf DIN-Normen und VDE-Vorschriften stützen. Hier gelten die vom Bundesministerium für Arbeit und Soziales amtlich bekannt gemachten technischen Regeln für Arbeitsstätten (ASR), mit denen die rechtlichen Vorgaben der Arbeitsstättenverordnung [31a] weiter konkretisiert werden. Außerdem sind die Technischen Regeln für Betriebssicherheit (TRBS), die Betriebssicherheitsverordnung (BetrSichV) und die Technischen Regeln für Gefahrstoffe (TRGS) für den Ex-Schutz zu beachten.

Bis zur Einführung des Arbeitsschutzgesetzes [30] im August 1988 waren staatliche und berufsgenossenschaftliche Regeln prinzipiell gleichberechtigt. Seitdem haben die staatlichen Regelungen Vorrang. Diese schützen nicht nur die Beschäftigten eines Arbeitgebers, sondern auch die von Fremdfirmen, die in der Arbeitsstätte oder auf dem Betriebsgelände beschäftigt sind.

Folgendes wird zu Fluchtwegen und zur Sicherheitsbeleuchtung in der Arbeitsstättenverordnung [31a] verbindlich gefordert:

– *Fluchtwege und Notausgänge müssen*
  a) sich in Anzahl, Anordnung und Abmessung nach der Nutzung, der Einrichtung und den Abmessungen der Arbeitsstätte sowie nach der höchstmöglichen Anzahl der dort anwesenden Personen richten,
  b) auf möglichst kurzem Weg ins Freie oder, falls dies nicht möglich ist, in einen gesicherten Bereich führen,
  c) in angemessener Form und dauerhaft gekennzeichnet sein.

  Sie sind mit einer Sicherheitsbeleuchtung auszurüsten, wenn das gefahrlose Verlassen der Arbeitsstätte für die Beschäftigten, insbesondere bei Ausfall der allgemeinen Beleuchtung, nicht gewährleistet ist. (ArbStättV, Anhang A, Kapitel 2.3, Abs. 1)

– *Arbeitsstätten, in denen die Beschäftigten bei Ausfall der Allgemeinbeleuchtung Unfallgefahren ausgesetzt sind, müssen eine ausreichende Sicherheitsbeleuchtung haben.* (ArbStättV, Anhang A, Kapitel 3, Abs. 3)

Konkretisiert werden diese Forderungen in den aktuell im März 2022 neu herausgegeben technischen Regeln für Arbeitsstätten. Die bisherige ASR A3.4/7 *Sicherheitsbeleuchtung, optische Sicherheitsleitsysteme* ist zurückgezogen und in der Änderung von ASR A2.3 [33] aufgegangen. Die Belange zur Sicherheitsbeleuchtung für bestimmte Tätigkeiten und Arbeitsbereiche, die bisher auch in der ASR A3.4/7 geregelt waren, sind jetzt in die Änderung von ASR A3.4 *Beleuchtung* [34] eingeflossen. Die Gestaltung von Flucht- und Rettungsplänen, die bisher in der ASR A2.3 geregelt war, ist jetzt Teil der Änderung von ASR A1.3 *Sicherheits- und Gesundheitsschutzkennzeichnung* [32].

Ein kurzer Überblick über die Anforderungen an die Sicherheitsbeleuchtung aus ASR A2.3 [33] und ASR A3.4 [34] ist in **Tabelle 3.3** aufgeführt.

	Werte nach ASR A2.3 für Fluchtwege	**Werte nach ASR A3.4 für bestimmte Arbeitsbereiche**
Beleuchtungsstärke	≥ 1 lx	„auf Grundlage der Gefährdungsbeurteilung", mindestens aber ≥ 15 lx Allgemein bewährt 10 % der mittleren Beleuchtungsstärke der Allgemeinbeleuchtung
Gleichmäßigkeit der Ausleuchtung (Maximalwert zu Minimalwert)	< 40:1	< 10:1
Messung der Beleuchtungsstärke	auf der Mittellinie des Fluchtweges in max. 20 cm Höhe über dem Fußboden oder den Treppenstufen	„in der Bezugsebene" oder „am Ort der Sehaufgabe"
Farbwiedergabe	$R_a \geq 40$	$R_a \geq 40$
Zeit bis zum Erreichen der erforderlichen Beleuchtungsstärke[1)] – Neuanlagen – Bestandsanlagen – Fluchtwege der Arbeitsstätte mit einer regelmäßig „größeren Anzahl ortsunkundiger Personen"	50 % in 5 s und 100 % in 60 s 100 % in 15 s[2)] 100 % in 1 s	100 % in 0,5 s
Betriebsdauer[3)]	erforderlicher Zeitraum für das gefahrlose Verlassen der Arbeitsstätte mind. 30 min	mindestens für die Dauer der besonderen Gefährdung

1) Zeit, die nach dem Ausfall der Stromversorgung der Allgemeinbeleuchtung bis zum Erreichen der geforderten Beleuchtungsstärke maximal vergehen darf – bei Einsatz von Batterieanlagen als Sicherheitsstromquellen und LED als Lichtquelle sind Zeiten < 1 s realisierbar.

2) Der Wert gilt nur „bis die jeweiligen Bereiche wesentlich erweitert oder umgebaut werden".

3) In den Normen DIN EN 1838 und DIN VDE V 0108-100-1 (DIN VDE V 0108-100-1:2018-12 Sicherheitsbeleuchtungsanlagen – Teil 100-1: Vorschläge für ergänzende Festlegungen zu EN 50172:2004) ist diese Betriebsdauer als Bemessungsbetriebsdauer festgelegt und je nach Typ der baulichen Anlage auf 1 h, 3 h oder 8 h festgelegt.

Tabelle 3.3 Anforderungen an die Sicherheitsbeleuchtung

Die Anforderungen aus diesen technischen Regeln sind, sofern relevant, in den folgenden Abschnitten erläutert. Auch sind diese Anforderungen vollständig in Anhang B.2 wiedergegeben.

ANMERKUNG

Die vollständigen Texte dieser technischen Regeln für Arbeitsstätten sind kostenfrei im Internet unter www.baua.de/de/Themen-von-A-Z/Arbeitsstaetten/Arbeitsstaettenrecht.html einzusehen und herunterzuladen.

---

4 Baurecht

Die Bauordnung (BauO) oder Landesbauordnung (LBO) des jeweiligen Bundeslandes ist in Deutschland wesentlicher Bestandteil des öffentlichen Baurechts. Einem Rechtsgutachten des Bundesverfassungsgerichts zufolge liegt die Kompetenz für das Bauordnungsrecht bei den deutschen Bundesländern.

Die Bauordnung regelt als Hauptbestandteil des Baurechts die Anforderungen, welche bei Bauvorhaben zu beachten sind. Dagegen werden die Bedingungen, auf welchen Grundstücken überhaupt und in welcher Art und welchem Ausmaß gebaut werden darf, durch das Bauplanungsrecht bestimmt. Die Anforderungen der Bauordnung beziehen sich einerseits auf das Grundstück, andererseits auf seine Bebauung:

- die Erschließung,
- die Art der baulichen Nutzung,
- die Brandschutz- und Sozialabstände,
- die Gemeinschaftsanlagen, Spiel- und Stellflächen,
- den Nachbarschutz,
- das gesunde Wohnen (Belichtung, Raumhöhen, Schall-, Kälte- und Wärmeschutz),
- die Feuerwiderstandsklassen von Bauteilen,
- die Eignung von Bauprodukten,
- die Standsicherheit,
- die Flucht- und Rettungswege,
- die Sicherheit von Baustelle und Bauwerk.

Neben diesen materiellen Vorgaben regeln die Bauordnungen auch die Formalien des Baurechts, wie den Ablauf des Baugenehmigungsverfahrens, die Organisation der Bauaufsichtsbehörden und die Voraussetzungen für die Bauvorlageberechtigung.

Die Bauordnung wird ergänzt durch zugehörige Erlasse und Durchführungsbestimmungen sowie technische Baubestimmungen und bauaufsichtlich eingeführte Baunormen.

Auch weitere Themenbereiche zählen zum Bauordnungsrecht – beispielsweise die Garagenverordnung, Prüfungsbestimmungen zu Schornsteinen und Kaminen, usw.

Die Bauministerkonferenz (ARGEBAU), die sich aus Vertretern der Bundesländer zusammensetzt, sorgt dafür, dass die Musterbauordnungen

(MBO) [39] ständig aktualisiert werden. Die Musterbauordnungen sollen helfen, die dem Landesrecht unterliegenden Landesbauordnungen zu vereinheitlichen. Die Länderbauordnungen weisen deshalb im Wesentlichen übereinstimmende Vorschriften auf. Sie unterscheiden sich lediglich in Details.

Die aktuelle Fassung der Musterbauordnung stammt aus dem Jahr 2002 und wurde im September 2019 [39] zuletzt geändert. Welche Fassung für ein Bauvorhaben gilt, muss der jeweils gültigen Landesbauordnung LBO entnommen werden.

Im Anhang C werden relevante Abschnitte zur Sicherheitsbeleuchtung aus den Musterbauordnungen wiedergegeben.

5 Normen

Normen der Not- und Sicherheitsbeleuchtung können grundsätzlich in elektrotechnische und lichttechnische Normen eingeteilt werden. Dies geschieht auf nationaler, europäischer und internationaler Ebene.

Tabelle 5.1 führt die relevanten Normen aus dem Bereich der Elektrotechnik auf, gegliedert in Anlage, Leuchte und Betriebsgerät. **Tabelle 5.2** führt die relevanten Normen der Lichttechnik zur Anlage, zum Sicherheitszeichen und zur Messung auf.

Es ist zu beachten, dass die Tabellen 5.1 und 5.2 nur eine Auswahl darstellen. Produkte zur Not- und Sicherheitsbeleuchtung fallen unter anderem unter die Niederspannungsrichtlinie (2014/35/EU [26c]). Sie müssen zusätzlich eine ganze Reihe weiterer Anforderungen erfüllen, wie z. B. Anforderungen an Elektromagnetische Felder (EMF) und die Elektromagnetische Verträglichkeit (EMV) sowie zur photobiologischen Verträglichkeit – siehe Abschnitt 9.6.

Für den Leuchtenhersteller gilt die Grundnorm DIN EN 60598-1 [71] für die Leuchte und DIN EN 61347-1 [81] für das Betriebsgerät. Zusätzlich gelten die spezifischen Anforderungen aus diesen Normenreihen. Für Notleuchten ist dies DIN EN 60598-2-22 [74] und für das Betriebsgerät unter anderem DIN EN 61347-2-7 [83].

Bei den lichttechnischen Normen wird nicht zwischen Anwendung und Produkt unterschieden, wobei in Europa DIN EN 1838 [56a] *Notbeleuchtung* anzuwenden ist. International kann auf ISO 30061 [106] *Emergency lighting* Bezug genommen werden.

Elektrotechnik		national	europäisch	international
Anlagen	Anlagen für Sicherheitszwecke	DIN VDE 0100-560 [97a]		IEC 60364-5-56
	Räume und Anlagen besonderer Art	DIN VDE 0100-718 [99]		
	zentrale Stromversorgungssysteme	DIN EN 50171 [63]		
	Sicherheitsbeleuchtungsanlagen	DIN EN 50172 [64a]	EN 50172	
		DIN V VDE 0108-100-1 [96b]		
	Batterien	DIN EN IEC 62485 VDE 0510-485-2 [65]	EN IEC 62485	IEC 62485
Leuchten	allgemeine Anforderungen und Prüfungen	DIN EN IEC 60598-1 VDE 0711-1 [71]	EN IEC 60598-1	IEC 60598-1
	ortsfeste Leuchten für allgemeine Zwecke	DIN EN 60598-2-1 VDE 0711-2-1 [73a]	EN 60598-2-1	IEC 60598-2-1
	Leuchten für Notbeleuchtung	DIN EN 60598-2-22 VDE 0711-2-22 [74]	EN 60598-2-22	IEC 60598-2-22
Betriebsgeräte	allgemeine und Sicherheitsanforderungen	DIN EN 61347-1 VDE 0712-30 [81]	EN 61347-1	IEC 61347-1
	besondere Anforderungen an gleich- oder wechselstromversorgte elektronische Konverter für Glühlampen	DIN EN 61347-2-2 VDE 0712-32 [82a]	EN 61347-2-2	IEC 61347-2-2
	besondere Anforderungen an wechselstromversorgte elektronische Vorschaltgeräte für Leuchtstofflampen	DIN EN 61347-2-3 VDE 0712-33 [82b]	EN 61347-2-3	IEC 61347-2-3
	besondere Anforderungen an gleichstromversorgte elektronische Vorschaltgeräte für die Notbeleuchtung	DIN EN 61347-2-7 VDE 0712-37 [83]	EN 61347-2-7	IEC 61347-2-7
	besondere Anforderungen an gleich- oder wechselstromversorgte elektronische Vorschaltgeräte für Entladungslampen (ausgenommen Leuchtstofflampen)	DIN EN 61347-2-12 VDE 0712-42 [84]	EN 61347-2-12	IEC 61347-2-12
	besondere Anforderungen an gleich- oder wechselstromversorgte elektronische Betriebsgeräte für LED-Module	DIN EN 61347-2-13 VDE 0712-43 [85]	EN 61347-2-13	IEC 61347-2-13
	digital adressierbare Schnittstelle für Beleuchtung – besondere Anforderungen an Betriebsgeräte-Notbeleuchtung mit Einzelbatterie	DIN EN 62386-202 VDE 0712-0-202 [89]	EN 62386-202	IEC 62386-202
LED-Lichtquellen	LED-Module für Allgemeinbeleuchtung – Sicherheitsanforderungen	DIN EN 62031 VDE 0715-5 [87]	EN 62031	IEC 62031
	Sicherheitsanforderungen für LED-Lampen mit eingebautem Vorschaltgerät und > 50 V Versorgungsspannung	DIN EN 62560 VDE0715-13 [107]	EN 62560	IEC 62560
	Sicherheitsanforderungen für zweiseitig gesockelte LED-Lampen	DIN EN 62776 VDE 0715-16 [92]	EN 62776	IEC 62776

Tabelle 5.1 Normen der Elektrotechnik zur Not- und Sicherheitsbeleuchtung

Lichttechnik		national	europäisch	international
Installation	Notbeleuchtung	DIN EN 1838 [56a]	EN 1838	ISO 30061 [106]
	Notbeleuchtung	E DIN EN 1838 [56c]	prEN 1838	
Messung	Messung und Datenformat von Leuchten	DIN EN 13032-1 [58]	EN 13032-1	
	Photometrie und Datenformat der Sicherheitsleuchten	DIN EN 13032-3 [59]	EN 13032-3	CIE 121-SP1 [109]
	Beleuchtung mit künstlichem Licht – Messung und Bewertung	DIN 5035-6 [54a]		
Kenn-zeichnung	Gesundheitsschutzkennzeichnung am Arbeitsplatz	ASR A1.3 [32]	92/58/EWG [12a]	
	registrierte Sicherheitszeichen	DIN EN ISO 7010 [93]	EN ISO 7010	ISO 7010
	weitere Sicherheitszeichen	DIN 4844-2 [51]		
	Flucht- und Rettungsplan	DIN EN 23601 [62], ehemals DIN 4844-3		ISO 23601
	Gestaltungsgrundlage Sicherheits-zeichen	DIN ISO 3864-1 [94]		ISO 3864-1 [94]
	farb- und photometrische Eigen-schaften			ISO 3864-4 [110]
	farb- und photometrische Eigen-schaften und Erkennungsweite	DIN 4844-1 [50]		

Tabelle 5.2 Normen der Lichttechnik zur Not- und Sicherheitsbeleuchtung

6 Lichttechnik

In diesem Kapitel werden die wichtigsten Grundlagen und Begriffe der Lichttechnik zum Thema Notbeleuchtung behandelt. Grundlage ist u.a. DIN EN 12464-1 [60a], DIN EN 12665 [61] sowie das „Internationale Wörterbuch der Lichttechnik (ILV) – IEC-Publikation 50, Kapitel 845; Beleuchtung" der Norm CIE S 017 [49].

Das Auge als unser wichtigster Empfänger verfügt über eine sehr große Anpassungsfähigkeit. Wir können sowohl bei Mondlicht (ungefähr 0,2 lx) als auch bei hellem Sonnenlicht (ungefähr 100.000 lx) Gegenstände erkennen. Licht ist primär eine elektromagnetische Welle, wobei der sichtbare Bereich der Strahlung von 380 nm bis 780 nm reicht (siehe **Bild 6.1**). Alle lichttechnischen Grundgrößen entstehen dadurch, dass die entsprechende strahlungsphysikalische Größe mit der spektralen Hellempfindlichkeit des Auges gewichtet wird.

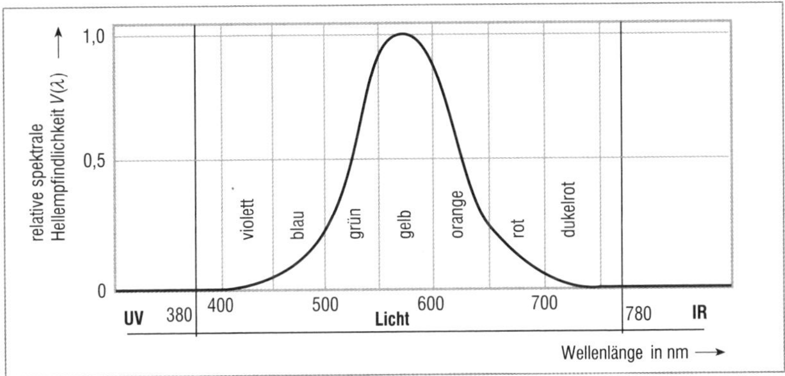

Bild 6.1 Spektrale Hellempfindlichkeit des Auges $V(\lambda)$ (Tagessehen – photopischer Bereich)

6.1 Tagessehen, Nachtsehen, Adaptation

6.1.1 Tages- und Nachtsehen

Wenn man davon ausgeht, dass nach DIN EN 1838 [56a] die Mindestbeleuchtungsstärke 1 lx auf den Achsen der Rettungswege sein soll, und wenn man weiter einen niedrigen Reflexionsgrad im Adaptationsbereich von

ϱ = 10 % voraussetzt, so erhält man bei diffuser Reflexion als Mindestleuchtdichte L = 0,03 cd/m^2. Mit diesem Wert ist man mitten im mesopischen Bereich. Nach DIN 5031 Teil 3 [53] erstreckt sich der mesopische Bereich von 10^{-3} cd/m^2 bis 10 cd/m^2. In diesem Übergangsbereich ist die spektrale Hellempfindlichkeit vom Adaptationsniveau abhängig, d.h. die Kurven liegen zwischen der $V(\lambda)$-Kurve für das Tagessehen (photopischer Bereich) und der $V'(\lambda)$-Kurve für das Nachtsehen (skotopischer Bereich).

Bei der Notbeleuchtung ist der mesopische Bereich, der Übergang von Tag zur Nacht, und der skotopische Bereich, das Sehen in der Nacht, relevant. Dass man bei der Notbeleuchtung trotzdem die Bewertung im photopischen Bereich zugrunde legt, hat den Grund, dass die Bewertung im mesopischen Bereich sehr komplex ist.

ANMERKUNG

Im Gegensatz zum photopischen und skotopischen Bereich ist die photometrische Bewertungsgröße im mesopischen Bereich keine additive Größe. Um eine Strahlungsbewertung in diesem Bereich durchführen zu können, muss für eine mesopische Bewertungsgröße Folgendes gelten:

1) Es muss eine eindeutige Maßzahl vorhanden sein.
2) Die Strahlung muss gemäß ihrem Helligkeitseindruck bewertet werden, d. h. Strahlungen gleicher Maßzahl erscheinen gleich hell.

Die Lösung dieser Aufgabe ist insbesondere wegen der Nicht-Additivität einer mesopischen Bewertungsgröße und der Forderung nach Eindeutigkeit nicht einfach. Die Lösung besteht darin, einen Vergleich zwischen der zu bewertenden Strahlung und einer bestimmten vorgegebenen Strahlung (spektrale Verteilung und Leuchtdichte sind bekannt) durchzuführen.

Erscheinen beide Strahlungen gleich hell, so wird die zu bewertende Strahlung durch die Leuchtdichte (= äquivalente Leuchtdichte L_{eq}) der Vergleichsstrahlung gekennzeichnet.

Wenn man die Sehleistung im mesopischen Bereich exakt bewerten will, d. h. Aussagen über die Grundfunktionen erhalten will, muss man die äquivalente Leuchtdichte zuhilfe nehmen. Dies ist jedoch für praktische Beleuchtungsfälle sehr aufwendig. Ein weiterer Grund, warum man die Betrachtungen für den photopischen Bereich durchführt, liegt daran, dass die Studien, aus denen photometrische Empfehlungen und Grenzwerte abgeleitet wurden, auch photopische Werte dokumentieren. Da diese Studien unter ähnlichen Bedingungen (Adaptation, Lichtfarbe bzw. S/P-Verhältnis) wie der Anwendungsfall (Notbeleuchtung) stattfanden, ist ein Beibehalten des photopischen Systems korrekt (und nicht nur einfacher), solange keine Bezüge zwischen stark unterschiedlichen Lichtfarben oder Adaptationsniveaus vorgenommen werden. Oder anders formuliert: Würde man eine mesopische Photometrie einführen, müssten auch die Empfehlungen und Grenzwerte in der Norm neu festgelegt werden (man kann nicht eine mesopisch gemessene Größe mit einem photopisch festgelegten Grenzwert vergleichen).

Aus diesen Gründen hat man sich bei der Notbeleuchtung für die photopische Bewertung entschieden, obwohl man sich bereits im mesopischen Bereich befindet.

Die weiteren Betrachtungen zur Notbeleuchtung werden nur im photopischen Bereich durchgeführt.

Die spektrale Hellempfindlichkeit des Auges $V(\lambda)$ im photopischen Bereich, das sogenannte „Tagessehen", ist die Basis aller lichttechnischen Grundgrößen. Die strahlungsphysikalischen Größen werden mit der spektralen Hellempfindlichkeit des Auges gewichtet (Bild 6.1).

6.1.2 Adaptation

Unter Adaptation versteht man entsprechend dem „Internationalen Wörterbuch der Lichttechnik" der CIE [49] den *„Vorgang der Anpassung des Sehorgans an vorherige und gegenwärtige Lichtreize unterschiedlicher Leuchtdichte, spektraler Strahlungsverteilung und Winkelausdehnung"*.

ANMERKUNG

Die Anpassung an die räumlichen Frequenzen, Orientierungen, Ausdehnungen usw. ist in dieser Definition eingeschlossen.

Im Fall der Notbeleuchtung spricht man von der sogenannten Dunkeladaptation, d. h. das Auge ist auf ein hohes Leuchtdichteniveau (≥ 3 cd/m^2) angepasst und muss sich nach Ausfall der Allgemeinbeleuchtung auf relativ geringe Leuchtdichten einstellen. Der umgekehrte Vorgang, die sogenannte Helladaptation, dauert nur einige Sekunden, während es bei der Dunkeladaption 30 min bis 60 min dauern kann, bis man sich an die geringen Leuchtdichteverhältnisse angepasst und eine optimale Sehleistung erreicht hat.

6.2 Lichtstrom

Der Lichtstrom Φ (**Bild 6.2**) ist der Anteil der gesamten Strahlungsleistung Φ_e, der durch Bewertung der Strahlung, entsprechend der spektralen Hellempfindlichkeit gemäß CIE, für das Auge sichtbar wird.

Für photopisches Sehen (Tagessehen) gilt:

$$\Phi = K_{cd} \cdot \Phi_{e,\lambda}(\lambda) \cdot V(\lambda) \cdot d\lambda$$

Φ	Lichtstrom in Lumen (lm)
K_{cd}	Konstante für photopisches Sehen (683 lm/W)
$\Phi_{e,\lambda}(\lambda)$	spektrale Verteilung der Strahlungsleistung
$V(\lambda)$	spektraler Hellempfindlichkeitsgrad

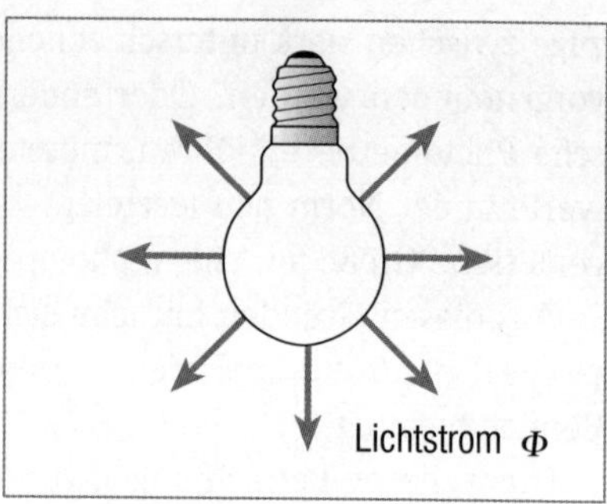

Bild 6.2 Lichtstrom Φ am Beispiel einer Lichtquelle

6.3 Beleuchtungsstärke

Die Beleuchtungsstärke E (**Bild 6.3**) ist der Quotient des Lichtstromes Φ, der auf die Fläche A auftritt. Die hiervon abgeleitete Definition lautet: Beleuchtungsstärke E ist das Integral $\int L \cos \Phi \, d\Omega$, gebildet über den Halbraum, der von dem gegebenen Punkt aus sichtbar ist.

$$E = \frac{d\Phi}{dA} = \int L \cos \varepsilon \, d\Omega$$

Die Beleuchtungsstärke E wird in Lux (lx) gemessen mit

$$1 \text{ lx} = 1 \frac{\text{lm}}{\text{m}^2}$$

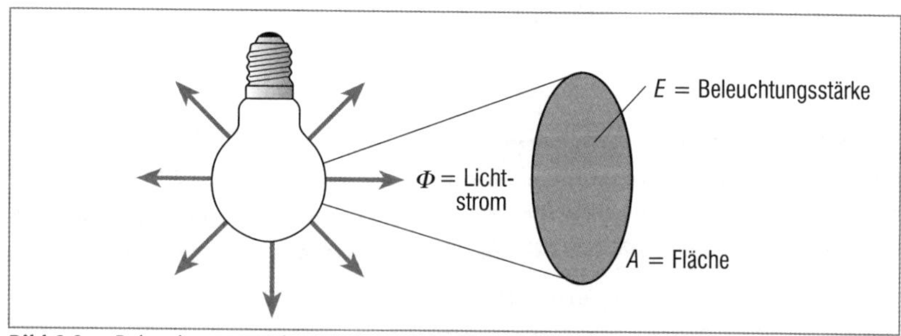

Bild 6.3 Beleuchtungsstärke E

6.3.1 Horizontale und vertikale Beleuchtungsstärke

Je nach Ebene, auf der die Beleuchtungsstärke gemessen wird, spricht man von der horizontalen Beleuchtungsstärke E_h und der vertikalen Beleuchtungsstärke E_v.

6.3.2 Gleichmäßigkeit der Ausleuchtung

Die Gleichmäßigkeit U_0 der Beleuchtungsstärke E ist $U_0 = E_{min}/E_{mittel}$

Die Ungleichmäßigkeit U_d nach DIN EN 1838 [56a] ist $U_d = E_{min}/E_{max}$

ANMERKUNG

In EN 12665 [61] wird U_d für den Begriff „Ausleuchtung" verwendet, der dort mit „höchste Gleichmäßigkeit der Beleuchtungsstärke" definiert ist. EN 1838 benutzt U_d [56a] als „Ungleichmäßigkeit", was sachlich nicht richtig ist, da mit $U_d = 1$ die beste Gleichmäßigkeit einer ausgeleuchteten Fläche erreicht ist.

6.3.3 Messraster der Beleuchtungsstärke

Nach DIN EN 12464-1 [60a] müssen Rastersysteme festgelegt werden, um die Punkte anzugeben, bei denen die Beleuchtungsstärke für den/die Bereich(e) der Sehaufgabe, unmittelbar(en) Umgebungsbereich(en) und Hintergrundbereich(e) gemessen, berechnet und überprüft werden.

Es heißt hier in DIN EN 12464-1 [60a] u. a.: *„Raster mit möglichst quadratischer Aufteilung werden bevorzugt; das Verhältnis von Länge zu Breite eines Rasterfeldes muss zwischen 0,5 und 2 liegen (siehe auch DIN EN 12193 [57] und DIN EN 12464-2 [60b]). Die maximale Rasterfeldgröße muss wie folgt sein:*

$$p = 0{,}2 \cdot 5^{\log_{10}(d)}$$

$$p \leq 10\,\mathrm{m}$$

p maximale Rasterfeldgröße in Meter

d längere Ausdehnung der Berechnungsfläche in Meter, wobei für den Fall, dass das Seitenverhältnis der längeren zur kürzeren Seite 2 oder mehr beträgt, d die kürzere Ausdehnung der Fläche in Metern ist.

Die Anzahl der Punkte der relevanten Ausdehnung ist durch den gerundeten ganzzahligen Wert des Verhältnisses d/p gegeben.

Der resultierende Abstand zwischen den Rasterpunkten wird für die Berechnung des gerundeten ganzzahligen Wertes der Anzahl an Rasterpunkten in der anderen Ausdehnung verwendet. Für das Verhältnis der Länge zur Breite einer Rasterzelle ergibt sich ein Wert nahe 1.

Ein Streifen von 0,5 m Breite von den Wänden wird von der Berechnungsfläche ausgeschlossen, es sei denn, die Bereiche der Sehaufgabe liegen innerhalb dieses Streifens oder ragen in ihn hinein."

ANMERKUNG

In DIN EN 12464-1 [60a] heißt es: *„Um eine starke Beeinträchtigung der Gleichmäßigkeit durch Berechnungspunkte in der Nähe der Wand zu vermeiden, kann ein*

Band neben der Wand von der Berechnung ausgeschlossen werden, es sei denn, der Bereich der Sehaufgabe liegt in diesem Grenzbereich oder reicht in diesen hinein. Die Breite dieses Bandes wird mit 15 % der kleinsten Abmessung des betrachteten Bereichs oder 0,5 m festgelegt, je nachdem, welcher der beiden Werte kleiner ist."

6.3.4 Wartungsfaktor

Der Wartungsfaktor MF gibt das Verhältnis der Beleuchtungsstärke bei der Inbetriebnahme und zum Zeitpunkt der Wartung an.

Eine Beleuchtungsanlage sollte mit einem alle Einflüsse berücksichtigenden Wartungsfaktor geplant werden, mit:

$$MF = LLMF \cdot LSF \cdot LMF \cdot RSMF$$

MF Wartungsfaktor (Maintenance Factor)
LLMF Lampenlichtstromfaktor (Lamp Lumen Maintenance Factor)
LSF Lampenlebensdauerfaktor (Luminaire Survival Factor)
LMF Leuchtenwartungsfaktor (Luminaire Maintenance Factor)
RSMF Raumwartungsfaktor (Room Surface Maintenance Factor)

ANMERKUNG

Die Systematik dieser Kürzel ist im Wandel. Das ILV der CIE [49] nutzt in der aktuellen Ausgabe die folgenden: f_M für MF, f_{LLM} für LLMF, f_{LS} für LSF, f_{ML} für LMF und f_{RSM} für RSMF.

Der Wartungsfaktor hängt vom Alterungsverhalten der Lampen, der Vorschaltgeräte, der Leuchten und der Umgebung ab.

Der Planer muss den Wartungsfaktor angeben und einen Wartungsplan erstellen, der den Lampenwechsel und das Reinigen der Leuchten und des Raumes beinhaltet. Für Einzelbatterieleuchten sowie für batteriegestützte Sicherheitsbeleuchtungsanlagen sind die zum Einsatz kommenden Batterien in den Wartungsplan einzubeziehen.

ANMERKUNG 1

Zum für Notbeleuchtung relevanten Wartungsfaktor siehe Abschnitt 7.2.1.

ANMERKUNG 2

Zur Änderung des Begriffs Einzelbatterieleuchte siehe Hinweise in Abschnitt 9.2.

6.4 Raumwinkel

Der Raumwinkel Ω (**Bild 6.4**) gibt das Verhältnis der Teilfläche A_k auf einer Kugeloberfläche zum Quadrat des Radius r an.

$$\Omega = A_k/r^2$$

Die Einheit des Raumwinkels Ω ist Steradiant (sr).

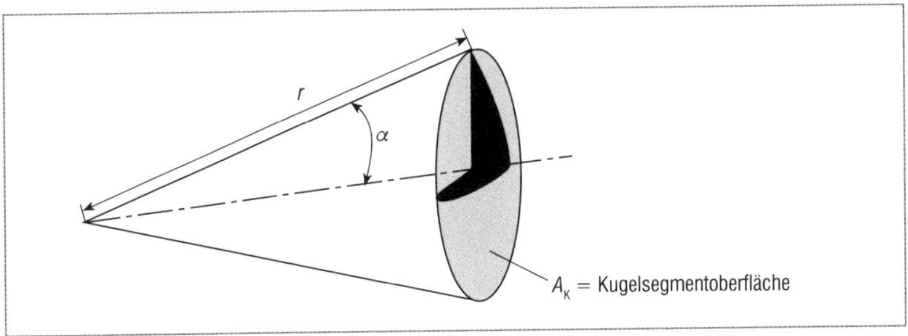

Bild 6.4 Raumwinkel Ω

6.5 Lichtstärke

Die Lichtstärke I ist der Quotient aus dem Lichtstrom $d\Phi$, der von einer Strahlungsquelle in einem Raumwinkelelement $d\Omega$ ausgesandt wird:

$$I = d\Phi/d\Omega$$

Die Einheit der Lichtstärke I ist Candela (cd).

Die Verteilung der Lichtstärke wird in sogenannten Lichtstärkeverteilungskurven (LVKs) dargestellt; beispielhaft gezeigt in **Bild 6.5** für eine tiefstrahlende und für eine breitstrahlende Leuchte.

Die Angabe bzw. Messung der Lichtstärkeverteilungskurve(n) (LVK) erfolgt in drei festgelegten Ebenen (siehe **Bilder 6.6, 6.7** und **6.8**).

Die Darstellung einer LVK einer Leuchte wird meist in C0–C180 und C90–C270 angegeben (siehe **Bild 6.9**).

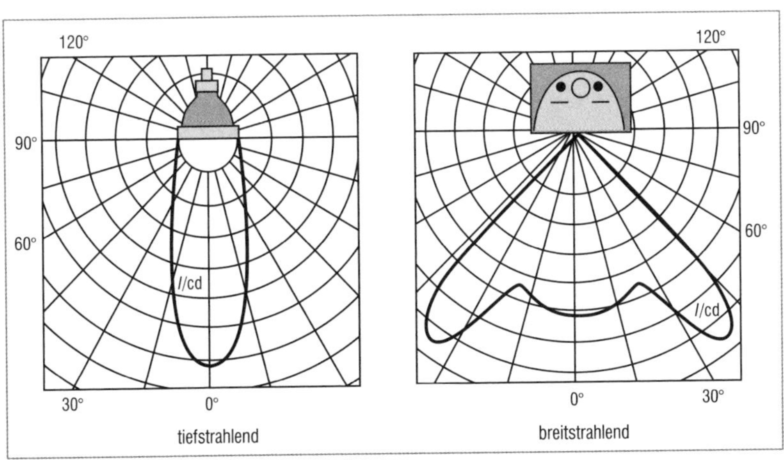

Bild 6.5 Beispiele für Lichtstärkeverteilungskurven

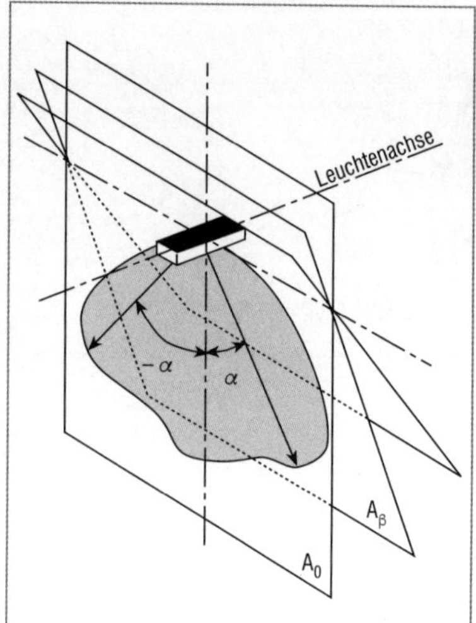

Bild 6.6 Lichtstärkeverteilungskurve in A-Ebene

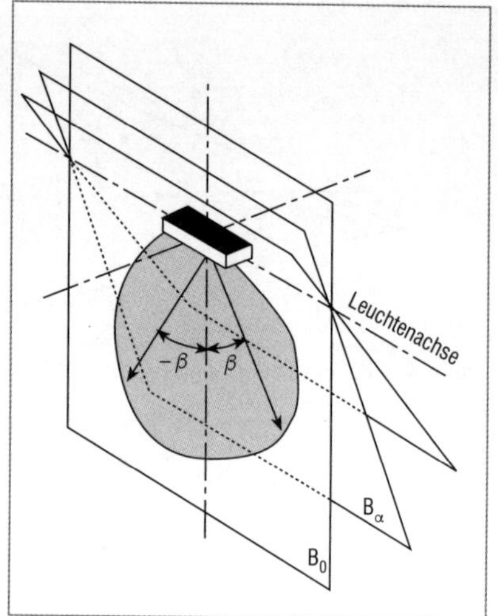

Bild 6.7 Lichtstärkeverteilungskurve in B-Ebene

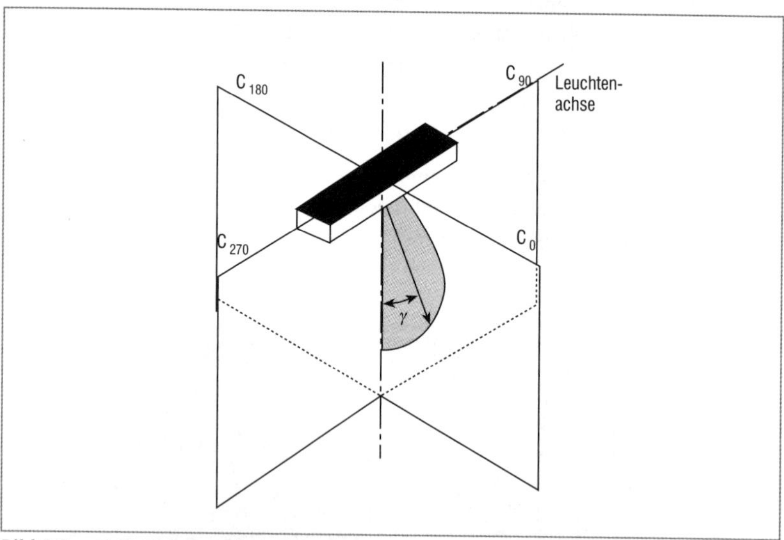

Bild 6.8 Lichtstärkeverteilungskurve in C-Ebene

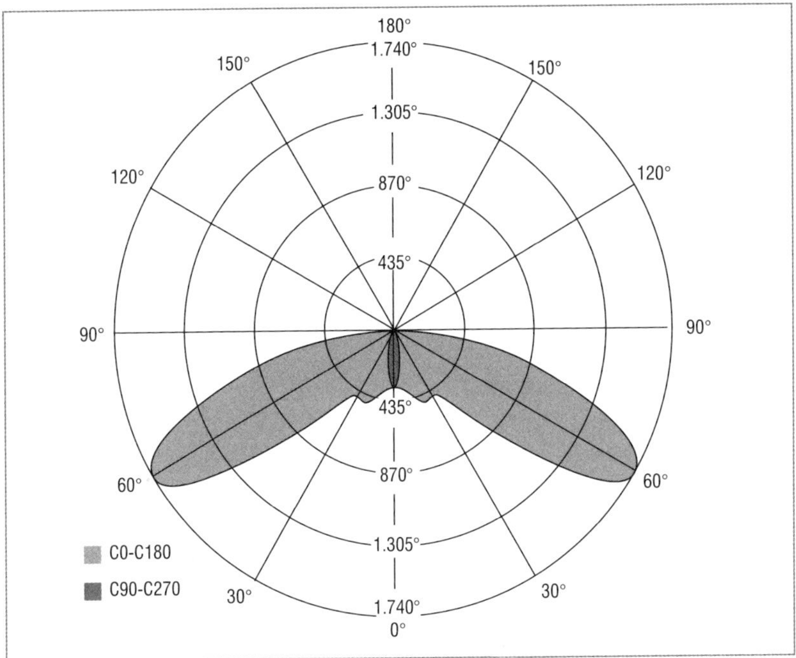

Bild 6.9 Lichtstärkeverteilungskurve (LVK) einer speziell für den Einsatz zur Ausleuchtung eines Rettungsweges optimierten LED-Leuchte

6.6 Leuchtdichte

Die Leuchtdichte L (**Bild 6.10**) ist ein Maß für den Helligkeitseindruck, den das Auge von einer selbstleuchtenden oder beleuchteten Fläche hat. Die Leuchtdichte L (in einer gegebenen Richtung, in einem gegebenen Punkt einer realen oder imaginären Oberfläche) ist definiert durch die Formel:

$$L = \mathrm{d}\Phi/\mathrm{d}A \cdot \cos\delta \cdot \mathrm{d}\Omega$$

$\mathrm{d}\Phi$ Lichtstrom, der in einem elementaren Bündel durch den gegebenen Punkt geht und sich in dem Raumwinkel $\mathrm{d}\Omega$, der die gegebene Richtung enthält, ausbreitet

$\mathrm{d}A$ Querschnittsfläche dieses Bündels, die den gegebenen Punkt enthält

δ Winkel zwischen der Normalen der Querschnittsfläche und der Richtung zum Beobachter

Die Einheit der Leuchtdichte L ist $\mathrm{cd/m^2}$ oder $\mathrm{lm/(m^2 sr)}$.

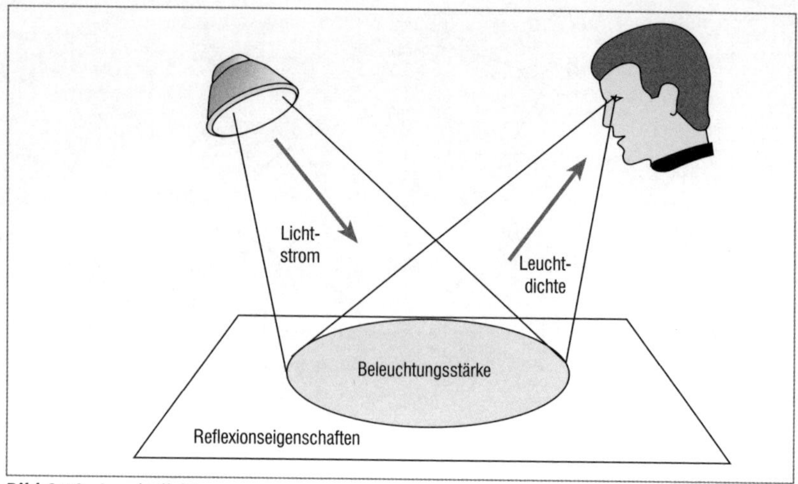

Bild 6.10 Leuchtdichte

6.7 Blendung

Unter Blendung versteht man einen Sehzustand, der durch eine ungünstige Leuchtdichteverteilung, durch zu hohe Leuchtdichten oder zu große räumliche oder zeitliche Leuchtdichtekontraste als unangenehm empfunden wird oder eine Herabsetzung der Sehfunktion zur Folge hat.

6.7.1 Psychologische Blendung

Die psychologische Blendung wird allein unter dem Gesichtspunkt der Störempfindung bewertet. Bei ihr wird ein unangenehmes Gefühl hervorgerufen, ohne dass damit eine merkbare Herabsetzung des Sehvermögens verbunden sein muss. Psychologische Blendung kann bei längerem Aufenthalt im Raum zu vorzeitiger Ermüdung und Herabsetzung von Leistung, Aktivität und Befinden führen.

6.7.2 Physiologische Blendung

Blendung, die zu einer Herabsetzung des Sehvermögens (z.B. Unterschiedsempfindlichkeit, Formenempfindlichkeit) führt, ohne dass damit ein unangenehmes Gefühl verbunden sein muss. In der Notbeleuchtung wird nur die physiologische Blendung berücksichtigt.

Grundlegende Berechnungen über die physiologische Blendung bei niedrigen Umfeldleuchtdichten wurden am Beispiel der Notbeleuchtung von *Weis* und *Willing* in der Licht-Forschung 1 (1979) publiziert [5].

Die physiologische Blendung wird meist durch die messbare Verminderung der Unterschiedsempfindlichkeit beschrieben. Die Wirkung einer Störlichtquelle stellt man sich als Überlagerung eines Lichtschleiers am Wahrnehmungsort der Retina vor, der die vorhandene Leuchtdichte erhöht und so z. B. die Unterschiedsempfindlichkeit störend beeinflusst.

Man bezeichnet eine gleichförmige, das Sehobjekt und Umfeld überlagernde Leuchtdichte, die dieselbe Schwellenwerterhöhung bewirkt wie die Blendlichtquelle, als äquivalente Schleierleuchtdichte L_s.

Aufgrund von experimentellen Ergebnissen lässt sich die Schleierleuchtdichte L_s wie folgt berechnen:

$$L_s = k \cdot E_{Bl} \cdot \Theta^{-2}$$

L_s äquivalente Schleierleuchtdichte, gemessen in cd/m²

E_{Bl} Beleuchtungsstärke am Hornhautscheitel des Auges in einer Ebene senkrecht zur Blickrichtung, gemessen in lx

Θ Winkel zwischen Blickrichtung und Verbindungslinie von Auge zur Blendlichtquelle, gemessen in Grad

k Konstante, die in der Praxis zu $k = 10$ angenommen wird

Für Leuchten, bei denen die direkte Sicht auf die Lichtquelle durch Optiken verdeckt ist, muss die maximale mittlere Leuchtdichte der Leuchte für die in Tabelle 6.1b angegebenen Werte des Ausstrahlungswinkels eingehalten werden (siehe **Bild 6.11**).

Die in den **Tabellen 6.1a** und **6.1b** angegebenen Werte gelten nicht für Leuchten mit ausschließlich nach oben gerichtetem Lichtanteil, der sich

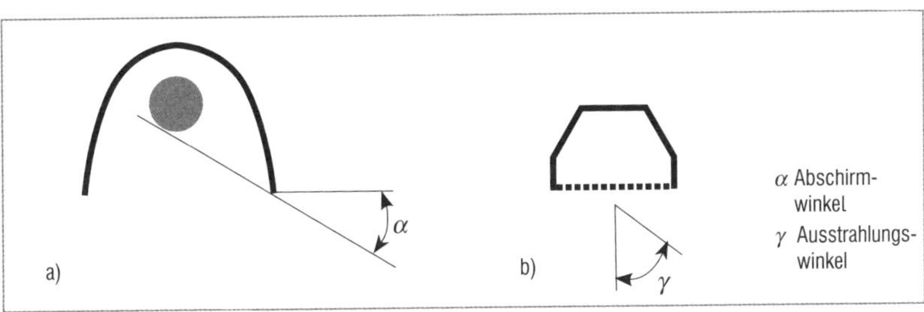

Bild 6.11 Abschirmwinkel α und Ausstrahlungswinkel γ

a) Querschnitt einer herkömmlichen Leuchte mit einer separaten Lichtquelle

b) Querschnitt durch einen leuchtenden Teil des optischen Elements, z. B. einen Teil einer LED-Leuchte

oberhalb der üblichen Augenhöhe befindet, oder für Leuchten, deren nach unten gerichteter Lichtanteil sich unterhalb der üblichen Augenhöhe befindet.

Bei Leuchten müssen die Mindestabschirmwinkel (Bild 6.11) im Gesichtsfeld eingehalten werden (Tabelle 6.1a).

Leuchtdichte der Lichtquelle in kcd/m²	Mindestabschirmwinkel α
20 bis < 50	15°
50 bis < 500	20°
≥ 500	30°

Tabelle 6.1a Mindestabschirmwinkel bei festgelegten Leuchtdichten der Lichtquelle

Ausstrahlungswinkel γ	maximale mittlere Leuchtdichte eines leuchtenden optischen Elements in kcd/m²
$75° \leq \gamma < 90°$	≤ 20
$70° \leq \gamma < 75°$	≤ 50
$60° \leq \gamma < 70°$	≤ 500

Tabelle 6.1b Maximale mittlere Leuchtdichte eines leuchtenden optischen Elements bei bestimmten Ausstrahlungswinkeln

ANMERKUNG
Die Werte in Tabelle 6.1a gelten nicht für Deckenfluter oder für Leuchten, deren nach unten gerichteter Lichtanteil sich unterhalb der üblichen Augenhöhe befindet.

6.7.3 Direktblendung

Unter Direktblendung versteht man eine Blendung, die unmittelbar durch Leuchten oder leuchtende Flächen hervorgerufen wird. Die Direktblendung wird auch Infeldblendung genannt, da sie durch selbstleuchtende Objekte verursacht wird, die sich besonders nahe zur Blickrichtung befinden.

6.7.4 Reflexblendung

Unter Reflexblendung versteht man eine Blendung und Kontrastminderung, die durch Spiegelung hoher Leuchtdichten auf glänzenden Oberflächen hervorgerufen werden. Durch Reflexion verursachte Blendung tritt dann speziell auf, wenn Reflexbilder das beobachtete Sehobjekt überlagern oder in seiner Nähe auftreten.

Helle Lichtquellen können Reflexblendung verursachen und das Sehen von Objekten beeinträchtigen. Dies muss beispielsweise durch geeignete

Abschirmung von Lichtquellen oder durch geeignete Abschattung von hellem Licht durch Tageslichtöffnungen vermieden werden.

6.8 Lichtfarbe

Die Lichtfarbe ist die Farbempfindung, die dem Licht eines Selbstleuchters oder reflektiertem Licht zugeordnet ist. Selbstleuchter, die in ihrer natürlichen Umgebung gesehen werden, haben üblicherweise in diesem Sinn die Erscheinung einer Lichtfarbe. Die Lichtfarbe von künstlichem Licht wird nach [60a], wie in **Tabelle 6.2** beschrieben, angegeben.

Lichtfarbe	ähnlichste Farbtemperatur T_{CP} in K
Warmweiß	< 3.300
Neutralweiß	3.300 ... 5.300
Tageslichtweiß	> 5.300

Tabelle 6.2 Lichtfarbe und Farbtemperatur

6.9 Farbwiedergabe

Unter Farbwiedergabe versteht man die Beziehung zwischen der Farbe eines Objektes unter einer Bezugslichtart und der Farbe des Objektes unter der zu beurteilenden Beleuchtung. Anders formuliert: Die Farbwiedergabe ist die Auswirkung einer Lichtart auf das Aussehen von Farben von Objekten, die mit ihr beleuchtet werden, im Vergleich zum Farbeindruck der gleichen Objekte unter einer Bezugslichtart.

Im Deutschen wird der Begriff „Farbwiedergabe“ auch für den Bereich der Farbreproduktion angewendet.

Zur Kennzeichnung der Farbwiedergabeeigenschaften wird der allgemeine Farbwiedergabe-Index R_a verwendet, der im besten Fall 100 betragen kann. Je niedriger der R_a-Wert einer Lichtquelle, umso schlechter ist die Farbwiedergabe und umso stärker erscheinen die Farben eines beleuchteten Objektes verändert.

6.10 Flimmern und stroboskopische Effekte

Flimmern und stroboskopische Effekte sind zu vermeiden, da stroboskopische Effekte zu Fehlinterpretationen von z. B. rotierenden oder sich hin und her bewegenden Maschinenteilen führen können.

6.11 Reflexionsgrad – Transmissionsgrad – Absorptionsgrad

Der Reflexionsgrad ρ ist das Verhältnis des zurückgeworfenen Lichtstroms zum auffallenden Lichtstrom auf eine Fläche unter gegebenen Bedingungen.

Der Transmissionsgrad τ ist das Verhältnis des durchgelassenen Lichtstroms zum auffallenden Lichtstrom auf eine Fläche unter gegebenen Bedingungen.

Der Absorptionsgrad α ist das Verhältnis des absorbierten Lichtstroms zum auffallenden Lichtstrom auf eine Fläche unter gegebenen Bedingungen.

Aus Energiebilanzgründen gilt:

$$\rho + \tau + \alpha = 1$$

6.12 Berechnung der Beleuchtungsstärke

In der Praxis benutzt man die sogenannte Lichtstärkemethode. Diese Berechnungsmethode wird am Beispiel punktartiger Lichtquellen erläutert. Weitere Verfahren, insbesondere für linienförmige Lichtquellen, sind in der Literatur angegeben.

In der Notbeleuchtung wird hauptsächlich die Lichtstärkemethode für punktähnliche Lichtquellen benutzt, da reflektiertes Licht von z. B. den Wänden und der Decke nur unter besonderen Bedingungen bei Notbeleuchtung Berücksichtigung finden darf.

Die Lichtstärkemethode für punktähnliche Lichtquellen stellt ein relativ einfaches Berechnungsverfahren dar, um die direkt aus einer Leuchte austretende Strahlung auf der Nutzebene zu bewerten. Sie geht von der Voraussetzung aus, dass die Lichtquelle im Verhältnis zur Entfernung des Berechnungspunktes relativ klein ist:

$$r \geq 5d$$

r Entfernung zwischen Lichtquelle und Berechnungspunkt

d größte Ausdehnung der Lichtquelle

Die Beleuchtungsstärke E_P in einem Punkt P, der den Abstand r von der Lichtquelle hat (siehe **Bild 6.12**), wird berechnet mit:

$$E_P = \frac{I(\gamma) \cdot \cos\gamma}{r^2}$$

$$E_P = \frac{I(\gamma) \cdot \cos^3\gamma}{h^2}$$

$$E_P = \frac{I(\gamma) \cdot h}{(a^2 + b^2 + h^2)^{3/2}}$$

$I(\gamma)$ Lichtstrom in der angegebenen Richtung

γ Winkel zwischen der Normalen auf die Fläche und dem Strahlbündel zum Punkt P

a, b Koordinaten des Punktes P

h Höhe der Leuchte über der beleuchteten Fläche

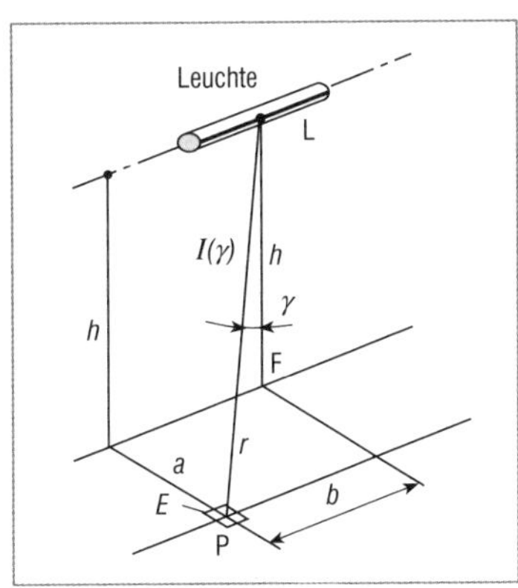

Bild 6.12 Geometrie zur Berechnung der horizontalen Beleuchtungsstärke in einem Punkt P

Sind mehrere Leuchten vorhanden, so addieren sich die Beiträge linear, d. h., es gilt:

$$E = E_1 + E_2 + E_3 + \ldots + E_n$$

n Anzahl der Leuchten

7 Lichttechnische Anforderungen

DIN EN 1838:2019 [56b], *Notbeleuchtung* – erstmals erschienen im Juli 1999 – ist eine europaweit gültige Norm. Diese Norm gliedert grundlegend die unterschiedlichen Arten der Notbeleuchtung, angefangen bei der Sicherheitsbeleuchtung über die Antipanikbeleuchtung bis hin zur Ersatzbeleuchtung (siehe **Bild 7.1**).

Es werden die im „Notbetrieb“, d.h. bei gestörter Stromversorgung der Allgemeinbeleuchtung einzuhaltenden lichttechnischen Werte (Beleuchtungsstärke, Gleichmäßigkeit und Blendungsbegrenzung etc.) auf Flucht- und Rettungswegen und auszuleuchtenden Bereichen festgelegt. Es wird beschrieben, wo Sicherheitszeichen zur Kennzeichnung der Rettungswege vorzusehen sind. Dies geschieht unter Berücksichtigung von Qualitätskriterien für Rettungszeichenleuchten und beleuchtete Rettungszeichen, und von Leuchtdichte, Kontrast- und Gleichmäßigkeitswerten der lichttechnisch relevanten Flächen dieser Leuchten.

In DIN EN 1838 von 2019 [56b] wird gegenüber der Ausgabe von 1999 darüber hinaus explizit darauf hingewiesen, dass die Kennzeichnung von Rettungswegen im *„Netz- bzw. im Normalbetrieb“* bei nicht „gestörter“ Allgemeinbeleuchtung besonderen lichttechnischen Anforderungen unterliegt. In Deutschland ist diese Forderung bereits in DIN V VDE V 0108-100 [96a] umgesetzt. Dort heißt es, *„die Rettungswegkennzeichnung bei Vorhandensein der allgemeinen Stromversorgung muss die lichttechnischen Anforderungen der DIN 4844-1 [50] erfüllen.“* In der technischen Regel für Arbeits-

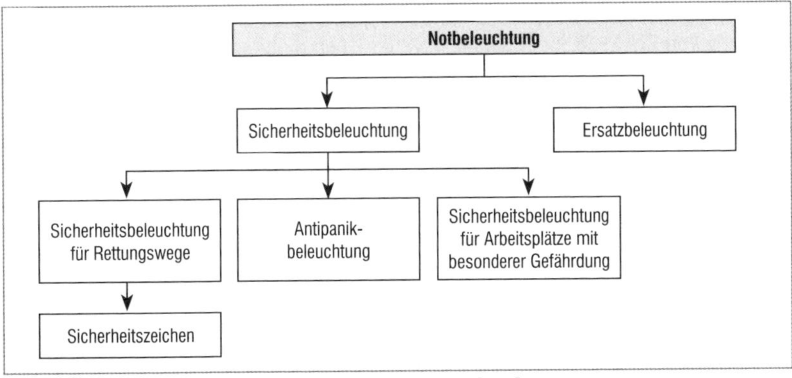

Bild 7.1 Arten der Notbeleuchtung nach DIN EN 1838 [56a]

stätten ASR A1.3 [32] ist das durch einen entsprechenden Hinweis zur Auffälligkeit von Sicherheitszeichen umgesetzt: *„Leuchtzeichen sind deutlich erkennbar anzubringen. Die Helligkeit (Leuchtdichte) der abstrahlenden Fläche muss sich von der Leuchtdichte der umgebenden Flächen deutlich unterscheiden, ohne zu blenden.“* Was das für die Ausleuchtung der Sicherheitszeichen im „Not- und im Netz- bzw. im Normalbetrieb“ bedeutet, geht auf DIN 4844-1 [50] und DIN EN 1838 [56b] zurück und ist in **Tabelle 7.2** detailliert aufgeführt.

Für eine Sicherheitsbeleuchtungsanlage, die unter Berücksichtigung der lichttechnischen Parameter von DIN EN 1838 [56b] und DIN VDE V 0108-100-1 [96b] ausgeführt wird, ist sicherzustellen, dass Flucht- und Rettungswege mit den entsprechenden Anforderungen für Rettungszeichen und deren Ausleuchtung im Normalbetrieb und mit mindestens den Anforderungen für den Notbetrieb gekennzeichnet sind und dass alle sicherheitsrelevanten Bereiche bei Ausfall der Allgemeinbeleuchtung ausreichend beleuchtet sind. Zur Ausleuchtung der Flucht- und Rettungswege werden Sicherheitsleuchten eingesetzt. Zur Kennzeichnung der Flucht- und Rettungswege und der Notausgänge werden Rettungszeichenleuchten bzw. beleuchtete Rettungszeichen verwendet. Diese Leuchten müssen die Anforderungen nach DIN EN 60598-1 [71] und DIN EN 60598-2-22 [74] erfüllen.

ANMERKUNG

In Deutschland ist DIN EN 1838:2013-10 [56a] mit Ausgabe 2019-11 [56b] in einer Neufassung herausgegeben worden. In dieser Ausgabe sind Korrekturen der deutschen Übersetzung vorgenommen, die allerdings den technischen Inhalt nicht verändern.

Die für die europäischen Normen EN 1838 [56a] und EN 50172 [64a] zuständigen Gremien bei CEN und CENELEC sind übereingekommen, dass die lange fällige Überarbeitung von EN 1838 [56a] parallel mit der Überarbeitung von EN 50172 [64a] erfolgen soll.

Ziel dabei ist, die lichttechnischen Parameter zur Ausleuchtung und Kennzeichnung von Rettungswegen und von Arbeitsbereichen im Rahmen der Sicherheitsbeleuchtung einschließlich der „hervorzuhebenden Stellen“ von Anforderungen an die Installation bzw. den Betrieb von Sicherheitsbeleuchtungsanlagen klar zu trennen und Doppelfestlegungen zu vermeiden.

Beide Entwürfe zu EN 1838 [56a] und EN 50172 [64a] liegen seit Mitte 2022 vor. Durch die klare Trennung der lichttechnischen Anforderungen von Anforderungen an Installation und Betrieb von Sicherheitsbeleuchtungsanlagen ändern sich Struktur und Aufbau dieser Normen stark.

Die nachfolgenden Punkte geben einen Überblick über die wesentlichen Änderungen des Entwurfs zu EN 1838 [56c] gegenüber der Ausgabe von 2013.

a) Der Anwendungsbereich von EN 1838 ist um „nicht-statische“ und „niedrigmontierte“ Notbeleuchtungssysteme erweitert.
b) Die Gliederung der verschiedenen „Bereiche“ der Not- und Sicherheitsbeleuchtung wird um „Local Area Lighting“, im deutschen „örtliche Beleuchtung“ ergänzt.
c) Die „hervorzuhebenden Stellen“ (siehe Abschnitt 7.2.4), die in DIN EN 1838 [56b], 4.1.2, ausgewiesen werden, werden in dem Entwurf neu strukturiert und zum Teil detailliert beschrieben. Anforderungen für bestimmte Bereiche, wie Toiletten und Umkleideräume, Schwimmbecken und die umgebenden Bewegungsflächen und auch für bestimmte Betriebsstätten und Schaltwarten, sind hinzugekommen.
d) Anhang A zur Bestimmung der erforderlichen Bemessungsbetriebsdauer und Aktivierungszeit (engl.: Activation Time) der Sicherheitsbeleuchtung und Anhang B zur Vorort-Messung der Sicherheitsbeleuchtung sind neu aufgenommen im Entwurf zu EN 1838 [56c].
Diese Anhänge sind wortgleich auch im Entwurf zu EN 50172 [64b] aufgenommen. Nach der Entwurfsphase von EN 1838 und EN 50172 wird entschieden, in welcher EN diese Anhänge entfallen können, um eine Doppelnormung auszuschließen.
e) Für die Bemessungsbetriebsdauer einer Sicherheitsbeleuchtungsanlage von mindestens 1 h für die verschiedenen Arten der Sicherheitsbeleuchtung wird in dem neuen Anhang A in EN 1838 [56b] zum Teil ein über eine Stunde hinaus verlängerter Zeitraum für die Bemessungsbetriebsdauer empfohlen. Diese Empfehlungen werden aus einem Kriterienkatalog abgeleitet für Risiken eines Gebäudes bzw. aufgrund der Gebäudenutzung.

Ob die Änderungen in den Punkten a) bis e) dann auch in der später verabschiedeten Neuausgabe umgesetzt werden, kann vom heutigen Diskussionsstand nicht sicher beurteilt werden.

7.1 Kennzeichnung von Flucht- und Rettungswegen

Der Verlauf von Flucht- und Rettungswegen, Türen in diesem Verlauf sowie Notausgänge sind mit Rettungszeichen zu kennzeichnen. Von jedem Standort eines möglichen Betrachters muss mindestens ein Rettungszeichen, beleuchtet oder hinterleuchtet, erkennbar sein. In EN 1838 [56b] heißt es dazu: *„Wenn eine direkte Sicht auf einen Notausgang nicht möglich ist, müssen ein oder mehrere beleuchtete oder hinterleuchtete Rettungszeichen angebracht werden, um das Erreichen des Notausgangs zu erleichtern“* (siehe auch Abschnitt 7.1 *Rettungszeichen*).

Sicherheitszeichen werden maßgeblich durch ihre Sicherheitsfarbe (Rot = Verbot, Blau = Gebot, Gelb = Warnung, Rot = Brandschutz und Grün = Gefahrlosigkeit), ihre Form und ein Bildzeichen bestimmt. Festlegungen dazu finden sich in ISO 3864-1 [94], DIN 4844-1 [50], ISO 7010 [93] und ASR A1.3 [32].

„Sicherheitszeichen ist ein Zeichen, das durch Kombination von geometrischer Form und Farbe sowie graphischem Symbol eine bestimmte Sicherheits- und Gesundheitsschutzaussage ermöglicht.“ (ASR A1.3 und DIN 4844-1)

„Rettungszeichen ist ein Sicherheitszeichen, das den Flucht- und Rettungsweg oder Notausgang, den Weg zu einer Erste-Hilfe-Einrichtung oder diese Einrichtung selbst kennzeichnet.“ (ASR A1.3 und DIN 4844-1)

Die für die Kennzeichnung des Flucht- und Rettungsweges zum Einsatz kommenden Zeichen setzen sich aus dem Sicherheitszeichen E001 „Notausgang (links)“ oder E002 „Notausgang (rechts)“ in Verbindung mit dem Zusatzzeichen „Richtungspfeil“ entsprechend ASR A1.3 [32] zusammen – siehe **Bilder 7.2a** und **7.2b.**

Dieses „zweiteilige“ Zeichen unterscheidet sich grundlegend von dem ursprünglichen „dreiteiligen“ Zeichen – siehe **Bild 7.3.** Dieses Zeichen geht auf die seit langem zurückgezogenen BGV A8 [36] zurück und war in Arbeitsstätten verbindlich anzuwenden. Dieses Zeichen ist noch in vielen Gebäuden anzutreffen.

Es gilt, ein neues Gebäude oder einen separaten Gebäudetrakt, der neu erstellt oder saniert wird, ist mit dem Rettungszeichen nach Bild 7.2b zu

Bild 7.2a Sicherheitszeichen und Pfeil in der Ausführung nach DIN 4844-2:2001, ASR A1.3:2007

Bild 7.2b Rettungswegkennzeichnung aus ASR A1.3:2022 [32] und EN ISO 7010

Bild 7.3 Rettungswegkennzeichnung aus BGV A8 [36]

kennzeichnen, nicht mehr mit dem nach Bild 7.3. Eine Nachrüstung einzelner Zeichen in einem bestehenden Gebäude sollte mit dem Zeichen erfolgen, das bisher genutzt wurde – die parallele Verwendung des „alten" und des „neuen" Rettungszeichens in einem Gebäude ist auszuschließen.

Ergänzend ist die Information der Bundesanstalt für Arbeitsschutz und Unfallverhütung (BAuA) zu berücksichtigen, wenn es um die Entscheidung geht, Sicherheitszeichen zu verwenden, die sich in ASR A1.3 [32] von 2013 (Bild 7.2b) gegenüber der Ausgabe von 2007 (Bild 7.2a) geändert haben:

„Im Rahmen der Neufassung der ASR A1.3 (Ausgabe: Februar 2013, GMBl 2013, S. 334) hat das BMAS zusätzlich Folgendes bekannt gemacht:

Die Neufassung der ASR A1.3 vom 28.02.2013 ersetzt die ASR A1.3 GMBl 2007, S. 674.

Im Wesentlichen wurden die folgenden Anpassungen vorgenommen:

- *Es wurden zusätzliche Sicherheitszeichen, die in der Norm DIN EN ISO 7010 enthalten und international und europäisch abgestimmt sind, in die ASR A1.3 übernommen. Insbesondere die Zeichen F001, F002, F003, F004, F005, F006, E009 und W029 wurden erheblich verändert.*
- *Der Flucht- und Rettungsplan wurde an die Norm DIN ISO 23601 angepasst.*

Die ASR A1.3 ‚Sicherheits- und Gesundheitsschutzkennzeichnung' in der Fassung vom Februar 2013 enthält den aktuellen Stand der Technik zur Sicherheits- und Gesundheitsschutzkennzeichnung in Arbeitsstätten. Bei der bestimmungsgemäßen Verwendung dieser Sicherheitszeichen kann der Arbeitgeber davon ausgehen, dass er die Arbeitsstättenverordnung hinsichtlich der Sicherheits- und Gesundheitsschutzkennzeichnung einhält.

Wendet der Arbeitgeber die geänderten Sicherheitszeichen beim Betreiben von bestehenden Arbeitsstätten nicht an, so hat er mit der Gefähr-

dungsbeurteilung zu ermitteln, ob die in der Arbeitsstätte verwendeten Sicherheitszeichen nach ASR A1.3 (GMBl 2007, S. 674) weiterhin angewendet werden können.“ (Quelle: www.baua.de)

ANMERKUNG

Wenn in einem Gebäude entsprechend des „Brandschutzkonzeptes“ zusätzlich zwischen Haupt- und Nebenfluchtwegen unterschieden wird, oder gesonderte Wege für „nicht gehfähige und gehbeeinträchtigte“ ausgewiesen werden, können die in Abschnitt 7.1.4 gezeigten Symbole zum Einsatz kommen.

7.1.1 Erkennungsweite

Zur Ermittlung der notwendigen Größe eines Rettungszeichens kann auf eine Formel aus DIN 4844-1 [50] und DIN EN 1838 [56a] zurückgegriffen werden, die den Zusammenhang zwischen der Erkennungsweite, der Zeichenhöhe und dem Distanzfaktor wiedergibt (siehe **Bild 7.4**)

$$l = z \cdot h$$

l Erkennungsweite
z Distanzfaktor
h Zeichenhöhe

Nach DIN 4844-1 [50] und DIN EN 1838 [56a] gilt:

für Rettungszeichenleuchten $z = 200$

für beleuchtete Schilder $z = 100$

Das heißt, bei vergleichbarer Sicherheit sind nur halb so viele Rettungszeichenleuchten erforderlich, wie bei der Verwendung von beleuchteten Rettungszeichen, da die Erkennungsweite von Rettungszeichenleuchten doppelt so groß ist. Oder, bei gleicher Anzahl an beleuchteten Rettungszeichen, müssen diese doppelt so groß sein – siehe Beispiel in **Tabelle 7.1**.

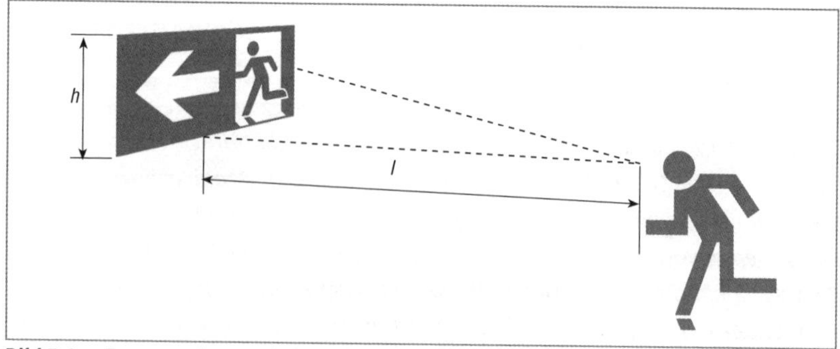

Bild 7.4 Zusammenhang zwischen Erkennungsweite und Zeichenhöhe

	Zeichenhöhe *h* in m	Distanzfaktor *z*	Erkennungsweite *l* in m
Rettungszeichenleuchte	0,15	200	30
beleuchtetes Zeichen	0,15	100	15

Tabelle 7.1 Erkennungsweite von Rettungszeichenleuchte und beleuchtetem Zeichen bei gleicher Zeichenhöhe

Diese Verdoppelung des Distanzfaktors für innenbeleuchtete Rettungszeichen gegenüber beleuchteten Rettungszeichen entspricht den Feststellungen der ASR A1.3 [32] zu diesem Thema, die in ASR A1.3, Tabelle 3 die Distanzfaktoren den unterschiedlichen Sicherheitszeichen – Verbots-, Gebots-, Warn-, Rettungs- und Brandschutzzeichen – und Zeichenhöhen zuordnet.

Werden beleuchtete Rettungszeichen zur Kennzeichnung der Rettungswege als Teil der Sicherheitsbeleuchtung eingesetzt, müssen die Leuchten, die die Rettungszeichen beleuchten, Bestandteil der Sicherheitsbeleuchtungsanlage sein.

7.1.2 Lichttechnische Anforderungen an Rettungszeichen

Um ein Gebäude schnell auf einem sicheren Weg verlassen zu können, sind Flucht- und Rettungsweg mit Rettungszeichen zu kennzeichnen. Damit man sich schnell orientieren kann, müssen diese Zeichen eine hohe Auffälligkeit besitzen und die Sicherheitsaussage muss eindeutig „verstanden" werden können. Helligkeit, Farbe, Größe und Form des graphischen Symbols sind die Eigenschaften einer Rettungszeichenleuchte oder eines beleuchteten Schildes, die hier betrachtet werden müssen.

Die sichere Orientierung auf dem Rettungsweg erfolgt über

- *den Helligkeits- und des Schildes zur Raumumgebung,*
  erzeugt durch eine möglichst hohe Leuchtdichte des Schildes und die Sicherheitsfarbe Grün,
- *ergänzt durch die Größe des Zeichens für die zu erzielende Erkennungsweite* (siehe Abschnitt 7.1.1) *und durch*
- *ein graphisches Symbol, bestehend aus Richtungskennzeichnung, dem Pfeil und „flüchtender Person" nach DIN/ASR* (siehe Abschnitt 7.1).

7.1.2.1 Rettungszeichen im „Netz- bzw. im Normalbetrieb"

Die Kennzeichnung von Flucht- und Rettungswegen muss nicht nur bei Netzausfall, d.h. im „Notbetrieb der Sicherheitsbeleuchtung" ihre Funktion erfüllen. Weitaus häufiger kommt ihre Funktion zum Tragen, wenn der Netzstrom nicht gestört ist, z.B. bei Unfällen, Bränden oder anderen Anlässen bei denen ein Gebäude schnell verlassen werden muss. Das Rettungszeichen muss daher trotz hoher Umgebungsleuchtdichte auch bei intakter Allgemeinbeleuchtung oder Tageslicht in einem Raum eine hohe Auffälligkeit haben. Die Anforderungen an Rettungszeichen aus DIN 4844-1 [50] an Leuchtdichte, Kontrast und Gleichmäßigkeit sind daher für die verwendeten Rettungszeichen relevant (siehe **Tabelle 7.2**). Diese Forderung geht unter anderem auf DIN VDE V 0108-100-1 (VDE V 0108-100-1) [96b] zurück. Dort heißt es, *„die Rettungswegkennzeichnung bei Vorhandensein der allgemeinen Stromversorgung muss die lichttechnischen Anforderungen der DIN 4844-1 erfüllen."*

	DIN 4844-1	DIN EN 1838
relevant für	ungestörte Allgemeinbeleuchtung – helle/dunkle Umgebung	Allgemeinbeleuchtung gestört – dunkle Umgebung
Stromversorgung	Netzstrom	Notstrom
Betriebsart	Dauerbetrieb	Dauer- und Bereitschaftsbetrieb
Sicherheitsfarbe Grün	siehe ISO 3864-4 – entspricht in etwa RAL 6032	
Kontrastfarbe Weiß	siehe ISO 3864-4 – entspricht in etwa RAL 9003	
hinterleuchtetes Sicherheitszeichen – mittlere Leuchtdichte L	$L_{weiß}$, $\geq$ 500 cd/m²	Leuchtdichte an jeder Stelle der Sicherheitsfarbe $L \geq 2$ cd/m²
beleuchtetes Sicherheitszeichen – Beleuchtungstärke	$\geq$ 50 lx, vorzugsweise 80 lx	1)
Kontrast k – Leuchtdichte Sicherheitsfarbe zu Leuchtdichte Kontrastfarbe	$5 \leq k \leq 15$	
Gleichmäßigkeit – Verhältnis größter Wert der Leuchtdichten zum kleinsten Wert der jeweiligen Farbe	$\geq$ 0,2	$\geq$ 0,1

1) siehe Hinweis in Abscnitt 7.1.2.2 zu dem Vorschlag zur Beleuchtung von Rettungszeichen im Notbetrieb im Entwurf zu EN 1838:2019-11 [56c]

Tabelle 7.2 Anforderung aus DIN 4844-1 und DIN EN 1838 an hinterleuchtete und beleuchtete Rettungszeichen

7.1.2.2 Rettungszeichen im „Notbetrieb"

DIN EN 1838 [56b] legt für innenbeleuchtete Rettungszeichen im Notbetrieb sehr viel geringere Werte fest, verglichen mit den Anforderungen aus DIN 4844-1 [50] oder ISO 3864-1 [94] (siehe Tabelle 7.2). Das war bisher dadurch begründet, dass in dunkler Umgebung, d.h. die Allgemeinbeleuchtung ist ausgefallen und der Tageslichteinfluss ist gering, die Auffälligkeit des Rettungszeichens gegenüber der dunklen Umgebung bei diesen niedrigen Werten ausreichend ist.

Für beleuchtete Rettungszeichen im Notbetrieb gab es in DIN EN 1838 [56a] bisher keine Festlegung zu der erforderlichen Beleuchtungsstärke. Es ist aber offensichtlich, dass bei Stromausfall diese Rettungszeichen auch beleuchtet werden müssen. Dies bedeutet, dass die Leuchten zur Beleuchtung der Rettungszeichen auch die Sicherheitsbeleuchtung einbezogen sein müssen.

In dem Entwurf zu EN 1838 [56c] wird für die Beleuchtung von Rettungszeichen im Notbetrieb vorgeschlagen, diese Rettungszeichen mit mindestens 5 lx zu beleuchten. Dort heißt es, *„Sicherheitszeichen für Rettungswege können entweder hinterleuchtet und den Anforderungen aus EN 60598-2-22 entsprechen, oder sie können durch eine externe Notbeleuchtung in Übereinstimmung mit EN 60598-2-22 beleuchtet werden, sodass unter allen Bedingungen eine vertikale Beleuchtungsstärke von mindestens 5 lx am Zeichen gewährleistet ist."*

Ist in einem Gebäude eine Sicherheitsbeleuchtung nicht vorhanden, muss nach ASR A1.3 [32] *die Erkennbarkeit der notwendigen Rettungs- und Brandschutzzeichen durch Verwendung von langnachleuchtenden Materialien auch bei Ausfall der Allgemeinbeleuchtung erhalten bleiben. Langnachleuchtende Sicherheitszeichen, die dann verwendet werden dürfen, müssen mindestens die Anforderungen der DIN 67510-1* [105d], *Klasse C, erfüllen.*

ANMERKUNG
In ASR A1.3 [32] wird ergänzend darauf hingewiesen, dass die ausreichende Anregung der langnachleuchtenden Materialien sicherzustellen ist, z. B. hinsichtlich Dauer, Art und Intensität der Beleuchtung. Das bedeutet, in Bereichen ohne ausreichendes Tageslicht, wie z. B. Tiefgeschosse oder Hallen und Lagerflächen, müssen eine entsprechende künstliche Beleuchtung vorhalten.

7.1.3 Anbringung der Rettungszeichen – Erkennungsweite und Montagehöhe

Notausgänge und Ausgänge entlang eines Flucht- und Rettungsweges sind zu kennzeichnen. Das heißt, „wenn eine direkte Sicht auf einen Notausgang nicht möglich ist, müssen ein oder mehrere beleuchtete oder hinterleuchtete Rettungszeichen angebracht werden, um das Erreichen des Notausgangs zu erleichtern" (DIN EN 1838 [56b]). In DIN VDE V 0108-1 (VDE V0108-100-1) [96b] heißt es, *„ein Sicherheitszeichen für Rettungswege muss von allen Punkten entlang des Rettungsweges sichtbar sein".*

Im Entwurf zu EN 1838 [56c] heißt es dazu: *„Ein Notausgangszeichen oder ein Sicherheitszeichen für den Rettungsweg muss von allen Punkten des Rettungsweges aus sichtbar sein und so angebracht werden, dass eine Person, die sich darauf zubewegt, zu einem Notausgang geleitet wird. In Fällen, in denen die Lage des Notausgangs nicht eindeutig ist, sollte ein richtungsweisendes Hinweiszeichen (oder eine Reihe von Zeichen) angebracht werden, sofern dies praktikabel ist."*

In ASR A2.3 [33] ist diese Empfehlung prinzipiell gleichlautend: *Die Kennzeichnung ist im Verlauf des Hauptfluchtweges an gut sichtbaren Stellen eindeutig und innerhalb der Erkennungsweite anzubringen. Die Kennzeichnung muss die Richtung des Fluchtweges anzeigen.* Weiter wird dort festgelegt:

- *In langgestreckten Räumen (z.B. Fluren) sollen Sicherheitszeichen in Laufrichtung jederzeit erkennbar sein (z.B. Fahnen- oder Winkelschilder quer zur Laufrichtung).*
- *Hochmontierte Sicherheitszeichen sollen über den Türen im Verlauf des Fluchtweges und über Notausgängen angebracht werden.*
- *Die Unterkante des Zeichens soll mindestens 2,0 m über Fußbodenoberkante angebracht sein, jedoch nicht höher als 2,5 m. Sicherheitszeichen an Wänden parallel zur Fluchtwegrichtung sollen gemessen vom Boden bis zur Unterkante des Zeichens in einer Höhe von 1,7 m bis 2,0 m angebracht werden.*
- *In Räumen mit einer lichten Höhe von mehr als 5 m können davon abweichend Sicherheitszeichen höher platziert werden. Die Platzierung muss das Blickfeld des Menschen berücksichtigen.*
- *Die Erkennungsweite ergibt sich aus ASR A1.3 „Sicherheits- und Gesundheitsschutzkennzeichnung", Tabelle 3, für beleuchtete und langnachleuchtende Sicherheitszeichen. Für innenbeleuchtete Sicherheitszeichen in Dauerlichtschaltung verdoppelt sich die Erkennungsweite bei gleichbleibender Zeichengröße.*

ANMERKUNG

Zum Zusammenhang der hier in Bezug genommenen Tabelle 3 aus ASR A1.3 [32] mit der „Erkennungsweitenformel" siehe Abschnitt 7.1.1.

Zur Montagehöhe eines Rettungszeichens legt DIN EN 1838 [56b] keinen maximalen Wert fest. Hier wird das Verhältnis von Montagehöhe zur Erkennungsweite durch eine gleitende Festlegung beschrieben. Das Sicherheitszeichen sollte *„nicht höher als 20° über der horizontalen Blickrichtung des Betrachters montiert sein"*.

Diese Empfehlung geht auf „Rettungswegsituationen" zurück, in denen die Deckenhöhe im Verhältnis zur Rettungsweglänge nicht den „üblichen" Gegebenheiten entspricht. Beispiele wären Foyers von repräsentativen Bauten wie Museen und Theatern, aber auch von Ausstellungs- und Lagerhallen. Da sich dieser Betrachtungswinkel α, unter dem sich das Rettungszeichen auf dem Verlauf des Rettungsweges je nach Abstand des Betrachters zum Rettungszeichen verändert, besteht Einigkeit in Fachkreisen, dass

α mit ≤ 20° auf den kürzesten Abstand *d* zum Rettungszeichen zu beziehen ist, in dem der Rettungsweg betreten werden kann (siehe **Bild 7.5**).

Des Weiteren ist zu beachten, dass die Rettungszeichen in über den Verlauf des Flucht- und Rettungsweges in dem Abstand montiert werden, der ihrer Erkennungsweite entspricht (zur Erkennungsweite siehe Abschnitt 7.1.1). Die Formel zur Ermittlung der Erkennungsweite ist nur dann gültig, wenn das Rettungszeichen als Rettungszeichenleuchte oder als beleuchtetes Schild die erforderlichen lichttechnischen Anforderungen erfüllt – siehe Tabelle 7.2.

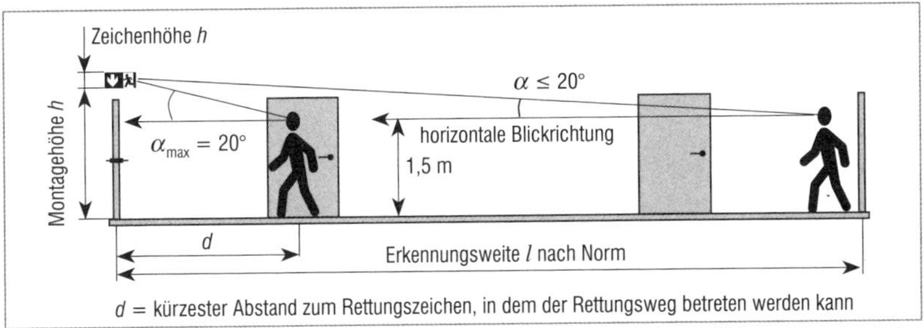

Bild 7.5 Zusammenhang zwischen Erkennungsweite, Montagehöhe und Betrachtungswinkel

7.1.4 Kennzeichnung der Fluchtrichtung

Üblicherweise werden in Deutschland und in vielen weiteren europäischen Ländern Notausgänge oder Türen im Verlauf von Rettungswegen und meist auch die Fluchtrichtung geradeaus mit einem nach unten zeigendem Pfeil gekennzeichnet. Dies geschieht in Übereinstimmung mit Richtlinie 92/58/EWG [12a] über Mindestvorschriften für die Sicherheits- und/oder Gesundheitsschutzkennzeichnung am Arbeitsplatz von 1992. Zu dieser Richtlinie ist im Dezember 2020 von der Europäischen Kommission ein Leitfaden [12c] veröffentlicht worden, der den Wandel der Sicherheitszeichen für die Kennzeichnung von Notausgängen und Rettungswegen behandelt. Auch in diesem Leitfaden wird wieder der nach unten zeigende Pfeil für Notausgänge und Rettungswege verwendet – siehe **Bild 7.6**.

Auf Folgendes ist im Zusammenhang mit der Bedeutung des Pfeils zur Kennzeichnung der Fluchtrichtung hinzuweisen: DIN ISO 16069:2019 [105b], deutsche Ausgabe von ISO 16069 [105a] empfiehlt, für die Kennzeichnung der Fluchtrichtung „geradeaus (durch eine Tür) gehen" das Sicherheitszeichen mit einem nach oben zeigendem Pfeil zu verwenden (siehe **Tabelle 7.3**).

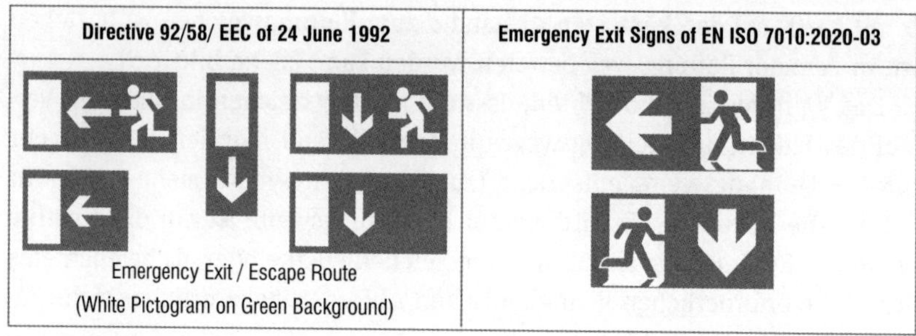

Bild 7.6 Beispielhafte Darstellung aus Hinweisen zu Richtlinie 92/58/EEC *Safety and/or Health Signs at Work* [12c] zur Kennzeichnung von Notausgängen und Rettungswegen

	Zeichen	Bedeutung nach ISO 16069	übliche Praxis
1		abwärts gehen nach rechts (Etagenwechsel anzeigen)	abwärts gehen nach rechts (z. B. Etagenwechsel im Verlauf von Treppenräumen)
2		a) aufwärts gehen nach rechts (Etagenwechsel anzeigen) b) eine freie Fläche nach schräg rechts überqueren	a) aufwärts gehen nach rechts (z. B. bei Etagenwechsel im Verlauf von Rettungsräumen unter Erdgleiche) b) bisher so nicht genutzt
3		abwärts gehen nach links (Etagenwechsel anzeigen)	abwärts gehen nach links (z. B. Etagenwechsel im Verlauf von Treppenräumen)
4		a) aufwärts gehen nach links (Etagenwechsel anzeigen) b) eine freie Fläche nach schräg links überqueren	a) aufwärts gehen nach links oben (z. B. bei Etagenwechsel im Verlauf von Rettungsräumen unter Erdgleiche) b) bisher so nicht genutzt
5		a) geradeaus gehen (Laufrichtung anzeigen) b) geradeaus und durch eine Tür gehen; wenn das Zeichen über einer Tür angebracht ist (Laufrichtung anzeigen) c) aufwärts gehen (Etagenwechsel anzeigen)	a) bisher so selten genutzt b) bisher so nicht genutzt c) aufwärts gehen (z. B. über Treppenansätzen in Etagen oder Treppenräumen unter Erdgleiche, wenn die Fluchtrichtung nach oben verläuft)
6		nach rechts gehen (Laufrichtung anzeigen)	nach rechts gehen (Laufrichtung anzeigen)
7		nach links gehen (Laufrichtung anzeigen)	nach links gehen (Laufrichtung anzeigen)
8		abwärts gehen (Etagenwechsel anzeigen)	a) geradeaus gehen (Laufrichtung anzeigen) b) geradeaus und durch eine Tür gehen; wenn das Zeichen über einer Tür angebracht ist (Laufrichtung anzeigen) c) abwärts gehen (z. B. über Treppenansätzen in Etagen oder Treppenräumen, wenn die Fluchtrichtung nach unten verläuft)

Tabelle 7.3 Bedeutung der Richtungspfeile nach ISO 16069 und übliche Praxis

Diese Empfehlung basiert auf den folgenden Überlegungen:

- ISO 16069 [105a] behandelt Anforderungen an Sicherheitsleitsysteme, die als Ergänzung zur Sicherheitsbeleuchtung zum Einsatz kommen können. Zum Beispiel kann es erforderlich sein, ein niedrig montiertes Sicherheitsleitsystem vorzuhalten, wenn in einem Bereich durch die baulichen Gegebenheiten „Verrauchung“ nicht auszuschließen ist, mit der Folge, dass der Rauch ggf. die „hoch“ montierte Sicherheitskennzeichnung und die Sicherheitsbeleuchtung unwirksam macht. Das wesentliche Element dieser Systeme ist eine niedrig montierte Leitlinie, die dadurch gekennzeichnet ist, dass sie entweder durchgängig aus z.B. nachleuchtendem Material oder aus sich wiederholenden Lichtpunkten besteht, ergänzt um Sicherheitszeichen zur Ausweisung der Fluchtrichtung.
  Damit die Pfeilrichtung dieser im Bodenbereich zum Einsatz kommenden Sicherheitszeichen nicht mit der Pfeilrichtung der Sicherheitszeichen über Türen im Verlauf der Flucht- und Rettungswege oder über Notausgängen gegenläufig ist, wird in ISO 16069 [105a] für die Fluchtrichtung „geradeaus (und durch eine Tür) gehen“ der nach oben zeigende Pfeil verwendet.
- In öffentlichen Bereichen, z.B. in Flughäfen oder in Bahnhöfen, wird bei der allgemeinen Kennzeichnung von Wegen zu Taxiständen oder Toiletten üblicherweise der nach oben zeigende Pfeil verwendet.

Der *Arbeitskreis Notbeleuchtung des ZVEI Fachverbands Licht* hat zu dieser Thematik bereits 2016 eine Stellungnahme [10a] veröffentlicht, die diese „Umkehrung“ des Richtungspfeiles für die Kennzeichnung von Flucht- und Rettungswegen kritisch hinterfragt – hier auszugsweise wiedergegeben:

„Die Richtungsaussagen für öffentliche Bereiche nach ISO 16069 [105a] können nicht auf die üblichen Gegebenheiten eines Gebäudes übertragen werden. In einem sechsstöckigen Bürogebäude sind die Flure auch gleichzeitig der auszuweisende Rettungsweg. Die Türen zum Treppenraum am Ende dieser Flure sind mit einem Rettungszeichen zu kennzeichnen, wenn sie als Fluchtweg ausgewiesen werden müssen. Das bedeutet, in fünf Stockwerken müsste das Sicherheitszeichen entsprechend ISO 16069 [105a] mit dem Zusatzzeichen „Pfeil nach oben“ eingesetzt werden, obwohl der Fluchtweg nach unten ins Erdgeschoss führt (siehe **Bild 7.7**). *Nur die Tiefgeschosse lassen sich mit diesen Sicherheitsaussagen eindeutig kennzeichnen, ohne dass gleich hinter der Tür ein Zeichen mit entgegengesetzter Pfeilrichtung angebracht werden muss. (Im Zweifelsfall ist eine Richtungsänderung verbindlich nach DIN EN 1838 eindeutig zu kennzeichnen.)*

Bild 7.7 Anzeige der Fluchtrichtung „Pfeil nach oben" ins Treppenhaus im 1. OG

Bei der üblichen „überkopfmontierten" Kennzeichnung von Rettungswegen liegen die Erkennungsweiten der Sicherheitszeichen meist zwischen fünf und 30 m. Der Flüchtende weiß somit immer, dass der Rettungsweg in die Richtung führt, in der er das grüne Zeichen zur Kennzeichnung eines Rettungsweges sieht. Dabei ist es ohne Bedeutung, ob der „Pfeil nach oben" bzw. der „Pfeil nach unten" genutzt wird. Der „Pfeil nach oben" oder „Pfeil nach unten" zeigt immer an, dass die Fluchtrichtung vom Betrachter in Richtung des Zeichens liegt, d. h. die Fluchtrichtung ist geradeaus. Die Notwendigkeit der Änderung des bisherigen Vorgehens bzw. eine neue „einseitige" Festlegung der Bedeutung der Richtungspfeile besteht somit nicht. Die bisherige Praxis hat sich seit Jahrzehnten bewährt. Der mögliche Vorteil, der durch eine einheitliche Definition der Pfeilrichtung geschaffen wäre, steht in keinem Verhältnis zu der möglichen Verunsicherung der Öffentlichkeit bzw. zu den zu erwartenden Kosten.

Es ist festzuhalten: Die Bedeutung der Richtungsangabe „Pfeil nach oben" und „Pfeil nach unten", wie in ISO 16069 [105a] beschrieben, ist in Deutschland nicht verbindlicher Standard. Der „Pfeil nach unten" wird schon immer auch für die Kennzeichnung von Türen im Verlauf von Rettungswegen sowie für die Kennzeichnung von Notausgängen, aber auch für die Fluchtrichtung geradeaus und nach unten, erfolgreich eingesetzt.

***Fazit:** Eine Änderungspflicht der bestehenden Kennzeichnung bzw. eine Pflicht, den „Pfeil nach oben" über der Tür zu verwenden, besteht bisher nicht.*

7.1.5 Kennzeichnung von Haupt- und Nebenfluchtwegen

Nach ASR A2.3 [33] wird zwischen *Hauptfluchtwegen* und *Nebenfluchtwegen* unterschieden – bisher erster und zweiter Fluchtweg. Diese Fluchtwege entsprechen den im Baurecht *definierten Rettungswegen, sofern sie eigenständig begangen werden können.*

Hauptfluchtwege nach ASR A2.3 *sind insbesondere die zur Flucht erforderlichen Verkehrswege, die nach dem Bauordnungsrecht notwendigen Flure und Treppenräume für notwendige Treppen sowie die Notausgänge. Nebenfluchtwege sind zusätzliche Fluchtwege, die ebenfalls ins Freie oder in einen gesicherten Bereich führen.*

Wenn ein Nebenfluchtweg z. B. an einem Notausstieg endet und der gekennzeichnet werden soll, ist abweichend zu dem in Bild 7.2 vorgestelltem Sicherheitszeichen eines der beiden in **Bild 7.8** gezeigten Zeichen zur Kennzeichnung zu verwenden zusammen mit dem Pfeil zur Richtungskennzeichnung.

Bild 7.8 E019 „Notausstieg" (links) und E016 „Notausstieg mit Fluchtleiter" (rechts)

7.1.6 Kennzeichnung von Fluchtwegen für nicht-gehfähige bzw. gehbeeinträchtigte Personen

Sind Flucht- und Rettungswege auch für einen Personenkreis nutzbar, die Beeinträchtigungen in der Mobilität haben und/oder auf einen Rollstuhl angewiesen sind, sollten diese Wege unter Verwendung von E-026 oder E-027 nach DIN EN ISO 7010 [93] und einem Richtungspfeil ergänzend zu der üblichen Fluchtwegkennzeichnung ausgewiesen werden (**Bild 7.9**).

Bild 7.9 „Notausgang für nicht-gehfähige oder gehbeeinträchtige Personen" E026 (links) und E030 (rechts)

Für Flucht- und Rettungswege, die nicht durchgängig bis zum sicheren Bereich mit einem Rollstuhl nutzbar sind, sind entsprechende „vorläufige Evakuierungsstellen" auszuweisen. Zur Kennzeichnung ist das in **Bild 7.10** gezeigte Sicherheitszeichen aus DIN EN ISO 7010 [93] zu verwenden.

Bild 7.10 E027 „vorläufige Evakuierungsstelle"

7.2 Ausleuchtung – Beleuchtungsstärke

7.2.1 Beleuchtungsstärke

Die in DIN EN 1838 [56b] angegebenen Beleuchtungsstärken sind Wartungswerte, die zu allen Zeiten des Betriebes der Sicherheitsbeleuchtungsanlage einzuhalten sind. Anteile reflektierten Lichts sind zu vernachlässigen. Das heißt, bei der Planung und Projektierung sind die Betriebs- und Umgebungsbedingungen unter Einbeziehung nur des direkt abgestrahlten Lichts der Leuchten zu berücksichtigen.

Im Entwurf zu EN 1838 [56c] wird für die Planung vorgegeben, dass die *Sicherheitsbeleuchtung unter Ansetzung der schlechtesten Umgebungsbedingungen (z.B. geringster abgegebener Lichtstrom, größte Blendwirkung und einschließlich eines angemessenen Wartungsfaktors) und unter Einberechnung nur des direkt abgestrahlten Lichts der Leuchten während der Lebensdauer geplant werden muss. Die Beleuchtungsberechnungen müssen auf den Daten für die Beleuchtungsstärke im Notbetrieb beruhen, die in Übereinstimmung mit EN 60598-2-22 für den tatsächlichen Lichtquellen-Lichtstrom im Notbetrieb verwendet werden.*

Zur direkten und indirekten Ausleuchtung eines Rettungsweges ist in DIN EN 1838 [56b] festgelegt, dass *der Anteil reflektierten Lichts der Raumbegrenzungsflächen zu vernachlässigen ist. Sofern indirekt strahlende Leuchten oder Deckenfluter Teil der Sicherheitsbeleuchtung sind, bei denen die Leuchten zusammen mit der reflektierenden Fläche wirken, kann die erste Reflexion (basierend auf dem Wartungswert des Reflexionsgrades der Flächen) berücksichtigt werden, weitere Reflexionen sind zu vernachlässigen.* Aufgrund der Festlegung, dass die erforderlichen Beleuchtungsstärken nach

DIN EN 1838 [56a] Wartungswerte sind, muss der Planer der Sicherheitsbeleuchtung einen Wartungsfaktor berücksichtigen, der der Anwendung angemessen ist. So ist z. B. in Bereichen, in denen mit starker Verschmutzung zu rechnen ist, wie z. B. in Werkstätten, ein höherer Wartungsfaktor anzusetzen. In Bereichen, wo das nicht der Fall ist, z. B. in Verwaltungsgebäuden, kann er kleiner sein – siehe dazu **Tabelle 7.4.**

Werden indirekt strahlende Leuchten wie z. B. Deckenfluter in der Sicherheitsbeleuchtung eingebunden, muss in dem Wartungsfaktor auch die „besondere Verschmutzung" der Leuchten durch Staubablagerungen und die der reflektierenden Deckenfläche einbezogen werden. In dem Wartungsplan muss der Betreiber der Sicherheitsbeleuchtung berücksichtigen, dass spätere Umbauten oder andere Änderungen der Möblierung den „Strahlengang" zwischen Leuchten und reflektierender Fläche nicht unterbrechen.

Aus dem vom Planer angesetzten Wartungsfaktor lässt sich gleichzeitig der bei der Planung anzusetzende Neuwertfaktor ermitteln. Der Neuwertfaktor ist die zu installierende Beleuchtungsstärke, bei der davon ausgegangen werden kann, dass innerhalb des festgelegten Wartungsintervalls der Wartungswert der Beleuchtungsstärke nicht unterschritten wird.

Wartungswert = Wartungsfaktor · Neuwert

Wartungs-faktor	Neuwert-faktor	Beispiel
0,8	1,25	sehr saubere Umgebung, Wartungszyklus 1 Jahr (Leuchtenreinigung), 2.000 h Brenndauer/Jahr, bei 8.000 h Lampenwechsel, Einzelauswechslung, direkt und direkt/indirekt strahlende Leuchten mit geringer Neigung zur Staubansammlung (LLMF = 0,93; LSF = 1,00; LWF = 0,90; RMF = 0,96)
0,87	1,5	normaler Verschmutzungsgrad der Umgebung, Wartungszyklus 3 Jahre, 2.000 h Brenndauer/Jahr, bei 12.000 h Lampenwechsel, Einzelauswechslung, direkt und direkt/indirekt strahlende Leuchten mit geringer Neigung zur Staubansammlung (LLMF = 0,91; LSF =1,00; LMF = 0,80; RMF = 0,90)
0,57	1,75	normaler Verschmutzungsgrad der Umgebung, Wartungszyklus 3 Jahre, 2.000 h Brenndauer/Jahr, bei 12.000 h Lampenwechsel, Einzelauswechslung, Leuchten mit normaler Neigung zur Staubansammlung (LLMF = 0,91; LSF = 1,00; LMF = 0,74; RMF = 0,83)
0,5	2	normaler Verschmutzungsgrad der Umgebung, Wartungszyklus 2 Jahre, 2.000 h Brenndauer/Jahr, bei 4.000 h Lampenwechsel, Einzelauswechslung, Leuchten mit normaler Neigung zur Staubansammlung (LLMF = 0,81; LSF = 1,00; LMF = 0,74; RMF = 0,83)

Tabelle 7.4 Beispiele für Wartungsfaktoren von Innenraum-Beleuchtungsanlagen mit Leuchtstofflampen aus ZVEI-Leitfaden DIN EN 12464-1 [6]

Für die Notbeleuchtung heißt das, bei Ansetzung eines Wartungsfaktors von 0,8 bzw. von einem Neuwertfaktor von 1,25 und der nach DIN EN 1838 [56a] mindestens zu erzielenden Beleuchtungsstärke von 1 lx, dass die zu projektierende Mindestbeleuchtungsstärke bei mindestens 1,25 lx liegt.

$$\text{Neuwert} = \frac{\text{Mindestwert}}{\text{Wartungsfaktor}}$$

$$1{,}25\ \text{lx} = \frac{1\ \text{lx}}{0{,}8}$$

Beispiele für übliche Faktoren sind in dem „Leitfaden zur DIN EN 12464-1“ [6] zu finden, aus dem die Tabelle 7.4 entnommen ist.

Nach DIN EN 1838 [56b] und DIN 5035-6 [54a] ist die Beleuchtungsstärke in bis zu 2 cm Höhe zu messen, wobei Abweichungen bis zu einer Höhe von 10 cm nach DIN 5035-6 [54a] zulässig sind. Diese abweichenden Messhöhen sind nach DIN 5035-6 [54a] gesondert zu vermerken. Nach ASR A2.3 [33] sind sogar max. 20 cm zulässig.

Da die Beleuchtungsstärke bei punktförmigen Lichtquellen und „senkrechter Ausstrahlung“ im Quadrat mit dem Abstand abnimmt (siehe auch Abschnitt 6.12), kann eine Messhöhendifferenz von bis zu 18 cm bei diesen unterschiedlichen Festlegungen entscheidend sein, wenn der messtechnische Nachweis zu erstellen ist, dass der Mindestwert von 1 lx erreicht ist. Das bedeutet, eine Sicherheitsleuchte zum Erreichen der Werte nach DIN EN 1838 [56b] muss bei einer Messhöhe von 2 cm mit 3 m über dem Boden montierten Leuchten eine 13 % höhere Lichtstärke aufweisen als eine Sicherheitsleuchte, mit der nur die Anforderungen nach ASR 2.3 [33] zu erfüllen sind – siehe auch beispielhafte Berechnung in **Tabelle 7.5**. Ein Widerspruch besteht hier zur ASR A2.3 [33], die die Messung der Beleuchtungsstärke in bis zu 20 cm über dem Boden ermöglicht. (Tabelle 7.5).

	ASR A2.3	DIN EN 1838
Messhöhe	max. 20 cm	2 cm
Montagehöhe der Leuchte	3 m	3 m
Differenz	1,8 m	2,98 m
Beleuchtungsstärke auf dem Boden	1 lx	
erforderliche Lichtstärke der Leuchte	**7,84 cd**	**8,9 cd**

Tabelle 7.5 Erforderliche Lichtstärke einer Sicherheitsleuchte in Abhängigkeit von der Messhöhe

7.2.1.1 Sicherheitsbeleuchtung für Rettungswege

DIN EN 1838 [56b] definiert die Sicherheitsbeleuchtung für Rettungswege als *Teil der Sicherheitsbeleuchtung, der es ermöglicht, Rettungseinrichtun-*

gen eindeutig zu erkennen und sicher zu benutzen, sofern Personen anwesend sind.

Nach DIN EN 1838 [56b] ist die Sicherheitsbeleuchtung für Rettungswege eine Beleuchtung, die Rettungswege während der betriebserforderlichen Zeiten im Falle eines Ausfalls der Allgemeinbeleuchtung mit einer vorgeschriebenen Mindestbeleuchtungsstärke beleuchtet. Bei Rettungswegen mit einer Breite von bis zu 2 m muss diese Beleuchtungsstärke mindestens 1 lx betragen, gemessen auf der Mittellinie dieses Rettungsweges. Der Mittelbereich des Rettungsweges, 0,5 m links und rechts von der Mittelline, muss mindestens 50 % des gemessenen auf der Mittellinie realisierten Wertes betragen (siehe **Bild 7.11**).

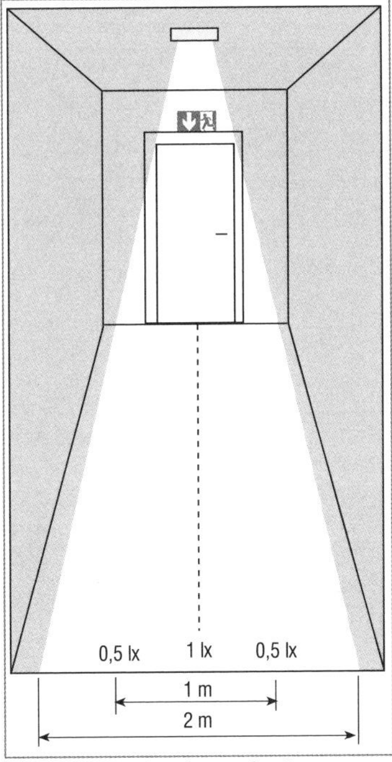

Bild 7.11 Ausleuchtung des Rettungsweges quer zur Mittellinie

Breitere Rettungswege können als mehrere 2-m-Streifen betrachtet werden. In ASR A2.3 [33] wird zu dem Abfall der Beleuchtungsstärke links und rechts von der Mittellinie des Rettungsweges keine Festlegung getroffen. Hier wird nur gefordert, dass die Beleuchtungsstärke auf der Mittellinie mindestens 1 lx betragen muss.

In dem Entwurf zu EN 1838 [56c] wird vorgeschlagen, dass die Beleuchtungsstärke auf dem Rettungsweg mindestens 1 lx betragen muss, *ausgenommen sind Bereiche außerhalb von 0,5 m des Randes der Rettungswegfläche.*

Die Ungleichmäßigkeit U_d, das Verhältnis der kleinsten zur größten Beleuchtungsstärke (E_{min}/E_{max}) entlang der Mittellinie des Rettungsweges, darf 1:40 nicht unterschreiten – siehe **Bild 7.12.**

Nach DIN EN 1838 [56b] muss die „Betriebsdauer" der Beleuchtungsstärke für Rettungswege mindestens 1 h betragen.

ANMERKUNG

Dieser Zeitraum wird in relevanten Normen für Sicherheitsbeleuchtungsanlagen mit Bemessungsbetriebsdauer bezeichnet – siehe Abschnitt 8.6.

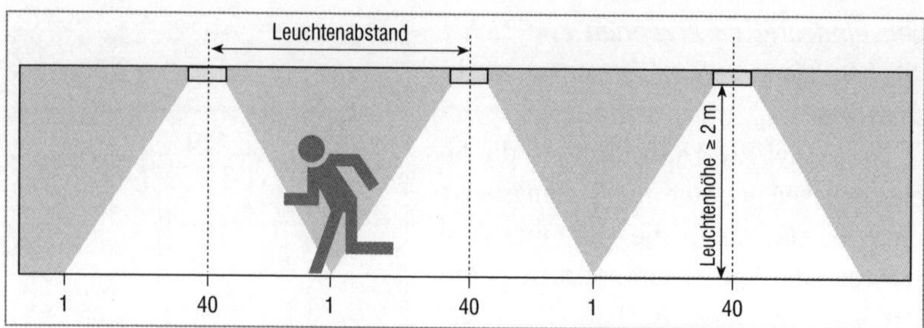

Bild 7.12 Ausleuchtung des Rettungsweges längs zur Mittellinie

In dem Entwurf zu EN 1838 [56c] wird in dem neu aufgenommenen informativen Anhang A darauf hingewiesen, dass *es bei der Planung einer Sicherheitsbeleuchtung für ein Gebäude aufgrund einer Risikobeurteilung sinnvoll sein kann, eine Nennbetriebsdauer für das System zu wählen, die länger als 1 h ist*. Des Weiteren werden Kriterien für die Risikobeurteilung sowie konkrete Angaben zu relevanten „Betriebsdauern" im Anhang A dieses Entwurfs angegeben – siehe dazu Abschnitte 8.2 und 8.6.

Nach ASR A2.3 [33] muss die Sicherheitsbeleuchtung nach Ausfall der Allgemeinbeleuchtung so lange wirksam sein, wie es das gefahrlose Verlassen der Arbeitsstätte ins Freie erfordert, jedoch mindestens 30 min. In DIN VDE V 0108-100-1 [96b] und DIN VDE V 0100-560-1 [97b] finden sich konkrete Aussagen zu den unterschiedlichen baulichen Anlagen, die sich auch so in den einzelnen Bauordnungen der Länder wiederfinden – siehe Abschnitt 8.1, Tabelle 8.1 und Tabelle 8.2.

Nach DIN EN 1838 [56a] sind 50 % der Beleuchtungsstärke in 5 s und 100 % in 60 s zu erreichen.

ANMERKUNG

Diese Festlegung umfasst die Detektion des Ausfalls der Allgemeinbeleuchtung, die Aktivierung der Sicherheitsstromquelle sowie das Wirksamwerden der für die Sicherheitsbeleuchtung relevanten Lichtquellen. Dies entspricht den Festlegungen von ASR A2.3 [33], die wie folgt formuliert sind:

„Nach Ausfall der Allgemeinbeleuchtung muss die Sicherheitsbeleuchtung für Fluchtwege 50 % der erforderlichen Beleuchtungsstärke nach Absatz 1 innerhalb von 5 s erreichen; 100 % der erforderlichen Beleuchtungsstärke müssen nach 60 s erreicht werden. Für bereits vorhandene Sicherheitsbeleuchtungsanlagen entfällt die Anforderung nach Satz 1, 100 % der erforderlichen Beleuchtungsstärke müssen dabei nach 15 s erreicht werden. Dies gilt, bis die jeweiligen Bereiche dieser Arbeitsstätten wesentlich erweitert oder umgebaut werden.

In Arbeitsstätten, in denen regelmäßig eine größere Anzahl ortsunkundiger Personen auf einen Fluchtweg angewiesen sein kann, ist mit einem erhöhten Unfallrisiko aufgrund des Ausfalls der Allgemeinbeleuchtung zu rechnen. Im Rahmen der Gefähr-

dungsbeurteilung sind solche Fluchtwege zu ermitteln. Auf diesen Fluchtwegen muss die erforderliche Beleuchtungsstärke der Sicherheitsbeleuchtung innerhalb von 1 s erreicht werden.“

Diese Forderungen sind mit den nach DIN VDE V 0108-100-1 [96b] und DIN VDE 0100-560-1 [97a] zulässigen Stromerzeugungsaggregaten mit mittlerer Unterbrechungszeit von ≤ 15 s, also „herkömmliche Dieselaggregate“, nur schwer zu erfüllen, da hier das „Hochfahren“ der Aggregate mit eingerechnet werden muss.

7.2.1.2 Antipanikbeleuchtung

Abweichend zur Sicherheitsbeleuchtung für Rettungswege wird bei der Antipanikbeleuchtung nach DIN EN 1838 [56b] eine Beleuchtungsstärke von 0,5 lx auf der freien Bodenfläche gefordert, wobei Randbereiche mit einer Breite von 0,5 m eines Raumes nicht berücksichtigt werden müssen. Es ist darauf hinzuweisen, dass in Deutschland abweichend zur DIN EN 1838 [56b] die Antipanikbeleuchtung üblicherweise wie die Sicherheitsbeleuchtung für Rettungswege behandelt wird und auch mit 1 lx projektiert wird. Die Gleichmäßigkeit ist wie bei der für Rettungswege mit dem Verhältnis der kleinsten Beleuchtungsstärke zur größten Beleuchtungsstärke mit mindestens 1:40 festgelegt – siehe Abschnitt 7.2.1.1.

Im Entwurf zu EN 1838 [56c] wird konkretisiert, dass die Antipanikbeleuchtung für offene Bereiche sicherstellen muss, dass die Sehbedingungen zum Erreichen eines Rettungsweges ausreichend sein müssen und dass Sicherheitseinrichtungen bedient werden können. Als Kriterien, dass diese Bereiche mit Antipanikbeleuchtung auszustatten sind, wird deren Größe (> 60 m^2) oder eine große Personenzahl oder Stolperstellen beispielhaft aufgeführt.

Weiter empfiehlt der Entwurf zu EN 1838 [56c], dass Rettungswege, die durch einen offenen Bereich führen, *aber nicht klar definiert sind,* mit *nicht weniger als 1 lx auf der freien Bodenfläche im Kernbereich* ausgeleuchtet werden. Randbereiche mit einer Breite von 0,5 m brauchen nicht berücksichtigt zu werden.

7.2.1.3 Sicherheitsbeleuchtung für Arbeitsplätze mit besonderer Gefährdung

Für Arbeitsplätze mit besonderer Gefährdung wird nach DIN EN 1838 [56b] ein Wartungswert der Beleuchtungsstärke gefordert, der bei Ausfall der allgemeinen Beleuchtung mindestens 10 % der für die Sehaufgabe erforderlichen Beleuchtungsstärke auf der Arbeitsfläche betragen. Dieser Wert darf nicht unter 15 lx liegen. Diese Beleuchtungsstärkewerte sind entweder dauerhaft in den betrachteten Bereichen vorzuhalten oder müssen innerhalb von 0,5 s erreicht werden.

Die Gleichmäßigkeit U_0 der Ausleuchtung dieser Bereiche ist abweichend zu der für Rettungswege über das Verhältnis der Beleuchtungsstärke E_{min}/E_{mittel} festgelegt und darf 0,1 nicht unterschreiten. Die Beleuchtungsstärke muss innerhalb von 0,5 s erreicht werden. Zur Betriebsdauer wird gefordert, dass sie mindestens der Dauer entspricht, in der eine Gefährdung für Menschen bestehen kann.

In ASR A3.4 [3.4] werden beispielhaft Bereiche in Arbeitsstätten aufgeführt, für die diese Werte zum Tragen kommen müssen. Dazu zählen unter anderem

- Laboratorien,
- aus technischen Gründen dunkel gehaltene Arbeitsplätze,
- elektrische Betriebsräume und Räume für haustechnische Anlagen,
- Bereiche, in denen sich langnachlaufende Arbeitsmittel mit nicht zu schützenden bewegten Teilen befinden,
- Steuereinrichtungen für ständig zu überwachende Anlagen, wie z. B. Schaltwarten und Leitstände,
- Bereiche in der Nähe heißer Bäder oder Gießgruben,
- Arbeitsgruben, die bedingt durch die Arbeitsabläufe nicht abgedeckt werden können,
- Arbeitsplätze auf Baustellen.

ANMERKUNG

Die vollständige Übersicht sowie ergänzende Erläuterungen zu diesen Bereichen ist in Anhang B.2.3 wiedergegeben.

7.2.1.4 Spezifische Bereiche und örtliche Beleuchtung

In dem Entwurf zu EN 1838 [56c] wird ergänzend zur *Sicherheitsbeleuchtung für Rettungswege* (Abschnitt 7.2.1.1), zur *Antipanikbeleuchtung* (Abschnitt 7.2.1.2) und zur *Sicherheitsbeleuchtung für Arbeitsplätze mit besonderer Gefährdung* (Abschnitt 7.2.1.3) die *örtliche Beleuchtung* (engl.: *Local Area Lighting*) eingeführt. Des Weiteren werden spezifische Bereiche eingeführt, für die Sicherheitsbeleuchtung erforderlich wird.

ANMERKUNG

Die deutschen Fachgremien von DIN und DKE haben sich gegen die Einführung dieser *spezifischen Bereiche* und der *örtlichen Beleuchtung* ausgesprochen, da hier abweichend von generellen Vorgaben für den Einsatz von Sicherheitsbeleuchtung sehr spezifische Bereiche herausgegriffen werden. Nach Ansicht der DIN und DKE Gremien ist das nicht durch den Anwendungsbereich der Norm abgedeckt. Es bleibt abzuwarten, ob sie sich in der späteren europäischen Norm wiederfinden.

7.2.2 Blendungsbegrenzung

Mögliche Blendeffekte durch zwischen den hellen Leuchten der Sicherheitsbeleuchtung, wenn sie aktiviert sind, und ihrem dunklen Umgebungsbereich bei einer Störung bzw. dem Ausfall der Allgemeinbeleuchtung sind zu vermeiden. Diese zu hohen Kontraste können sonst das Erkennen von Hindernissen, von Niveauänderungen und Treppenstufen oder anderen „Störstellen" auf Flucht- und Rettungswegen beeinträchtigen.

Um diese Blendung (siehe Abschnitt 6.7), in diesem Fall die physiologische Blendung, zu begrenzen, werden daher in DIN EN 1838 [56b] für festgelegte Zonen in Abhängigkeit von der Montagehöhe einer Sicherheitsleuchte maximale Lichtstärken (siehe **Tabelle 7.6**) festgelegt, die innerhalb bestimmter Winkel (siehe **Bild 7.13**) von der Leuchte nicht überschritten werden dürfen. Sicherheitsleuchten müssen entsprechend von den Herstellern ausgelegt werden, sodass diese Grenzwerte bei der vom Hersteller angegebenen Montagehöhe im praktischen Einsatz eingehalten werden können.

Lichtpunkthöhe h über dem Boden in m	maximale Lichtstärke für Sicherheitsbeleuchtung für Rettungswege und Antipanikbeleuchtung I_{max} in cd	maximale Lichtstärke für Sicherheitsbeleuchtung für Arbeitsplätze mit besonderer Gefährdung I_{max} in cd
$h < 2{,}5$	500	1.000
$2{,}5 \leq h < 3{,}0$	900	1.800
$3{,}0 \leq h < 3{,}5$	1.600	3.200
$3{,}5 \leq h < 4{,}0$	2.500	5.000
$4{,}0 \leq h < 4{,}5$	3.500	7.000
$h \geq 4{,}5$	5.000	10.000

Tabelle 7.6 Grenzwerte der physiologischen Blendung aus DIN EN 1838

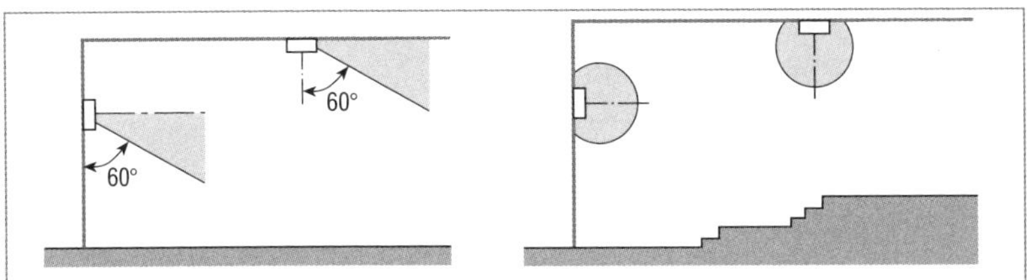

Bild 7.13 Bereiche, in denen Lichtstärkewerte zur Blendungsbegrenzung durch die Leuchten eingehalten werden müssen

ANMERKUNG
Die in Tabelle 7.6 festgelegten Grenzwerte der physiologischen Blendung haben sich im bisherigen Einsatz bewährt. Aufgrund der heute zum Einsatz kommenden Sicherheitsleuchten mit LED-Lichtquellen mit entsprechend optimierten Optiken sind allerdings sehr viel höhere Lichtstärken / Leuchtdichten zur Ausleuchtung von Rettungswegen möglich mit damit verbundene Gefahren der Blendung. Es laufen daher Untersuchungen, ob diese Werte an diese neue Lichttechnik anzupassen sind.

7.2.3 Farbwiedergabeindex R_a

Damit die Sicherheitsfarbe Grün der Rettungszeichen sowie auch die anderen Farben der entlang eines Flucht-und Rettungsweges vorhandenen Sicherheitszeichen und dieser Zeichen als solche eindeutig erkannt werden können, sind die Farbwiedergabeeigenschaften der eingesetzten Lichtquellen wichtig. Nach DIN EN 1838 [56b] wie auch nach ASR A2.3 [33] muss der Farbwiedergabeindex R_a der zum Einsatz kommenden Lichtquellen mindestens 40 betragen.

ANMERKUNG
Je höher der Farbwiedergabeindex, umso besser die Farbwiedergabeeigenschaften. R_a = 100 zeigt alle Farben optimal, wie unter der Bezugslichtquelle (**siehe Tabelle 7.7**)

Eigenschaft	Stufe	Index R_a
sehr gut	1A	≥ 90
	1B	80 bis 89
gut	2A	70 bis 79
	2B	60 bis 69
genügend	3	40 bis 59
ungenügend	4	< 40

Tabelle 7.7 Stufen der Farbwiedergabe und des Farbwiedergabeindexes R_a

7.2.4 Auszuleuchtende Bereiche

Nach DIN EN 1838 [56b] sind Sicherheitsleuchten mindestens 2 m über dem Boden zu installieren. Sie müssen potenzielle Gefahrenstellen hervorheben und ein angemessenes Beleuchtungsniveau zum sicheren Benutzen der Flucht- und Rettungswege erzeugen – siehe auch **Bild 7.14.**

Folgende, durch die Beleuchtung „hervorzuhebende Stellen" werden in DIN EN 1838 [56b] explizit benannt:

a) nahe[1] jeder im Notfall zu benutzenden Ausgangstür,

b) nahe[1] Treppen, um auf diese Weise jede Treppenstufe direkt zu beleuchten,

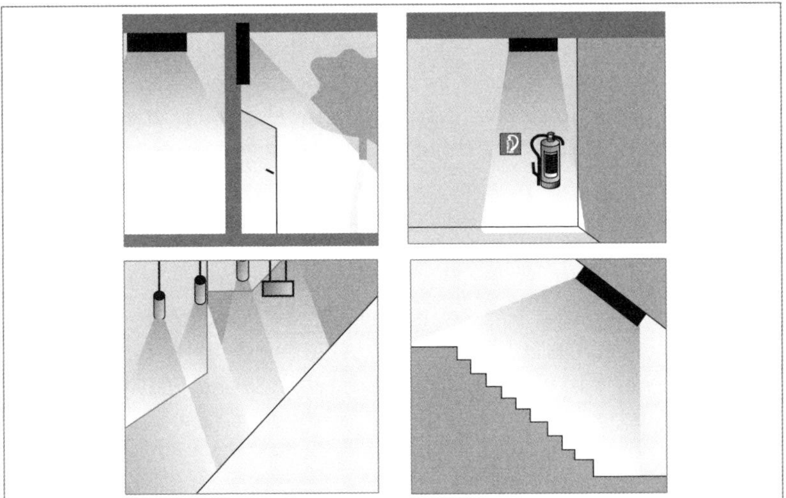

Bild 7.14 Beispiele für hervorzuhebende Bereiche entlang eines Rettungsweges

c) nahe[1] jeder anderen Niveauänderung,

d) beleuchtete Sicherheitszeichen an Rettungswegen, Richtungszeichen an Rettungswegen und andere Sicherheitszeichen müssen bei Notbeleuchtungsbedingungen beleuchtet werden,

e) bei jeder Richtungsänderung[2],

f) bei jeder Kreuzung der Gänge und Flure[2],

g) nahe[1] jedem letzten Ausgang und außerhalb des Gebäudes bis zu einem sicheren Bereich,

h) nahe[1] jeder Erste-Hilfe-Stelle, sodass 5 lx vertikale Beleuchtungsstärke am Erste-Hilfe-Kasten erreicht werden,

i) nahe[1] jeder Brandbekämpfungs- und Meldeeinrichtung, sodass 5 lx vertikale Beleuchtungsstärke an den Melde-, den Brandbekämpfungseinrichtungen und an den Anzeigen der Brandmeldeanlage erreicht werden,

j) nahe[1] Fluchtgeräten für Menschen mit Behinderung und

k) nahe[1] Schutzbereichen für Menschen mit Behinderung und nahe Rufanlagen. Ebenso sind zwei-Wege-Kommunikationseinrichtungen für diese Bereiche sowie Alarmeinrichtungen in Toiletten für Menschen mit Behinderung zu berücksichtigen.

---

1 Im Sinne dieses Abschnittes ist unter „nahe“ üblicherweise ein Abstand von nicht mehr als 2 m in der Horizontalen gemessen zu verstehen.

2 Für Stellen entsprechend e) und f) bedeutet „bei“, dass die Sicherheitsleuchte beide Richtungen einer Richtungsänderung oder einer Kreuzung ausleuchtet.

Diese spezifische Aufführung von „hervorzuhebenden Stellen" ist unter Betrachtung folgender Schutzziele der Sicherheitsbeleuchtung umzusetzen:

- Rettungswege oder Bereiche, in denen Sicherheitsbeleuchtung vorgesehen ist (siehe Abschnitt 7.2.1.2 *Antipanikbeleuchtung* und Abschnitt 7.2.1.3 *Arbeitsplätze mit besonderer Gefährdung)*, müssen sicher begangen werden, und
- die dort befindlichen Sicherheitseinrichtungen, wie Feuerlöscher, Erste-Hilfe-Einrichtungen oder Alarmeinrichtung, müssen sicher bedient werden können.

Diese Schutzziele müssen im Zweifelsfall mit einer Gefährdungsbeurteilung hinterlegt werden. Das trifft besonders auf die geforderte vertikale Beleuchtungsstärke von 5 lx in Punkt h) für *Erste-Hilfe-Stellen* und f) für *Sicherheitseinrichtungen* zu, falls hier abgewichen wird, da die 5 lx nicht erforderlich sind.

In dem Entwurf zu EN 1838 [56c] werden zusätzlich Bereiche aufgeführt, die von Aufzugstüren zu Rettungswegen führen sowie die Bereiche, an denen *Alarmrufe* von Aufzugskabinen empfangen werden und sich die *dazugehörigen Einrichtungen zur Rettung* befinden.

7.3 Messungen

7.3.1 Messung der Beleuchtungsstärke

Die Messung der Beleuchtungsstärke der Sicherheitsbeleuchtung erfolgt in Deutschland grundsätzlich nach DIN 5035-6 [54a]. Nach dieser Norm ist

- der zeitliche Verlauf der Beleuchtungsstärke vom Wirksamwerden der Stromquelle für Sicherheitszwecke bis zum Erreichen der erforderlichen Beleuchtungsstärke, sowie
- die kleinste Beleuchtungsstärke E_{min} und größte E_{max}

zu ermitteln.

Zusätzlich ist es erforderlich, den zeitlichen Verlauf zwischen Ausfall der allgemeinen Stromversorgung und dem Wirksamwerden der Sicherheitsbeleuchtung zu bestimmen, da die Vorgaben zur Beleuchtungsstärke nach ASR und DIN EN 1838 diese Zeitspanne einschließen.

Die horizontale Beleuchtungsstärke ist in einer Höhe von 2 cm über dem Boden zu messen. Falls durch die Bauform des verwendeten Messgerätes von dieser Messhöhe abgewichen wird, darf sie bis zu 20 cm betragen [56b]. Die Messhöhe ist dann extra auszuweisen – siehe Abschnitt 7.2.1.

Lichtquellen der Allgemeinbeleuchtung sowie Tageslicht dürfen die Messung nicht verfälschen – es sind also Vorkehrungen zu treffen, um das sicher auszuschließen.

Sind die Beleuchtungsstärken, wie bei der Notbeleuchtung üblich, ohne Reflexionsanteile von Wänden oder anderen Gegenständen im Raum zu messen, kann dies durch Vorsetzen eines Tubus vor den Empfänger des Beleuchtungsstärkemessgerätes erfolgen. Das Verhältnis des Durchmessers des Tubus zu dessen Länge ist so zu wählen, dass das Licht der Leuchte auf jede Stelle des Empfängers gelangt (**Bild 7.15** – Tubus senkrecht).

Um die gemessenen Beleuchtungsstärkewerte und deren Gleichmäßigkeit auf dem Rettungsweg oder bei Arbeitsplätzen mit besonderer Gefährdung richtig auswerten zu können, ist für die zu messenden Flächen ein Messraster anzuwenden.

Zur Bestimmung eines geeigneten Messrasters wird abweichend zu DIN EN 12464-1 [60a] folgendes Vorgehen vorgeschlagen:

a) Der Flucht- und Rettungsweg ist in repräsentative Bereiche aufzuteilen, für die je ein Messraster festzulegen ist.
b) In dem in **Bild 7.16** gezeigten Beispiel wird ein 30 m langer und 3 m breiter Flur betrachtet. Die Leuchten sind entsprechend ihrer Lichtverteilung in ca. 6,6 m Abstand zum Anfang des Flures und 6,6 m zum Ende des Flures montiert.
c) Durch den symmetrischen Aufbau des Flures und der in diesem Beispiel genutzten Leuchten mit einer symmetrischen Lichtverteilung ist das Messraster nur für die Hälfte des Flures erforderlich.

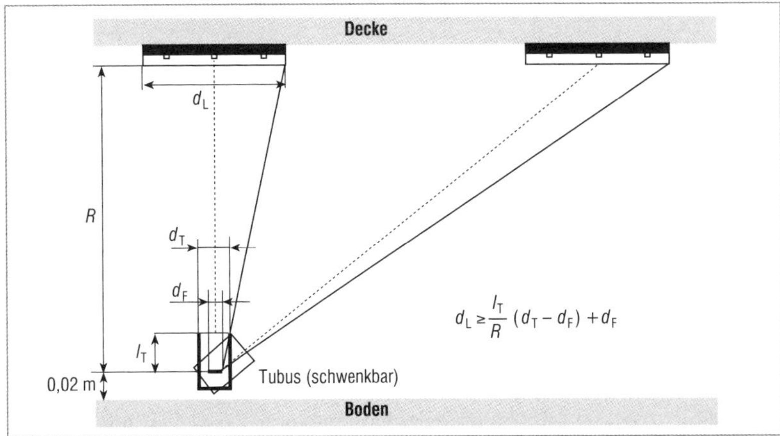

Bild 7.15 Prinzipdarstellung zur Nutzung eines Tubus zum Messen ohne Reflexionsanteile

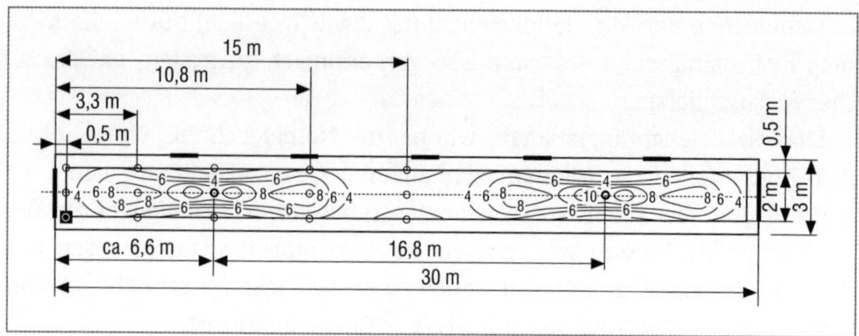

Bild 7.16 Beispiel für ein Messraster für einen 30 m langen Rettungsweg

d) Fünf Messpunkte liegen auf der Hälfte der Mittelachse des Rettungsweges. Von diesen Punkten liegen in einem Abstand von je 1 m nach links und nach rechts jeweils ein weiterer Messpunkt – d. h., es sind insgesamt 15 Messpunkte zu betrachten. Der jeweils 0,5 m breite Streifen links und rechts zwischen der 2 m breiten Fläche des Rasters und der Wand wird nicht betrachtet – siehe auch Abschnitt 7.2.1.1.

e) In diesem Beispiel liegt damit
   - die erste Dreierreihe bei 0,5 m Flurlänge, da ein Rand von 0,5 m der Rettungsweglänge nicht betrachtet werden muss,
   - die zweite Dreierreihe bei 3,3 m Flurlänge – Hälfte des Abstands vom Fluranfang zur ersten Leuchte,
   - die dritte Dreierreihe direkt unter der Leuchte bei 6,6 m,
   - die vierte Dreierreihe zwischen der Leuchte und der Mitte des Flures bei 10,8 m und
   - die fünfte Dreierreihe genau bei der Hälfte des Flures, bei 15 m.

Dieses Messraster (siehe Bild 7.16) wird für die Erstmessung der Beleuchtungsstärke bei der Überprüfung der Planungswerte vorgeschlagen. Je nach Rettungsweggeometrie kann ein anderes, ggf. engeres Raster mit mehr Messpunkten erforderlich sein.

Bei der nach DIN V VDE V 0108-100-1 [96b] alle drei Jahre wiederkehrenden Überprüfung der Beleuchtungsstärke kann die Zahl der Messpunkte weiter reduziert werden. Die folgenden drei Messpunkte sind für das hier beschriebene Beispiel in Bild 7.16 mindestens zu überprüfen:

- der Punkt mit der maximalen und der Punkt mit der minimalen Beleuchtungsstärke bei der Erstmessung sowie
- der Punkt mit der minimalen Beleuchtungsstärke auf der Mittelachse des Flucht- und Rettungsweges.

7.3.2 Messung der physiologischen Blendung

Die Einhaltung der Grenzwerte der physiologischen Blendung nach DIN EN 1838 [56b] (Tabelle 7.6) ist anhand der Lichtstärke der Leuchte in Abhängigkeit von der Montagehöhe und dem Betrachtungswinkel, unter dem die Leuchte gesehen wird, und dem Verlauf des Rettungsweges zu bestimmen.

Liegen keine Daten über die Blendungsbegrenzung der für die Ausleuchtung des Rettungsweges eingesetzten Leuchten vor (siehe Tabelle 7.6), kann für die Beurteilung der Messaufbau nach Bild 7.16 genutzt werden. Dabei ist der Tubus in Richtung der zu beurteilenden Leuchte zu schwenken. Die höchste Lichtstärke lässt sich auch mit einem bildauflösenden Messgerät aus der gemessenen Leuchtdichte der Leuchte bestimmen.

8 Sicherheitsbeleuchtungsanlagen

8.1 Anlagen nach VDE 0108-100

DIN VDE 0108-1 [95] mit umfassenden Aussagen zur Ausführung von Sicherheitsbeleuchtungsanlagen ist seit März 2007 zurückgezogen. Ersetzt wurde diese Norm durch eine europäische Norm, veröffentlicht als DIN EN 50172 (VDE 0108-100):2005-01 [64a]. Das Zurückziehen von DIN VDE 0108-1 war erforderlich, da nationale Normen nach einer vereinbarten Übergangsfrist zurückgezogen werden müssen, sobald eine europäische Norm zur gleichen Thematik erscheint.

DIN EN 50172 (VDE 0108-100) [64a] ist als europäisches „Konsenspapier" zu betrachten, da nicht alle grundlegenden Fragen der Sicherheitsbeleuchtung behandelt werden, die den in Deutschland lange bewährten Stand der Sicherheitsbeleuchtung wiedergeben – besonders im Hinblick auf „zentralbatterieversorgte Sicherheitsbeleuchtungssysteme".

Diesen Überlegungen Rechnung tragend, hat der für DIN EN 50172 (VDE 0108-100) [64a] und VDE 0108-1 [95] zuständige Ausschuss UK 221.3 „Bauliche Anlagen für Menschenansammlungen" der DKE (Deutsche Kommission Elektrotechnik Informationstechnik in DIN und VDE) begleitend an erforderlichen Anpassungen gearbeitet, die inzwischen in vierter Fassung vom Dezember 2018 als „Vornorm" DIN VDE V 0108-100-1 *Sicherheitsbeleuchtungsanlagen – Teil 100-1: Vorschläge für ergänzende Festlegungen zu EN 50172:2004* [96b] vorliegen.

Durch den Status dieser aktuellen Ausgabe als Vornorm ist zu beachten, dass mit dem Auftraggeber zur Errichtung einer Sicherheitsbeleuchtungsanlage explizit vereinbart sein sollte, dass die Ausführung entsprechend dieser Vornorm erfolgt und nicht „nur" entsprechend der auch noch gültigen DIN EN 50172 (VDE 0108-100) [64a].

DIN VDE V 0108-100-1 [96b] wird vom UK 221.3 zur Anwendung empfohlen und weist die aus Sicht des zuständigen Gremiums erforderlichen Änderungen und Zusätze gegenüber der bestehenden DIN EN 50172 (VDE 0108-100) [64a] grau schattiert aus.

ANMERKUNG

Die 2005 erschienene EN 50172 [64a] befindet sich zurzeit in Überarbeitung. Es ist absehbar, dass nicht alle Belange der durch DIN VDE V 0108-100-1 [96b] eingebrachten Änderungen und Zusätze in dem europäischen Normungsprozess umgesetzt werden können. Wesentlich bei dieser Überarbeitung ist auch, dass Anforderungen, die lichttechnische Anforderungen an die Ausleuchtung von Rettungswegen und von Sicherheitszeichnen betreffen, aus EN 50172 herausgelöst werden sollen. Diese sollen dann nur noch in EN 1838 [56a] Lighting application – Emergency lighting behandelt werden – zum aktuellen Bearbeitungsstand von EN 50172 [64a] und EN 1838 [56a] siehe auch 1. ANMERKUNG in Kapitel 7 *Lichttechnische Anforderungen*.

Ähnliches ist bereits auf internationaler Ebene im Zusammenhang mit der Umsetzung IEC 60364-5-56 [97a] *Errichten von Niederspannungsanlagen – Teil 5–56: Auswahl und Errichten elektrischer Betriebsmittel – Einrichtungen für Sicherheitszwecke erfolgt*. Diese Internationale Norm, die in Europa als Harmonisierungsdokument erschienen ist, ist in Deutschland einmal als DIN VDE 0100-560 (VDE 0100-560) [97a] veröffentlicht und einmal als Vornorm DIN VDE V 0100-560-1 (VDE V 0100-560-1) [97b]. In dieser Vornorm sind die vom UK 221.3 zur Anwendung empfohlenen Änderungen und Zusätze kursiv gekennzeichnet.

DIN VDE V 0108-100-1 [96b] beschreibt zusammen mit DIN VDE 0100-560-1 [97b], DIN EN 50171 [63] *Zentrale Stromversorgungssysteme*, DIN EN IEC 62485-2 [65] *Sicherheitsanforderungen an Sekundär-Batterien und Batterieanlagen – Teil 2: Stationäre Batterien* sowie DIN EN 1838 [56b] *Angewandte Lichttechnik – Notbeleuchtung* die elektrotechnischen und lichttechnischen Vorgaben, die bei der Planung, Dimensionierung und Ausführung einer Sicherheitsbeleuchtungsanlage berücksichtigt werden müssen.

Anforderungen aus dem Baurecht (siehe Kapitel 4 und Anhang C) zur Aufstellung der Anlage und der Batterie und zum Funktionserhalt sind Grundlage der regelkonformen Erstellung und des Betriebs einer Sicherheitsbeleuchtungsanlage.

8.2 Anforderungen an die Sicherheitsbeleuchtung

Die zu betrachtenden grundlegenden Anforderungen sind:

- die Umschaltzeit,
- die Bemessungsbetriebsdauer,
- die Notwendigkeit für beleuchtete oder hinterleuchtete Sicherheitszeichen im Dauerbetrieb,
- die Zulässigkeit der unterschiedlichen Arten der Sicherheitsstromversorgung, wie
  - zentrales Stromversorgungssystem (CPS),
  - Stromversorgungssystem mit Leistungsbegrenzung (LPS),
  - Einzelbatteriesystem,

- Stromerzeugungsaggregat
  Klasse A, ohne Unterbrechung (0 s),
  Klasse C kurze Unterbrechung (≤ 0,5 s),
  Klasse E mittlere Unterbrechung (≤ 15 s),
  separate Einspeisung,
- besonders gesichertes Netz bzw. duales System oder separate Einspeisung.

Anhang A aus DIN VDE V 0108-100-1 [96b] sowie aus DIN VDE V 0100-560-1 [97b] geben einen Überblick dieser „Anforderungen", bezogen auf unterschiedliche „bauliche Anlagen", die hier in **Tabelle 8.1** zusammengeführt sind. Prinzipiell sind die Festlegungen dieser beiden Vornormen gleich. Allerdings ist zu beachten, dass bei DIN VDE V 0100-560-1 [97b] die Bemessungsbetriebsdauer mit „mindestens 1 h" festgelegt ist, ergänzt um Hinweise zu baulichen Anlagen, die ggf. eine verlängerte Bemessungsbetriebsdauer oder „Fernsteuereinrichtungen" erfordern. DIN VDE V VDE 0108-100-1 [96b] dagegen konkretisiert die Bemessungsbetriebsdauer der Sicherheitsbeleuchtung im Notbetrieb, wie seit DIN VDE 0108-1 [95] in Deutschland üblicherweise umgesetzt.

	DIN VDE V 0108-100-1	IN VDE V 0100-560-1	DIN VDE V 0108-100-1	DIN VDE V 0100-560-1	DIN VDE V 0108-100-1	DIN VDE V 0100-560-1			
					Umschaltzeit in s				
bauliche Anlage	**Bemessungsbetriebsdauer in h**		**be- oder hinterleuchtetes Sicherheitzeichen in Dauerbetrieb**			**Einzelbatteriesystem**	**unterbrechungsfrei 0s Klasse A**	**kurze Unterbrechung < 5 s Klasse D**	**mittlere Unterbrechung < 15 s Klasse E**
Versammlungsstätten (außer fliegende Bauten), Theater, Kinos	3	1**	X	X	1	X	X	X	
fliegende Bauten, die Versammlungsstätten sind	3		X	X	1	X	X	X	
Sportstätten		1**		X		X	X	X	
Ausstellungshallen	3	1**	X	X	1	X	X	X	
Verkaufsstätten	3	1**	X	X	1	X	X	X	

Tabelle 8.1 Gegenüberstellung der Festlegungen zu baulichen Anlagen nach DIN VDE V 0108-100-1 [96b] und DIN VDE V 0100-560-1 [97b] (Teil 1/2)

bauliche Anlage	DIN VDE V 0108-100-1	IN VDE V 0100-560-1	DIN VDE V 0108-100-1	DIN VDE V 0100-560-1	DIN VDE V 0108-100-1	DIN VDE V 0100-560-1			
	Bemessungs-betriebsdauer in h		be- oder hinterleuchtetes Sicherheitzeichen in Dauerbetrieb		Umschaltzeit in s	Einzelbatteriesystem	unterbrechungsfrei 0s Klasse A	kurze Unterbrechung < 5 s Klasse D	mittlere Unterbrechung < 15 s Klasse E
Restaurants/Gaststätten	3	1**	X	X	1	X	X	X	
Krankenhäuser	24	1**	X	X	15[a]	X	X	X	X
Hotels, Gästehäuser Beherbergungsstätten, Heime	8[d]	1*, **	X	X	15[a]	X	X	X	X
Kur-/Pflege-/Therapie-Behandlungszentren und **Einrichtungen**	8	1*, **	X	X	15[a]	X	X	X	
Schulen	3	1**	X	X	15[a]	X	X	X	X
Parkhäuser, Tiefgaragen	1	1	X	X	15	X	X	X	X
Flughäfen, Bahnhöfe	3[e]		X	X	1	X	X	X	
Hochhäuser	3[c]	1*, **	X	X	15[a]	X	X	X	
Arbeitsstätten	1		X[f]		15	X	X	X	X
Rettungswege in **Arbeitsstätten**		1		***					
Arbeitsplätze mit **besonderer Gefährdung**	b	1	X[f]	***	0,5	X	X	X	
Bühnen	3	1**	X	X	1	X	X	X	

* In Gebäuden (Gästehäuser/Beherbergungsstätten, Hotels, Kur-/Pflege-/Therapiezentren/-einrichtungen und Hochhäuser), die ganztägig genutzt werden, sollte die Bemessungsbetriebsdauer der Notbeleuchtung 8 h betragen oder muss mit beleuchteten Tastern für eine festgelegte Zeit von den Nutzern eingeschaltet werden können. In diesem Fall sollten die Taster und ihre Zeitschaltung auch im Notbetrieb arbeiten.

** Kennzeichnet Anwendungen, die entweder eine verlängerte Betriebsdauer oder Stromkreise mit Fernsteuereinrichtungen erfordern, die einen längeren Schutz als 60 min sicherstellen.

*** nicht gefordert

a je nach Panikrisiko von 1 s bis 15 s und Gefährdungsbeurteilung

b Dauer der für die Personen bestehenden Gefährdung

c bei Wohnhochhäusern 8 h, wenn nicht die Schaltung nach 4.1.2 ausgeführt wird

d es genügen 3 h, wenn die Schaltung nach 4.1.2 ausgeführt wird

e für oberirdische Bereiche von Bahnhöfen ist je nach Evakuierungskonzept auch 1 h zulässig

f für Rettungswege in Arbeitsstätten und Arbeitsplätze mit besonderer Gefährdung je nach Gefährdungsbeurteilung

Tabelle 8.1 Gegenüberstellung der Festlegungen zu baulichen Anlagen nach DIN VDE V 0108-100-1 [96b] und DIN VDE V 0100-560-1 [97b] (Teil 2/2)

Selbstverständlich sind gesetzliche Anforderungen aus dem Arbeitsrecht, wie der Arbeitsstättenverordnung und den zutreffenden ASR A2.3 und A3.4 zu beachten bzw. die, die sich aus den jeweiligen Landesbauordnungen ableiten lassen – siehe Anhänge B.2.2 und B.2.3.

8.3 Stromversorgungssysteme

In der Sicherheitsbeleuchtung werden meist zentrale *Stromversorgungssysteme ohne Leistungsbegrenzung* (CPS) oder *mit Leistungsbegrenzung* (LPS) oder Systeme, in denen *selbstversorgte Leuchten* (siehe Abschnitt 9.2) zum Einsatz kommen, verwendet.

Zentrale Stromversorgungssysteme, die für Anlagen nach DIN VDE V 0108-100-1 [96b] eingesetzt werden dürfen, müssen DIN EN 50171 (VDE 0558-508) [63] unter Berücksichtigung von DIN V VDE 0100-560-1 [97b] entsprechen.

ANMERKUNG 1

Sicherheitsbeleuchtungssysteme, bei denen selbstversorgte Leuchten nach DIN EN 60598-2-22 [74] verwendet werden, sind von der Notwendigkeit, Kabel- und Leitungsanlagen für den Brandfall in „Funktionserhalt“ auszuführen nach VDE V 0108-100-1, 560.9.2 [96b] ausgenommen.

ANMERKUNG 2

Kommen automatische Prüfeinrichtungen zum Einsatz, müssen diese nach DIN VDE V 0108-100-1 [96b] und nach DIN EN IEC 60598-2-22 (VDE 0711-2-22) [74] den Anforderungen von DIN EN 62034 [88] entsprechen – siehe Abschnitt 8.12.3.

Welches Stromversorgungssystem in den unterschiedlichen baulichen Anlagen zum Einsatz kommen kann, ist in DIN VDE V 0100-560-1, Anhang A [97b], festgelegt (siehe auch Tabelle 8.1).

8.3.1 Zentrales Sicherheitsstromversorgungssystem (CPS, Central Safety Power Supply System)

„Zentrales Stromversorgungssystem, das mit beliebiger Ausgangsleistung den geforderten Notstrom für die notwendigen Sicherheitseinrichtungen liefert.“ (DIN EN 50171 [63])

8.3.2 Sicherheitsstromversorgungssystem mit Leistungsbegrenzung (LPS, Low Power Safety Supply System)

„Zentrales Stromversorgungssystem mit Begrenzung der Ausgangsleistung auf 500 W für eine Dauer von 3 h oder 1.500 W für eine Dauer von 1 h." (DIN EN 50171 (VDE 0558-508) [63])

ANMERKUNG

Für eine Gruppenbatterieanlage nach der „alten" VDE 0108-1 [95], die im übertragenen Sinn diesen LPS-Systemen entspricht, galten die folgenden Leistungsgrenzen: die Anzahl der zulässig anzuschließenden Leuchten betrug 20 Sicherheitsleuchten und es galt eine Leistungsbegrenzung von 900 W für 1 h oder 300 W für 3 h.

8.4 Batterien und Batterieanlagen

8.4.1 Batterien für Anlagen mit zentraler Sicherheitsstromversorgung

Batterien als Stromquelle für Sicherheitszwecke, die in der Sicherheitsbeleuchtung zum Einsatz kommen, müssen grundsätzlich den Sicherheitsanforderungen der einschlägigen Normen entsprechen. Es handelt sich bei den zum Einsatz kommenden Batterien grundsätzlich um Sekundär-Batterien, die aus zwei oder mehreren verbundenen Sekundärzellen bestehen. Nicht-wiederaufladbare Batterien kommen in der Sicherheitsbeleuchtung nicht zum Einsatz.

Die zum Einsatz kommenden Batterien müssen bei einer Umgebungstemperatur von 20 °C eine nachgewiesene Gebrauchsdauer haben. Für Sicherheitsstromversorgungssysteme ohne Leistungsbegrenzung (CPS) beträgt diese Gebrauchsdauer 10 Jahre, bei Sicherheitsstromversorgungssysteme mit Leistungsbegrenzung (LPS) 5 Jahre. Das Ende der Gebrauchsdauer ist erreicht, wenn aufgrund der Alterung die entnehmbare Kapazität auf 80 % der Bemessungskapazität gesunken ist. (DIN EN 50171 (VDE 0558-508) [63]).

DIN EN IEC 62485-2 (VDE 0510-485-2 [65a] beschreibt die stationären Sekundär-Batterien folgender Bauart:

- Geschlossene Zellen – durch den Zellstopfen können Gase entweichen und Elektrolyt kann nachgefüllt werden. Die Säuredichte ist messbar. Der Elektrolyt ist flüssig.

- Verschlossene Zellen – Gas kann bei Überladung durch das Sicherheitsventil entweichen – Elektrolyt kann nicht nachgefüllt werden, es ist in einem Vlies oder Gel enthalten.
- Gasdichte Zellen – Bei Einhaltung der angegebenen Betriebsbedingungen tritt weder Gas noch Flüssigkeit aus.

Folgende Elektroden-Materialien kommen zum Einsatz:

- NiCd / NiMH – Nickel-Cadmium, Nickel-Metallhydrid,
- Pb – Bleibatterien mit folgenden Bauarten,
  OpzS – ortsfeste geschlossene Bleibatterie, Panzerplatte, wartungsarm,
  OpzV – ortsfeste verschlossene Bleibatterie, Panzerplatte, wartungsfrei,
  Ogi – ortsfeste, geschlossene Bleibatterie, Gitterplatte, wartungsarm,
  OgiV – ortsfeste, verschlossene Bleibatterie, Gitterplatte, wartungsfrei.

ANMERKUNG
Wartungsfrei bezieht sich auf das Nachfüllen von Elektrolyt, nicht aber auf die normativ und nach Herstellerangaben durchzuführenden Prüfungen.

Folgende Kriterien für den auszuwählenden Batterietyp sind zu beachten:

- Betriebs-, Umgebungs- und insbesondere Temperaturbedingungen,
- Lebensdauer, besonders unter Beachtung der Betriebs-, Umgebungs- und Temperaturbedingungen,
- Wartungsaufwand und Entsorgungskosten.

Bei den zentralen Sicherheitsstromversorgungssystemen der Sicherheitsbeleuchtung haben sich die OgiV-Typen durchgesetzt, weil ihre Gebrauchstauglichkeit die meisten Vorteile bietet, insbesondere in Bezug auf

- Lebensdauer,
- Wartung,
- Aufstellungsumgebung – z. B. geringe Luftwechselraten im Batterieraum, keine säurefesten Bodenanstriche oder Auffangwannen,
- Baugröße,
- Preis.

8.4.2 Stromquellen für selbstversorgte Notleuchten

Durch das Aufkommen von neuen Speichermedien für elektrische Energie, die nicht durch die Definition einer Batterie abgedeckt sind, wurde für die Stromquelle, die in Notleuchten verbaut wird, der Begriff der Stromquelle für Sicherheitszwecke, kurz ESSS, eingeführt.

ANMERKUNG
Ein Beispiel für diese neuen Speichermedien, ist die kondensatorbasierte Stromquelle, der sogenannte *elektrische Doppelschicht-Kondensator (EDLC)*.

Die in den Notleuchten zum Einsatz kommenden Stromquellen für Sicherheitszwecke (ESSS) müssen der für die Anforderungen aus DIN EN IEC 60598-2-22, Anhang A, [74] erfüllen oder ihrer Sicherheits- und Arbeitsweisenorm. In Anhang A werden Festlegungen zu *gasdichten Nickel-Cadmium-Batterien*, zu *ventilgeregelten Bleibatterien*, zu *Nickel-Metallhydrid-* und *Lithium-Batterien* und für *EDLC* konkretisiert.

Diese Stromquellen müssen dafür geeignet sein, die *Bemessungsbetriebsdauer*, für die die Leuchte ausgelegt ist, für mindestens 4 Jahre unter den für die Leuchte zulässigen Betriebs- und Umgebungseinflüssen sicherzustellen.

8.4.3 Batteriekapazität

Die in einer Batterie gespeicherte elektrische Ladung wird umgangssprachlich als Kapazität bezeichnet. Die Kapazität einer Batterie wird in der Regel in Amperestunden (Ah) angegeben. Damit die geforderte Bemessungsdauer der Batterien von 10 Jahren für zentralversorgte Systeme (siehe Abschnitt 8.4.1) und von 4 Jahren für selbstversorgte Leuchten (siehe Abschnitt 8.4.2) erreicht werden kann, ist die zum Einsatz kommende Batterie unter den spezifischen Bedingungen des Systems und dessen Umgebungsbedingungen, in denen sie zur Anwendung kommt, richtig zu dimensionieren – beispielhaft gezeigt an den folgenden Kriterien für eine OGiV-Batterie eines LPS-Systems:

- Die zur Verfügung stehende Batteriekapazität im Notbetrieb ist neben dem Ladezustand auch stark von der Höhe des Entladestroms abhängig. Das heißt, bei der Auswahl von Batterien sollte immer der benötigte Entladestrom, bezogen auf die Bemessungsbetriebsdauer, zugrunde gelegt werden, da Batterien gleicher Kapazität je nach Hersteller unterschiedliche Entladeströme haben können. **Tabelle 8.2** zeigt diesen Zusammenhang für OGiV-Bleibatterien eines typischen Datenblatts eines Batterieherstellers deutlich.

  So hat beispielsweise die Batterie, die von dem Hersteller hier mit HFX 12-45 abgekürzt wird, bei 10-stündiger Entladung (C10) eine Batteriekapazität von 45 Ah, bei 3-stündiger Entladung (C3) eine Kapazität von 32,7 Ah und bei 1-stündiger Entladung (C1) sogar nur noch 26,5 Ah.

Batterietyp	Blockspannung in V	Kapazität in Ah (25 °C,1,80 V/Zelle)				Abmessungen L x B x H in mm	Gewicht in kg
		C10	C8	C3	C1		
HFX 12-7,2	12	6,9	6,7	5,28	4,8	151 x 65 x 94	2,5
HFX 12-12	12	11,8	11,5	9,0	8,2	151 x 98 x 95	2,9
HFX 12-17	12	17,0	15,6	12,8	10,5	181 x 77 x 167	5,9
HFX 12-24	12	24,0	22,5	17,3	13,5	166 x 175 x 125	9,2
HFX 12-28	12	26,1	24,7	20,6	16,5	165 x 125 x 182	10,0
HFX 12-33	12	33,0	29,6	24,5	19,8	195 x 130 x 172	10,2
HFX 12-45	12	45,0	39,9	32,7	26,5	197 x 165 x 170	13,8
HFX 12-55	12	55,0	51,1	39,9	31,7	239 x 132 x 210	18,0
HFX 12-60	12	60,0	57,0	45,6	36,6	258 x 166 x 215	24,0
HFX 12-80	12	80,0	76,2	62,1	46,3	350 x 167 x 179	26,0
HFX 12-100	12	100,0	94,4	75,9	57,4	330 x 171 x 222	32,0
HFX 12-120	12	120,0	108,8	84,3	65,4	410 x 176 x 227	38,0
HFX 12-134	12	134,0	126,4	105,6	78,0	342 x 172 x 277	42,5
HFX 12-150	12	150,0	143,2	124,2	90,5	485 x 172 x 240	47,0
HFX 12-200	12	200,0	191,2	153,0	114,0	522 x 238 x 223	65,0

Tabelle 8.2 Entladeströme einer typischen OgiV-Batterie

- Ergänzend muss bei der Berechnung der benötigten Batteriekapazität auch das Alterungsverhalten der Batterien mit einbezogen werden, wobei besonders auch die Umgebungstemperatur, in der die Sicherheitsstromversorgungsanlage betrieben wird, eine Rolle spielt. Angaben der Hersteller zur Batteriekapazität und „Lebensdauer" beziehen sich üblicherweise auf einen Betrieb der Anlage bei Umgebungstemperatur von 20 °C. Falls davon abgewichen wird, ist dies vom jeweiligen Hersteller anzugeben bzw. ist vom Betreiber zu berücksichtigen. Der Betrieb der Sicherheitsstromversorgung bei höheren Temperaturen als 20 °C führt zu einer nicht reversiblen Schädigung der Batterie. Die „Lebensdauer" sinkt bei einem Betrieb bei z. B. 30 °C auf ca. 50 % der eigentlich bemessenen 10 Jahre – siehe **Bild 8.1**. Der Betrieb bei Temperaturen unter 20 °C führt zu einer Verringerung der zur Verfügung stehen Batteriekapazität. Dieser Effekt ist reversibel und schädigt die Batterie nicht dauerhaft – siehe **Bild 8.2**. Ein weiterer zu beachtender Effekt ist die „Tiefentladung". Wird eine Batterie mehr als 80 % der zur Verfügung stehenden Kapazität entladen, tritt eine dauerhafte Schädigung der Batterie ein – siehe **Bild 8.3**.
- Bei den folgenden zwei Beispielen ist zur Ermittlung der Batteriekapazität eine Alterungsreserve von 25 % eingerechnet. Diese 25 % sollten sicherstellen, dass die erforderliche Batteriekapazität bei einem Betrieb

der Anlage bei einer Umgebungstemperatur von 20 °C nach 10 Jahren bei CPS-Geräten und nach 5 Jahren bei LPS-Systemen noch zur Verfügung steht.

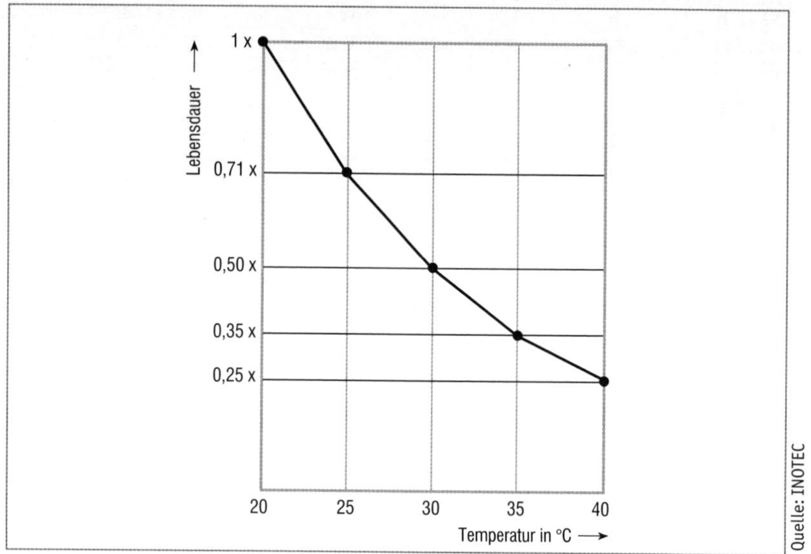

Bild 8.1 Hohe Umgebungstemperatur verringert die Lebensdauer – nicht reversibel

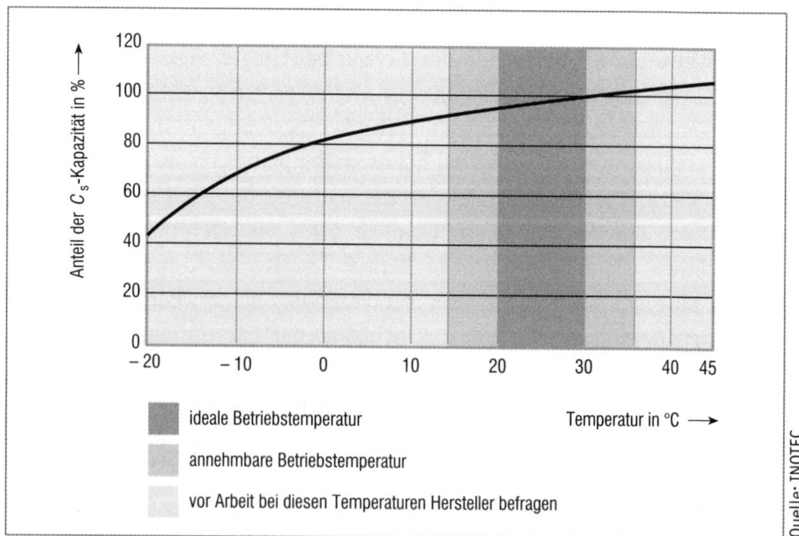

Bild 8.2 Niedrige Umgebungstemperatur verringert die zur Verfügung stehende Kapazität – reversibel

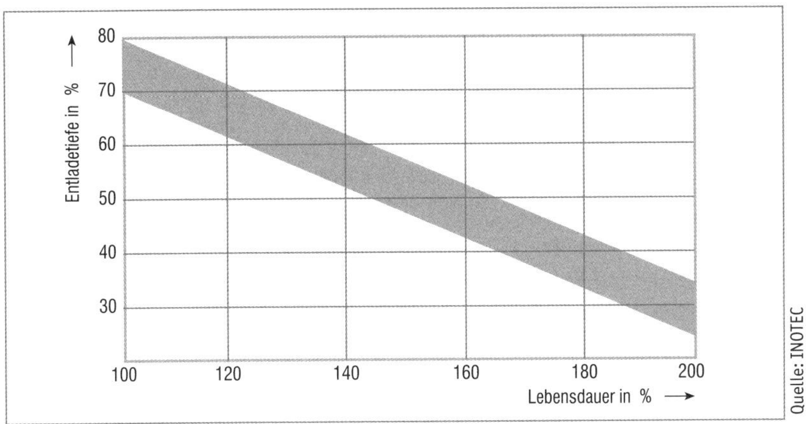

Bild 8.3 Hohe Entladetiefe verringert die Lebensdauer – nicht reversibel

Beispiel 1
Ermittlung der benötigten Batterie für 2.000 W Anschlussleistung und 3 h Bemessungsbetriebsdauer

Anschlussleistung	2.000 W
Bemessungsbetriebsdauer	3 h
Batteriespannung im DC-Notbetrieb	216 V
Entladestrom	2.000 W/216 V = 9,26 A
Alterungsreserve von 25 %	9,26 A · 1,25 = 11,6 A
benötigter Entladestrom, C3-Wert	11,6 A · 3 h = 34,8 Ah
passender C3-Wert aus Tabelle 8.2	39,9 Ah
gewählte Batterie	HFX 12-55 mit C10 = 55 Ah

Beispiel 2
Ermittlung der benötigten Batterie für 5.000 W Anschlussleistung und 1 h Bemessungsbetriebsdauer

Anschlussleistung	5.000 W
Bemessungsbetriebsdauer	1 h
Batteriespannung im DC-Notbetrieb	216 V
Entladestrom	5.000 W/216 V = 23,15 A
Alterungsreserve von 25 %	23,15 A · 1,25 = 28,92 A
benötigter Entladestrom, C3-Wert	28,93 A · 1 h = 28,93 Ah
passender C3-Wert aus Tabelle 8.2	31,7 Ah
gewählte Batterie	HFX 12-55 mit C10 = 55 Ah

Die Bilder 8.1 bis 8.3 veranschaulichen diese Zusammenhänge.

8.4.4 Ladung

Ladegeräte müssen den jeweiligen Anforderungen aus DIN EN 60146-1 [108] und DIN EN IEC 62485-2 [65] entsprechen. Sie müssen nach DIN V VDE 0100-560-1 [97b] innerhalb von 12 h eine 80%ige Ladung ermöglichen, bezogen auf die C10-Kapazität. Die hinterlegte Ladekurve des Gerätes sollte der in **Bild 8.4** entsprechen.

Wichtig ist, dass die Temperaturen der Batterie bei der Ladung nicht über die erlaubten Werte ansteigen, um eine Schädigung der Batteriezellen zu vermeiden. Dies wird durch die sogenannte „Temperaturkompensation" erreicht, die in der Ladekurve hinterlegt sein kann und ggf. zusätzlich unterstützt wird durch Zuschaltung eines Lüfters, wenn entsprechend voreingestellte Temperaturen überschritten sind.

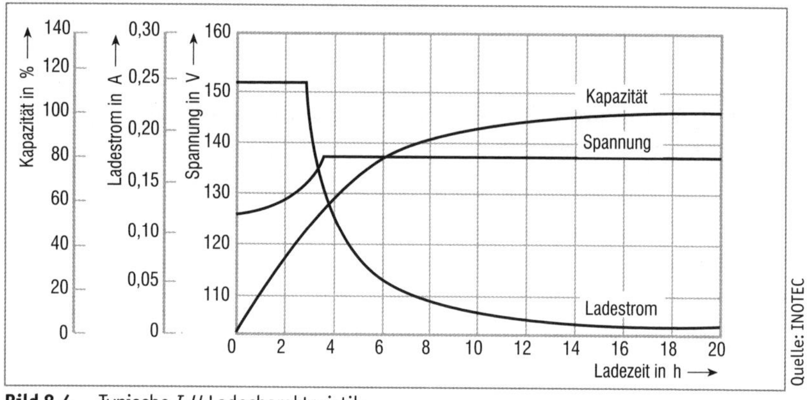

Bild 8.4 Typische *I-U*-Ladecharakteristik

8.5 Umschalten – Normalbetrieb zu Notbetrieb

In DIN VDE V 0100-560-1 [97b] ist die Umschaltzeit als die *Zeitspanne* definiert, die *zwischen dem Ausfall der allgemeinen Stromversorgung und der Übernahme der Versorgung der Betriebsmittel durch eine Stromquelle für Sicherheitszwecke* anfällt.

Die Umschaltung muss automatisch erfolgen, wenn die Spannungsversorgung der Allgemeinbeleuchtung eines Beleuchtungsverteilers für länger als 0,5 s unter die 0,6-fache Bemessungsspannung fällt. Liegt die Versorgungsspannung wieder vollständig an, muss die Rückschaltung auch wieder automatisch erfolgen, sodass die Allgemeinbeleuchtung wieder wirksam werden kann. Eingeschränkt wird diese Forderung für „betrieblich verdunkelte

Räume“, wie z. B. in Kino- oder Theatersälen und Bühnen. Hier ist eine Rückschaltung durch eine für diesen Bereich zuständige Person erforderlich. Diese Einschränkung gilt auch, wenn Leuchten zum Einsatz kommen, deren Lichtquellen beim Wiedereinschalten nur in bestimmten Temperaturbereichen wieder zünden, z. B. bei Hallenstrahlern mit Hochdruckentladungslampen.

Zu beachten ist, dass die Umschaltzeiten nach DIN VDE V 0108-100-1 [96b] und DIN VDE V 0100-560-1 [97b] die Zeitspanne ist, die der Sicherheitsstromversorgung zur Verfügung steht, um 100 % der erforderlichen Spannung und Leistung zu „liefern“ – Stichwort: Hochfahren eines „Notstromdiesels“. Die Festlegungen der technischen Regeln für Arbeitsstätten ASR A2.3 [33] und A 3.4 [34] – siehe Kapitel 3 und Anhang B – und die der DIN EN 1838 [56b] sind allerdings Grenzwerte, die auf die erforderliche Beleuchtungsstärke bezogen sind. Die Zeitspanne zwischen Ausfall der Allgemeinbeleuchtung und „aktiver“ Notbeleuchtung nach ASR und DIN schließt die Detektion des Ausfalls der Allgemeinbeleuchtung und die Verzögerungszeiten, die durch unterschiedliche Arten der Sicherheitsstromversorgung nach DIN EN 50171 und der zum Einsatz kommenden Lichtquellen bestimmt sein können, ein. Bei batteriegepufferten Sicherheitsstromversorgungen in Verbindung mit LED-Lichtquellen ist die Verzögerungszeit bis zum Erreichen der erforderlichen Beleuchtungsstärke nach ASR und DIN EN 1838 vernachlässigbar – siehe auch Hinweise zu den Umschaltzeiten und dem Einsatz von Notstromaggregaten unter 7.2.1.1

8.6 Bemessungsbetriebsdauer

In DIN EN 60598-2-22 [74] ist die Bemessungsbetriebsdauer mit *„vom Hersteller angegebene Dauer, für die der Bemessungslichtstrom abgegeben wird“* definiert, wobei der Bemessungslichtstrom der *Lichtstrom nach Angabe des Herstellers ist, der innerhalb von 60 s (0,5 s für Arbeitsstätten mit besonderer Gefährdung) nach einer Störung der allgemeinen Stromversorgung kontinuierlich bis zum Ende der Bemessungsbetriebsdauer beibehalten wird.*

Diese Definition, die eigentlich nur auf „selbstversorgte Notleuchten“ zu beziehen ist, gilt im übertragenen Sinn für alle Stromquellen für Sicherheitszwecke, die nach DIN VDE V 0100-560-1 [97b] zum Einsatz kommen können. Hier heißt es, *„geforderte Beleuchtungsstärke einer Notbeleuch-*

tung/Sicherheitsbeleuchtung während der gesamten Bemessungsbetriebsdauer".

Konkrete Festlegungen zur Bemessungsbetriebsdauer finden sich in den Anhängen A von DIN VDE V 0108-100-1 [96b] und DIN VDE V 0100-560-1 [97b], zusammengefasst wiedergegeben in Abschnitt 8.2 mit dem Hinweis auf zu beachtende nationale bzw. gesetzliche Vorschriften. Zum Beispiel heißt es in ASR A2.3 [33], *„die Sicherheitsbeleuchtung für Fluchtwege muss für die Dauer, die für das gefahrlose Verlassen der Arbeitsstätte ins Freie erforderlich ist, jedoch mindestens für einen Zeitraum von 30 min nach Ausfall der Allgemeinbeleuchtung, die erforderliche Beleuchtungsstärke erbringen"*. Nach ASR A3.4 [34] wird für Arbeitsbereiche, bei denen bei Ausfall der Allgemeinbeleuchtung Gefährdungen auftreten können, gefordert, dass *„die Beleuchtungsstärke mindestens für die Dauer der besonderen Gefährdung zur Verfügung"* steht – siehe auch Anhang B.2.

8.7 Überwachung der Stromversorgung

Um sicherzustellen, dass die Sicherheitsbeleuchtung auch dann wirksam wird, wenn nur in einem Bereich einer baulichen Anlage die Allgemeinbeleuchtung ausfällt, kann es erforderlich sein, die Beleuchtungsunterverteilungen dieser Bereiche einzeln zu überwachen (DIN VDE V 0108-100-1 [96b], Abschnitt 4.1 bzw. DIN VDE V 0100-560-1 [97b]).

Solange am Verteiler der Sicherheitsbeleuchtung die allgemeine Stromversorgung zur Verfügung steht, muss die Sicherheitsbeleuchtung in dem Bereich, in dem sie durch Ausfall der Allgemeinbeleuchtung aktiv geworden ist, weiter durch die allgemeine Stromversorgung gespeist werden. Diese Forderung soll sicherstellen, dass die Stromquelle für Sicherheitszwecke, die „Zentralbatterie", nicht unnötig belastet wird (DIN VDE V 0108-100-1 [96b]).

8.8 Endstromkreise

Je Endstromkreis einer Zentralbatterieanlage dürfen max. 20 Leuchten angeschlossen werden. Als weitere Begrenzung der Anzahl der Leuchten eines Endstromkreises ist die Dimensionierung der Überstrom-Schutzeinrichtung anzusehen, mit welcher jeder Endstromkreis abgesichert werden muss. Sie dürfen mit nicht mehr als 60 % des Nennstroms der Schutzeinrichtung belastet werden (DIN VDE V 0108-100-1 [96b]). Werden Endstromkreise mit beispielsweise 5 A abgesichert, ist die angeschlossene Last auf 3 A zu begrenzen.

Weitere zu beachtende Punkte zu Endstromkreisen, wie die Ausführung der Endstromkreise bei Forderungen des Funktionserhalts im Brandfall und zum Betrieb der angeschlossenen Leuchten, Dauer- und Bereitschaftsbetrieb, sind in Abschnitt 8.13 aufgeführt.

8.9 Standort von Anlage und Batterie

Für den Standort der Sicherheitsbeleuchtungsanlage und deren Batterien sind die EltBauVO [37] und MLAR [43] zu beachten. Die EltBauVO beschreibt u. a. Anforderungen an elektrische Betriebsräume sowie Batterieräume und deren Be- und Entlüftung.

Eine neue Muster-EltBauVO ist im März 2022 erschienen. Danach sind zentrale Batterieanlagen, bei denen Batterien verschlossener Bauart mit einer Kapazität nicht größer als 2 kWh eingesetzt werden, von der EltBauVO ausgenommen. Das betrifft in der Regel Sicherheitsbeleuchtungsanlagen mit Leistungsbegrenzung (LPS: Low Power Safety Supply System), auch als Gruppenbatteriesysteme bekannt, die zur Versorgung einzelner Brand- oder Sicherheitsbeleuchtungsabschnitte (einzelne Etagen oder Treppenräume) eingesetzt werden (siehe auch Abschnitt 8.13).

ANMERKUNG

Wird geplant, ein LPS-System ohne separaten „Batterieraum“ im Brandabschnitt zu platzieren, wird allerdings nach wie vor empfohlen, dies mit den an der Abnahme beteiligten Institutionen vorab abzusprechen.

Die MLAR enthält Anforderungen an den einzuhaltenden Funktionserhalt der Leitungsanlage im Brandfall. Zu den Leitungsanlagen gehören neben den verwendeten Kabeln und Leitungen auch das Sicherheitsbeleuchtungsgerät selbst.

Sowohl die EltBauVO als auch die MLAR unterliegen dem jeweiligen Landesbaurecht und können somit in den einzelnen Bundesländern unterschiedliche Anforderungen enthalten.

Normativ sind u. a. die Anforderungen der DIN VDE 0100-729 [100] und DIN VDE 0100-731 [101] zu berücksichtigen. **Bild 8.5** zeigt den Aufbau eines Betriebs- und Batterieraums als Beispiel.

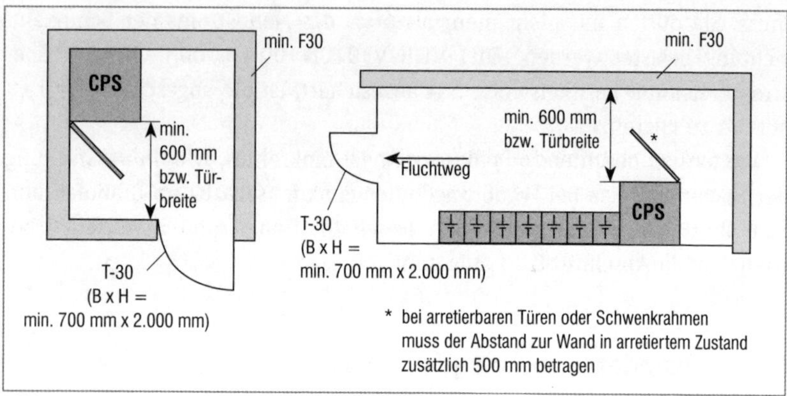

Bild 8.5 Elektrischer Betriebs- und Batterieraum

8.9.1 Elektrischer Betriebsraum

Für eine *„zentrale Batterieanlage für bauordnungsrechtlich vorgeschriebene sicherheitstechnische Anlagen und Einrichtungen“* gilt die EltBauVO [37]. Unter diese Verordnung fallen sowohl Zentralbatterieanlagen CPS und LPS, nicht aber Einzelbatteriesysteme. Zu diesen Anlagen gehören die Batterie und das Stromversorgungssystem.

Der „elektrische Betriebsraum“ entsprechend EltBauVO dient ausschließlich der Unterbringung dieser Anlagen.

Darüber hinaus sollten DIN VDE 0100-729 [100] *Anforderungen für Betriebsstätten, Räume und Anlagen besonderer Art – Bedienungs- und Wartungsgänge* und DIN VDE 0100-731 [101] *Anforderungen für Betriebsstätten, Räume und Anlagen besonderer Art – Abgeschlossene elektrische Betriebsstätten* beachtet werden.

Die grundlegenden Anforderungen an elektrische Betriebsräume können wie folgt zusammengefasst werden:

- Elektrische Betriebsräume müssen so angeordnet sein, dass sie im Gefahrenfall aus dem Freien oder von allgemein zugänglichen Fluren erreichbar sind. Sie dürfen nicht unmittelbar von notwendigen Treppenhäusern zugänglich sein.
- Elektrische Betriebsräume dürfen sich nicht in Geschossen befinden, deren Fußboden 4 m unter der festgelegten Geländeoberfläche liegt. Sie dürfen sich nicht in Geschossen über dem Erdgeschoss liegen.

- Raumabschließende Bauteile von elektrischen Betriebsräumen für zentrale Batterieanlagen müssen dem erforderlichen Funktionserhalt der zur versorgenden Anlage entsprechen. Gem. (M)LAR gilt für Sicherheitsbeleuchtungssysteme ein Funktionserhalt von min. 30 min, sofern das System mehrere Brandabschnitte versorgt (siehe auch Bild 8.5).
- Türen müssen mindestens feuerhemmend, selbstschließend und rauchdicht sein sowie im Wesentlichen aus nichtbrennbaren Baustoffen bestehen. Soweit sie ins Freie führen, genügen selbstschließende Türen aus nichtbrennbaren Baustoffen. An den Türen muss außen ein Hochspannungswarnschild angebracht sein.
- Die lichte Höhe muss mindestens 2 m und die Durchgangshöhe über Bedienungs- und Wartungsgängen min. 1,8 m betragen.
- Elektrische Betriebsräume müssen den betrieblichen Anforderungen entsprechend wirksam be- und entlüftet werden. Die Be- und Entlüftung muss unmittelbar oder über eigene Lüftungsleitungen ins Freie erfolgen.
- Sie müssen frostfrei sein oder beheizt werden können.
- In elektrischen Betriebsräumen dürfen Leitungen und Einrichtungen, die nicht zum Betrieb der jeweiligen elektrischen Anlagen erforderlich sind, nicht vorhanden sein.
- Der Rettungsweg innerhalb des elektrischen Betriebsraums bis zu einem Ausgang darf nicht länger als 35 m sein.

ANMERKUNG
Wände, Decken und Türen müssen nur in Funktionserhalt ausgeführt werden, wenn das unterzubringende Gerät mehrere Brandabschnitte versorgt. Bei gemeinsamer Unterbringung mit Verteilern der allgemeinen Stromversorgung ist eine Abstimmung mit dem Brandschutz- und/oder dem Elektrosachverständigen ratsam. Gegebenenfalls kann durch Kompensationsmaßnahmen, wie z.B. Überwachung des Raumes durch eine Brandmeldeanlage, auf weitergehende Maßnahmen zum Funktionserhalt verzichtet werden.

8.9.2 Batterieräume

Nach DIN EN IEC 62485-2 (VDE 0510-485-2) [65a] müssen Batterien „geschützt" untergebracht sein: Diese geschützten Bereiche können als

- getrennte Räume in Gebäuden,
- speziell abgetrennte Bereiche in elektrischen Betriebsräumen,
- Schränke oder Gehäuse innerhalb oder außerhalb von Gebäuden,
- Batteriefächer in Geräten (Kombi-Schränke)

ausgeführt werden.

Der Schutz, den diese Bereiche bieten müssen, bezieht sich auf Gefährdungen,

- die von außen einwirken können, wie z.B. Feuer, Wasser, Stöße, Schwingungen,
- die von der der Batterie ausgehen, z.B. hohe Spannung, Explosion, Elektrolyt, Korrosion, Erdschlusswirkungen,
- durch Zugriff durch unbefugte Personen,
- durch extreme Umwelteinflüsse wie Temperatur, Feuchte, Luftverschmutzung.

8.9.2.1 Grundlegende Anforderungen an Batterieräume

Die grundlegenden Anforderungen an Batterieräume können wie folgt beschrieben werden:

- Die Gewichtsbelastung des Fußbodens durch die Batterie ist zu berücksichtigen.
- Bei Batteriespannungen > 110 V ist eine Antipanik-Tür zu verwenden, die nach außen öffnet und nur von außen schließbar ist.
- Bei „geschlossenen" Batterien muss der Fußboden gegen Elektrolyte undurchlässig und chemisch resistent sein. Alternativ können Auffangwannen verwendet werden.

Bei „verschlossenen" Zellen (z.B. OgiV-Batterien) sind diese Maßnahmen nicht erforderlich.

- Batterieschränke müssen innen gegen Elektrolyte resistent sein.
- Der Abstand zwischen den Batteriepolen und Schrankbegrenzungsflächen muss ausreichend groß bemessen sein, um Wartungs- und Instandhaltungsarbeiten ausführen zu können.
- In Armreichweite zur Batterie (ca. 1,25 m) muss der Ableitwiderstand des Fußbodens zu einem geerdeten Punkt < 10 MΩ sein.

  ANMERKUNG
  Die Alternative kann eine geeignete Gummimatte sein. Bei Unterbringung von Batterien in Schränken kann eventuell eine elektrostatische Entladung über einen angeschlossenen Schutzleiter ausreichend sein.

- Der Abstand zwischen verschlossenen Zellen soll min. 5 mm betragen.
- Das erforderliche freie Luftvolumen des Raumes sollte mindestens dem 2,5-Fachen des errechneten Luftvolumenstromes Q sein (siehe Abschnitt 8.9.2.2).
- Jeder Batterieblock sollte zu Wartungszwecken leicht identifizierbar sein.
- Batterieräume müssen von außen durch mindestens folgende Warn- und Hinweisschilder gekennzeichnet sein:
  a) Gefährliche Spannung bei einer Batteriespannung > 60 V DC,
  b) Verbotsschild *Feuer, offenen Flammen und Rauchen verboten*,
  c) Warnschild *Batterie, Batterieraum*.

8.9.2.2 Be- und Entlüftung des Batterieraumes

In Abhängigkeit von dem Batterietyp und der Kapazität ist auf eine ausreichende Be- und Entlüftung der „Batterieräume“ zu achten, da sich während des Ladens der Batterien, außer bei gasdichten Sekundärzellen, Wasserstoffgase und Sauerstoff bilden kann. Das Ziel muss sein, die Wasserstoffkonzentration im Batterieraum unter dem Wert der unteren Explosionsgrenze (UEG) für Wasserstoff von 4 % Volumenanteil zu halten.

Zur Ermittlung der erforderlichen Luftdurchflussmenge bei „technischer Belüftung“ wird in DIN EN IEC 62485-2 (VDE 0510-485-2) [65a] die folgende Formel vorgegeben:

$$Q = 0{,}05 \cdot n \cdot I_{gas} \cdot C_{rt} \cdot 10^{-3}$$

Q Luftvolumenstrom in m^3/h

n Zellenzahl

I_{gas} Strom, der die Gasentwicklung verursacht in mA/Ah

I_{gas} = 8 mA/Ah bei Starkladung und 1 mA/Ah[3] bei Erhaltungsladung für verschlossene Bleibatterien

I_{gas} = 20 mA/Ah bei Starkladung und 5 mA/Ah[3] bei Erhaltungsladung für geschlossene Bleibatterien

I_{gas} = 50 mA/Ah bei Starkladung und 5 mA/Ah bei Erhaltungsladung für geschlossene NiCd-Batterien

C_{rt} Nennkapazität in Ah

ANMERKUNG 1

Die I_{gas}-Werte gelten, wenn eine Entladung im Normalbetrieb nur gelegentlich (z.B. monatlich) erfolgt. Da bei Zentralbatterieanlagen im Normalbetrieb nur eine jährliche Entladung im Rahmen der Inspektion erfolgt, könnten verringerte Werte angesetzt werden.

ANMERKUNG 2

Bei dieser Betrachtung wird eine Luftgeschwindigkeit von 0,1 m/s angesetzt.

Beispiel 1

Zentralbatteriesystem mit verschlossener Bleibatterie, Typ OGiV, 216 V Batteriespannung, 80 Ah Batteriekapazität, Erhaltungsladung

$Q = 0{,}05\ m^3/h \cdot 108 \cdot 1\ mA/Ah \cdot 80\ Ah \cdot 0{,}001 = 0{,}432\ m^3/h$

$A = 28 \cdot 0{,}432 = 12{,}1\ cm^2$, entspricht einer kreisförmigen Öffnung mit einem Durchmesser von $d = 3{,}93$ cm jeweils für Zu- und Abluft.

Aus Q ergibt sich ein erforderliches freies Luftvolumen des Aufstellungsraumes von $V_{frei} = 1{,}08$ m3 (entspricht gem. TRBS 2152-2 [48] dem 2,5-Fachen des errechneten Luftvolumenstromes).

Beispiel 2
Gruppenbatteriesystem mit verschlossener Bleibatterie, Typ OGiV, 24 V Batteriespannung, 24 Ah Batteriekapazität, Erhaltungsladung

$Q = 0{,}05\ m^3/h \cdot 12 \cdot 1\ mA/Ah \cdot 24\ Ah \cdot 0{,}001 = 0{,}014\ m^3/h$

$A = 28 \cdot 0{,}014 = 12{,}1\ cm^2$, entspricht einer kreisförmigen Öffnung mit einem Durchmesser von $d = 0{,}71$ cm jeweils für Zu- und Abluft

Aus Q ergibt sich ein erforderliches freies Luftvolumen des Aufstellungsraumes von $V_{frei} = 0{,}035\ m^3$ (entspricht gem. TRBS 2152-2 [48] dem 2,5-Fachen des errechneten Luftvolumenstromes).

Der erforderliche Lüftungsquerschnitt bei „natürlicher Belüftung“ der Zuluft- und Abluftöffnung errechnet sich aus

$$A = 28 \cdot Q$$

A Öffnungsquerschnitt der Be- und Entlüftungsöffnung in cm^2
Q Luftvolumenstrom in m^3/h

Bei natürlicher Belüftung sollten die Be- und Entlüftungsöffnungen möglichst an gegenüberliegenden Wänden liegen. Falls das nicht möglich ist, sollten sie möglichst 2 m voneinander entfernt vorgesehen werden. Die Zuluft sollte aus dem unteren und die Abluft im oberen Raumbereich erfolgen. Die Dimensionierung muss entsprechend DIN EN IEC 62485-2 (VDE 0510-485-2) [65a] erfolgen.

Wenn die natürliche Belüftung nicht ausreichend dimensioniert werden kann, ist eine technische Lüftung vorzusehen, die in Abhängigkeit des jeweiligen Ladebetriebs der Anlage einen Lüfter steuert.

Die Abluft muss grundsätzlich nach außen geführt werden. Bei sehr geringen Lüftungsquerschnitten und ausreichender Raumgröße, wie im vorhergehenden Beispiel 2 berechnet, sollte mit dem zuständigen Brandschutzsachverständigen geklärt werden, ob der Aufwand für weitergehende Zu- und Abluftmaßnahmen gerechtfertigt ist oder auf diese Maßnahmen verzichtet werden kann.

8.10 Funktionserhalt

Um die Funktion der Sicherheitsbeleuchtung auch im Brandfall sicherzustellen, werden in der Musterleitungsanlagenrichtlinie MLAR [43] Vorgaben zur Unterbringung der Verteiler bzw. deren Umhausung und für die Ausführung der Leitungsanlage gemacht.

In Abhängigkeit von der Lage des elektrischen Betriebsraumes der Anlage und der einzelnen Unterverteilungen der Sicherheitsbeleuchtung ist die

Umhausung der Verteiler und der jeweiligen Zuleitung in Funktionserhalt E30 auszuführen, wobei das Bauordnungsrecht der Länder hier weitere Anforderungen stellen kann.

Zur Unterbringung der Verteiler der Sicherheitsstromversorgung sieht die MLAR [43] drei Möglichkeiten vor:

- Es werden eigene Räume genutzt, die keinem anderen Zweck dienen und den notwendigen Funktionserhalt aufweisen – siehe auch Abschnitt 8.9.1.
- Die Verteiler werden in extra dafür vorgesehenen, bauaufsichtlich zugelassenen Gehäusen untergebracht, deren Funktion inkl. der elektrischen Einbauten für die Dauer des notwendigen Funktionserhalts nachgewiesen ist (z. B. durch einen Brennkammertest einer unabhängigen, anerkannten Prüfinstitution) oder
- die Verteiler werden „mit Bauteilen (einschließlich ihrer Abschlüsse) umgeben, die eine Feuerwiderstandsfähigkeit entsprechend der notwendigen Dauer des Funktionserhalts haben und – mit Ausnahme der Abschlüsse – aus nichtbrennbaren Baustoffen bestehen, wobei sichergestellt werden muss, dass die Funktion der elektrotechnischen Einbauten des Verteilers im Brandfall für die Dauer des Funktionserhalts gewährleistet ist; der Nachweis des Funktionserhalts der elektrotechnischen Einbauten ist zu dokumentieren."

ANMERKUNG

Laut MLAR [43] kann auf Funktionserhalt der Verteiler und der Leitungsanlage verzichtet werden, wenn die Sicherheitsbeleuchtungsanlage bzw. ein Verteiler der Sicherheitsbeleuchtungsanlage der Versorgung nur eines Brandabschnittes dient und die Anlage bzw. der Verteiler sich in diesem Brandabschnitt befindet. Sind Brandabschnitte größer als 1.600 m^2, können diese in „virtuelle Brandabschnitte" aufgeteilt werden. Die virtuellen Brandabschnitte sind dann wie separate Brandabschnitte zu betrachten. Dies ist im Zusammenspiel mit der abnehmenden bzw. bauaufsichtführenden Behörde bzw. in Übereinstimmung mit vorhandenen Brandschutzgutachten zu betrachten.

Stromkreise für Sicherheitszwecke sollten unabhängig von anderen Stromkreisen sein.

8.11 Steuerungs- und Bussysteme für Betrieb und Überwachung

In DIN VDE 0100-560-1 [97b] heißt es, *„die Funktion von Notbeleuchtungsanlagen/Sicherheitsbeleuchtungsanlagen darf nicht durch andere Steuerungssysteme beeinträchtigt werden. Steuerungssysteme müssen auch nach späteren Änderungen am Steuerungssystem diese Anforderungen im Sinne der funktionalen Sicherheit erfüllen. Führt ein Fehler zum Ausfall der allgemeinen Beleuchtung in einem Bereich, müssen sämtliche Notleuchten in diesem Bereich eingeschaltet werden. Die Notleuchten in diesem Bereich müssen die für die Notbeleuchtung/Sicherheitsbeleuchtung geforderte Beleuchtungsstärke erbringen.“*

Dies bedeutet, dass z. B. über eine Risikoanalyse zu beurteilen ist, ob bei einer Kopplung der Bus- und Steuerungssysteme der Sicherheitsbeleuchtung und der allgemeinen Beleuchtung die funktionale Sicherheit unter allen Umständen gewährleistet ist. Auch bedeutet das, dass in die Sicherheitsbeleuchtungsanlage zu integrierende Komponenten, Leuchten, Überwachungsbausteine und der zugehörige Softwarestand mit dem zur Anwendung kommenden System zusammenpassen. Besonders ist dies relevant, wenn nachträglich Komponenten eingefügt oder ersetzt werden müssen.

Die Kabel- und Leitungsanlagen, die für die Bus- und/oder Steuerleitungen genutzt werden, müssen die gleichen Anforderungen erfüllen, die für die Einrichtungen für Sicherheitszwecke erforderlich sind – siehe Abschnitt 8.13.

8.12 Prüfung und Überwachung

8.12.1 Personal

Um sicherzustellen, dass die Sicherheitsbeleuchtung zuverlässig funktioniert, muss die „Anlage“ überwacht und regelmäßig geprüft werden. Diese Überwachung und Prüfung schließt die zum Einsatz kommenden Leuchten sowie die zentralen Stromversorgungsgeräte (LPS und CPS, siehe Abschnitt 8.3) als Gesamtanlage ein. Bei der Verwendung von Einzelbatterieleuchten ist jede einzelne Leuchte zu überwachen und zu prüfen bzw. alle zusammen als Einzelbatterieleuchten-Anlage, die ggf. über eine Busleitung vernetzt sind.

ANMERKUNG
Zur Änderung des Begriffs Einzelbatterieleuchte siehe Hinweise in Abschnitt 9.2.

Das für diese Tätigkeiten beauftragte Personal muss entsprechend der nationalen Normen und Regelwerke qualifiziert sein – in Deutschland ist hier DIN VDE 1000-10 (VDE 1000-10) [103] heranzuziehen bzw. auch die einschlägigen DGUV Vorschrift 3 und 4 *Unfallverhütungsvorschrift – Elektrische Anlagen und Betriebsmittel.*

Nach DIN VDE 1000-10 [103] ist eine **Elektrofachkraft (EFK)** eine Person, *„die aufgrund ihrer fachlichen Ausbildung, Kenntnisse und Erfahrungen sowie Kenntnis der einschlägigen Normen, die ihr übertragenen Arbeiten beurteilen und mögliche Gefahren erkennen kann"*. Wenn diese Elektrofachkraft Fachverantwortung trägt und Unternehmerpflichten hinsichtlich der elektrischen Anlagen übertragen worden sind, gilt sie als **Verantwortliche Elektrofachkraft (VEFK)**.

Eine **Elektrotechnisch unterwiesene Person (EuP)** ist laut DIN VDE 1000-10 [103] eine Person, *„die durch eine Elektrofachkraft über die ihr übertragenen Aufgaben und die möglichen Gefahren bei unsachgemäßem Verhalten unterrichtet und erforderlichenfalls angelernt sowie hinsichtlich der notwendigen Schutzeinrichtungen, persönlichen Schutzausrüstungen und Schutzmaßnahmen unterwiesen wurde"*.

Die EuP darf einfache Wartungsmaßnahmen und Prüfungen unter Leitung und Aufsicht einer Elektrofachkraft vornehmen. Sie darf keine Instandsetzungen oder Installationen vornehmen.

Eine **Befähigte Person** gemäß BetrSichV [28a] ist eine Person, *„die durch ihre Berufsausbildung, ihre Berufserfahrung und ihre zeitnahe berufliche Tätigkeit über die erforderlichen Kenntnisse zur Prüfung von Arbeitsmitteln verfügt"*. Nach TRBS 1203 [47] ist dazu eine Ausbildung, Berufserfahrung und eine zeitnahe berufliche Tätigkeit erforderlich.

Die in DIN EN 50171 (VDE 0558-508):2022-10 [63] definierte **Fachkraft für Sicherheitsstromversorgungsgeräte** darf diese Systeme *installieren und prüfen und deren Funktionsfähigkeit unter Berücksichtigung der einschlägigen Normen, Bauvorschriften und Unterlagen des Herstellers sicherstellen.* Diese Tätigkeitsbeschreibung entspricht grundsätzlich der Beschreibung einer **Befähigten Person** gemäß BetrSichV [28a] und der der **Elektrofachkraft** nach DIN VDE 1000-10 [103]. Die **Elektrotechnisch unterwiesene Person** DIN VDE 1000-10 [103] entspricht am ehesten der nach DIN EN 50171 (VDE 0558-508):2022-10 [63] durch den Betreiber der Sicherheitsbeleuchtungsanlage zu bestimmenden **verantwortlichen Person**, deren Aufgabe die wiederkehrenden Prüfungen sind, die für sie ungefährlich sind oder mittels eines automatischen Prüfsystems durchgeführt werden.

8.12.2 Prüfintervalle

Die im Folgenden beschriebenen Prüfungen gehen auf DIN VDE V 0108-100-1 [96b] zurück. Eventuell parallel anzuwendende, bau- oder arbeitsschutzrechtliche Forderungen sowie die Prüfverordnungen der Bundesländer sind ebenfalls zu beachten. Zur Dokumentation der relevanten Prüfungen und ggf. angefallene Wartungsarbeiten ist ein Prüfbuch zu führen – siehe Abschnitt 8.12.4.

8.12.2.1 Erstprüfung

Die Erstprüfung ist nach Fertigstellung der elektrischen Anlage erforderlich und umfasst das „Besichtigen, Erproben und Messen" nach DIN VDE 0100-600 [98], deutsche Umsetzung von IEC 60364-6, sowie die Dokumentation der Ergebnisse in einem Prüfbericht. Beim Besichtigen, Erproben (Funktion) und Messen sind die Anforderungen der relevanten Teile dieser Normenreihe hinzuzuziehen – hier IEC 60364-5-56, umgesetzt in Deutschland als DIN VDE V 0100-560 [97a] bzw. DIN VDE V 0100-560-1 [97b] und DIN EN 50171 (VDE 0558-508):2022-10 [63].

Des Weiteren sind die lichttechnischen Werte der Sicherheitsbeleuchtung zu erfassen, die im Wesentlichen auf DIN EN 1838 [56b] – siehe Abschnitte 7.2 und 7.3 – zurückgehen.

8.12.2.2 Wiederkehrende Prüfungen

Für die Sicherheitsbeleuchtung sind nach DIN VDE V 0108-100-1 [96b] wiederkehrende Prüfungen vorgesehen. Der Hersteller der Sicherheitsbeleuchtungsanlage muss in der Betriebsanleitung den Betreiber auf diese Prüfungen aufmerksam machen. Es ist zu beachten, dass aufgrund baurechtlicher oder arbeitsrechtlicher Vorschriften weitergehende Anforderungen relevant sein können.

Werden die nachfolgend beschriebenen Prüfungen durch ein automatisches Prüfsystem durchgeführt, muss das zur Anwendung kommende Prüfsystem DIN EN 62034 (VDE 0711-400) [88] für **automatische Prüfeinrichtungen** entsprechen – siehe Abschnitt 8.12.3.

a) täglich

- Betriebsbereitschaft – Sichtprüfung der Anzeige(n) – eine Funktionsprüfung ist nicht erforderlich.

ANMERKUNG

Die Anzeige bzw. die Inaugenscheinnahme muss nicht an der Anlage bzw. den Leuchten selbst erfolgen – sie kann auch über ein separates Meldetableau oder ein Visualisierungssystem durchgeführt werden.

b) wöchentlich

- Funktionsprüfung aller angeschlossenen Sicherheits- und Rettungszeichenleuchten unter Hinzuschaltung der Stromquelle für Sicherheitszwecke des batteriegestützten Systems.
- Datum und Ergebnis der Prüfung ist im Prüfbuch (Abschnitt 8.12.4) zu dokumentieren.

c) monatlich

- Funktionsprüfung aller angeschlossenen Sicherheits- und Rettungszeichenleuchten im Batterie-/SV-Betrieb „durch Simulation eines Ausfalls der Versorgung der allgemeinen Beleuchtung für eine Dauer, die hinreichend lang ist, um sicherzustellen, dass jede Lampe leuchtet".
- Das Zurückschalten auf die allgemeine Stromversorgung ist durch Prüfung aller Meldelampen und jedes Meldegerätes zu kontrollieren.
- Die Prüfung der Überwachungseinrichtung ist bei Zentralbatterieanlagen zusätzlich zu prüfen.
- Für Generatoren sind die Anforderungen aus ISO 8528-12 [104] und DIN 6280-13 [55] zu beachten.
- Datum und Ergebnis der Prüfung ist im Prüfbuch (Abschnitt 8.12.4) zu dokumentieren.

d) jährlich

- Funktionsprüfung jeder angeschlossenen Sicherheits- und Rettungszeichenleuchte über die je nach Anlage zu erreichende Bemessungsbetriebsdauer.

ANMERKUNG 1

Der jährliche Betriebsdauertest darf nicht automatisch ausgelöst werden – er muss manuell ausgelöst werden, außer es erfolgt eine manuelle Programmierung des Zeitpunkts unter Berücksichtigung von Betriebsruhezeiten und der erforderlichen *Wiederaufladezeit* zur Erreichung der Betriebsbereitschaft. Das bedeutet, die Überprüfung der Bemessungsbetriebsdauer ist in Zeiten mit „niedrigem Risiko" durchzuführen. Ist dies nicht möglich, *„müssen geeignete Maßnahmen für den Zeitraum getroffen werden, bis die Batterien wieder aufgeladen sind"*.

ANMERKUNG 2

Bei der Prüfung der Bemessungsbetriebsdauer, ist darauf zu achten, dass die Batterien nicht vollständig entladen werden dürfen, wenn ein Gebäude permanent mit Personen belegt ist, wie zum Beispiel Wohn- und Pflegeheime oder auch Krankenhäuser. DIN EN 62034 [88] gibt sowohl für Einzelbatteriesysteme als auch für Zentralbatteriesysteme folgende auszugsweise wiedergegebenen Handlungshinweise:

Einzelbatteriesysteme

a) *ohne* automatisches Testsystem
   Alle Leuchten nacheinander prüfen und jeweils warten, bis die vorhergehende Leuchte wieder geladen ist.

b) *mit* automatischem Testsystem (siehe Abschnitt 8.12.3)
   Die Prüffolge der einzelnen Leuchten kann nach dem Zufallsprinzip oder in programmierten Prüfgruppen erfolgen, sodass pro Bereich max. 50 % der Leuchten gleichzeitig getestet werden

Zentrales Stromversorgungssystem

Zwei parallele Batterien stehen zur Verfügung, um das System in zwei Stufen zu prüfen – jede der Batterien *„muss die Beleuchtung versorgen können, während die andere entladen ist“* (DIN EN 62034 [88]).

- Wiederherstellung der Allgemeinbeleuchtung nach Erreichen der Bemessungsbetriebsdauer.
- Prüfung der Leuchten auf Vorhandensein und Sauberkeit.

ANMERKUNG

In Bereichen, in denen die Leuchten besonderer Verschmutzung ausgesetzt sind, muss der Wartungsplan der Sicherheitsbeleuchtung entsprechend kürzere Reinigungszyklen realisieren.

- Die Ladeeinrichtung ist auf ihre Funktion zu prüfen.
- Für Generatoren sind die Anforderungen aus ISO 8528-12 [104] und DIN 6280-13 [55] zu beachten.
- Prüfung der Batterien, dazu gehören das Messen der Spannung der Batteriezellen oder -blöcke (Einzelblockmessung), der Elektrolytdichte und Elektrolytstand, die Beurteilung der Sauberkeit, Dichtigkeit, der feste Sitz der Verbinder, Stopfen oder Ventile und die Batterietemperatur.

e) alle drei Jahre

- Messung der Beleuchtungsstärke nach DIN EN 1838 [56b] – siehe Abschnitt 7.3.
- Eventuell wiederkehrende Prüfungen durch nach Bauordnungsrecht anerkannte Prüfsachverständige (siehe PrüfVO [28b] des jeweiligen Bundeslandes).

8.12.3 Prüfeinrichtungen

Automatische Prüfsysteme müssen, wenn sie in einer batteriebetriebenen Sicherheitsbeleuchtungsanlage zum Einsatz kommen, die Anforderungen von DIN EN 62034 (VDE 0711-400) [88] erfüllen. Das gilt für *selbstversorgte* und *zentralversorgte Notleuchten*.

Bei einem *Automatischen Prüfsystem*, kurz ATS (Automatic Testing System), handelt es sich per Definition um ein *automatisiertes Prüfsystem, das von Hand ausgelöst werden darf, bestehend aus Teilen (wie Zeitgeber, Stromdetektoren, Lichtdetektoren, Umschaltern), die bei gemeinsamer Verbindung ein System bilden, das die routinemäßigen Prüfanforderungen an Notleuchten durchführen kann und die Prüfergebnisse anzeigt.*

Diese Systeme können Bestandteil einer oder mehrerer Leuchten sein. Es kann aus einer einfachen „Signalanzeige" bestehen bis hin zu der eindeutigen Identifikation der „gestörten Leuchte" (z. B. Stromkreis und Leuchtennummer) und der Fehlerart (z. B. Ladefehler, Ausfall der Lichtquelle). So kann ein System es erforderlich machen, die Prüfung an einer Leuchte manuell auszulösen mit der dazugehörigen aufwendigen Dokumentation im Prüfbuch (siehe Abschnitt 8.12.4).

ANMERKUNG

Zur Prüfung, ob eine selbstversorgte Notleuchte in den Notbetrieb umschaltet, kann dies entweder über eine automatische Prüfeinrichtung nach DIN EN 62034 (VDE 0711-400) [88] erfolgen, oder über eine *von Hand betätigte Prüfeinrichtung*, meist ein Taster, oder über *eine Anschlussvorrichtung für eine Fernprüfeinrichtung, um eine Störung der allgemeinen Stromversorgung nachbilden zu können.*

Die „höchste" Ausbaustufe eines Prüfsystems kann diese Aufgaben zentral übernehmen und „dokumentensicher" speichern.

Um die erforderlichen Prüfungen zentral auszulösen und anzuzeigen, kann eine entsprechende Prüfeinrichtung zum Einsatz kommen. Solch eine Prüfeinrichtung ermöglicht, alle angeschlossenen Leuchten zu überwachen. Die Prüfergebnisse werden erfasst, gespeichert und je nach Funktionalität der Prüfeinrichtung über ein entsprechendes Ausgabemedium angezeigt.

Die unterschiedlichen Varianten der Prüfsysteme und Prüfeinrichtungen nach DIN EN 62034 (VDE 0711-400) [88] sind in **Tabelle 8.3** aufgeführt.

Es ist ratsam, für Stromquellen für Sicherheitszwecke (siehe Abschnitt 8.4.1), die in zentralen Stromversorgungssystemen wie CPS- oder LPS-Anlagen (siehe Abschnitt 8.3) zum Einsatz kommen, eine weitere automatische Prüfeinrichtung vorzusehen. Eine Batterie-Einzelblocküberwachung kann

Typ Funktion	lokale Anzeige des Prüfergebnisses	Fernanzeige des Prüfergebnisses des Systems	Fernanzeige des Prüfergebnisses der Leuchten	Speicherung der Ergebnisse und des Verlaufs
S	X	–	–	–
P	optional	X	optional	–
ER	optional	X	optional	X
PER	optional	X	X	optional
PERC	optional	X	X	optional

S Automatisches Prüfsystem einer Einzelbatterieleuchte mit lokaler Anzeige zum Betriebszustand der Leuchte. Der Leuchtenzustand bzw. die Ergebnisanzeige ist an der Leuchte abzulesen und manuell zu erfassen.

P Überwachung der angeschlossenen Leuchten mit zentraler Anzeige und Erfassung des Leuchtenzustands. Die manuelle Aufzeichnung der Prüfergebnisse ist erforderlich.

ER Wie Typ P mit zusätzlicher Erfassung der Prüfergebnisse, sodass die manuelle Erfassung entfällt.

PER Wie Typ P oder Typ ER, aber mit einer Sammelausfallanzeige, die automatisch eine Fernanzeige über den Ausfall einer der geprüften Leuchten bereitstellt.

PERC Wie Typ PER mit der Möglichkeit, die Prüfintervalle zu konfigurieren bzw. die erforderlichen Prüfungen zentral zu terminieren mit Festlegung von Datum, Uhrzeit und Prüfdauer.

Tabelle 8.3 Mindestfunktionen der ATS-Typen

im laufenden Betrieb die Zellspannung der Blockzellen der verwendeten Batterien „monitoren". Diese permanente Überwachung der Blockspannung der Blockzellen hat gegenüber einer nur einmal im Jahr im Rahmen der jährlichen Anlagenprüfung und Wartung durchgeführten Messung der Blockzellenspannung (siehe auch Bild 8.7) den Vorteil, dass auffällige Abweichungen der Zellspannung sofort erkannt werden, und nicht erst während dieser „Routineprüfung".

Diese kontinuierliche Überwachung des Batteriezustands, mit der Möglichkeit, den unerwarteten Anlageausfall durch eine schadhafte Batterie zu vermeiden, erhöht maßgeblich die Anlagensicherheit – siehe auch **Bild 8.6.**

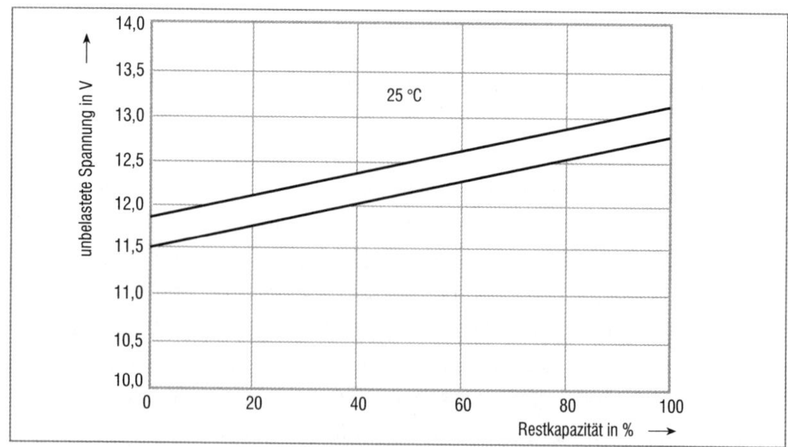

Bild 8.6 Restkapazität einer Batterie in Abhängigkeit von der Blockspannung

ANMERKUNG

Fehlerhafte Batterien sind häufig auf Fertigungsfehler zurückzuführen, sie können aber auch durch z. B. falsch eingestellte Ladegeräte und daraus resultierende zu hohe Ladeströme und Betriebstemperaturen entstehen.

8.12.4 Prüfbuch

Die in Abschnitt 8.12.2 beschriebenen Prüfungen sind in einem Prüfbuch aufzuzeichnen – siehe **Bilder 8.7** und **8.8**. Folgendes muss nach DIN VDE V 0108-100-1 (VDE V 0108-100-1) [96b] mindestens erfasst werden:

a) Datum der Inbetriebnahme,

b) Datum und relevante Details zu Wartungsarbeiten und Prüfungen – tägliche Prüfungen sind nicht relevant,

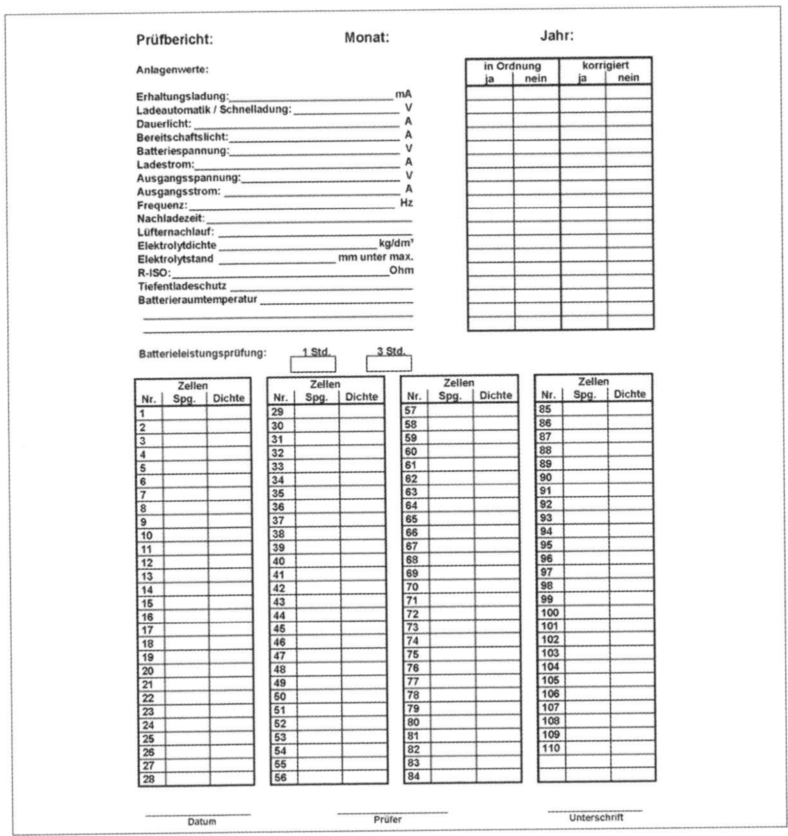

Prüfbericht: Monat: Jahr:

Anlagenwerte:

Erhaltungsladung: ______ mA
Ladeautomatik / Schnelladung: ______ V
Dauerlicht: ______ A
Bereitschaftslicht: ______ A
Batteriespannung: ______ V
Ladestrom: ______ A
Ausgangsspannung: ______ V
Ausgangsstrom: ______ A
Frequenz: ______ Hz
Nachladezeit: ______
Lüfternachlauf: ______
Elektrolytdichte ______ kg/dm³
Elektrolytstand ______ mm unter max.
R-ISO: ______ Ohm
Tiefentladeschutz ______
Batterieraumtemperatur ______

in Ordnung		korrigiert	
ja	nein	ja	nein

Batterieleistungsprüfung: 1 Std. 3 Std.

	Zellen			Zellen			Zellen			Zellen	
Nr.	Spg.	Dichte	Nr.	Spg.	Dichte	Nr.	Spg.	Dichte	Nr.	Spg.	Dichte
1			29			57			85		
2			30			58			86		
3			31			59			87		
4			32			60			88		
5			33			61			89		
6			34			62			90		
7			35			63			91		
8			36			64			92		
9			37			65			93		
10			38			66			94		
11			39			67			95		
12			40			68			96		
13			41			69			97		
14			42			70			98		
15			43			71			99		
16			44			72			100		
17			45			73			101		
18			46			74			102		
19			47			75			103		
20			48			76			104		
21			49			77			105		
22			50			78			106		
23			51			79			107		
24			52			80			108		
25			53			81			109		
26			54			82			110		
27			55			83					
28			56			84					

Datum Prüfer Unterschrift

Bild 8.7 Beispiel eines Batterieprüfberichts

Prüfbuch

entsprechend DIN V VDE V 0108-100 (VDE V 0108-100):2010:08

für Anlage

Anlagenbezeichnung Standort	Anlagen-nummer	Batterie-spannung	Batterietyp	Nennkapazität	Bemessungsbetriebsdauer
		V		Ah/C10	h
Firma / Gebäude	Straße		Plz	Ort	
Ansprechpartner	Tel-Nr.:		Abteilung/Firma		

Datum der Inbetriebnahme: __________

Inbetriebnahme durch: __________

Prüfungen werden durchgeführt durch:
Umfang der Prüfung siehe letzte Seite

____

____

____

Wartungen werden durchgeführt durch:

____

____

____

Datum			Fehler/Störung/Auffälligkeit	Maßnahme	erledigt
Prüfung	wöchentlich				
	monatlich				
	jährlich				
Wartung					
Reparatur					
Veranlasst durch:					
Unterschrift					

Datum			Fehler/Störung	Maßnahme	erledigt
Prüfung	wöchentlich				
	monatlich				
	jährlich				
Wartung					
Reparatur					
Veranlasst durch:					
Unterschrift					

Datum			Fehler/Störung	Maßnahme	erledigt
Prüfung	wöchentlich				
	monatlich				
	jährlich				
Wartung					
Reparatur					
Veranlasst durch:					
Unterschrift					

Datum			Fehler/Störung	Maßnahme	erledigt
Prüfung	wöchentlich				
	monatlich				
	jährlich				
Wartung					
Reparatur					
Veranlasst durch:					
Unterschrift					

Bild 8.8 Auszug aus einem Prüfbuch

c) Datum einer Störung und getroffene Abhilfemaßnahme,
d) Erfassung von Änderungen der Anlage, die über den Stand zur Inbetriebnahme hinausgehen,
e) Funktionalität eines automatischen Prüfsystems (nach Abschnitt 8.12.3), falls eines zur Anwendung kommt.

Es bietet sich an, diese Angaben um die vom Hersteller und vom Installateur der Anlage zur Verfügung gestellten Unterlagen als Ergänzung des Prüfbuchs abzulegen. Zu dieser Art der Grundlagendokumentation können unter anderem Anlagenzertifikate, die Bedienungsanleitung, Schaltpläne, Leuchtenadressen, Ersatzteile, Ergebnisse der Erstprüfung gehören.

ANMERKUNG
Die Durchführung der erforderlichen Prüfungen nach Abschnitt 8.12.2 kann durch eine automatische Prüfeinrichtung (nach Abschnitt 8.12.3) erfolgen. Der Ausdruck der automatisch erfassten Prüfergebnisse kann einzelne Angaben ersetzen, die sonst per Hand aufwendig in dem Prüfbuch festzuhalten wären.

8.13 Leitungskonzepte

Gemäß MLAR [43] muss durch die Leitungsanlage der Sicherheitsbeleuchtung sichergestellt werden, dass diese im Brandfall für min. 30 min funktionsfähig bleiben kann – Funktionserhaltsklasse E30 nach DIN 4102-12:1998-11 [112].

Der Funktionserhalt *muss bei möglicher Wechselwirkung mit anderen Anlagen oder deren Teilen gewährleistet bleiben*, und kann durch

- Abtrennung der Leitungen mit geeigneten Bauteilen erfolgen, oder
- durch Leitungen, die *die Prüfanforderungen der DIN 4102-12:1998-11* [112] *erfüllen oder hierzu gleichwertig klassifiziert sind,* oder
- durch Verlegung *auf Rohdecken unterhalb des Fußbodenestrichs mit einer Dicke von mindestens 30 mm*, oder
- *im Erdreich*

erreicht werden.

Ausgenommen davon sind Leitungsanlagen

- *innerhalb eines Brandabschnittes in einem Geschoss* (**Bild 8.9**) oder
- *innerhalb eines Treppenraumes,*

die ausschließlich der Versorgung der Sicherheitsbeleuchtungsanlagen in diesem Bereich dienen. Die Grundfläche je Brandabschnitt darf höchstens 1.600 mm² betragen.

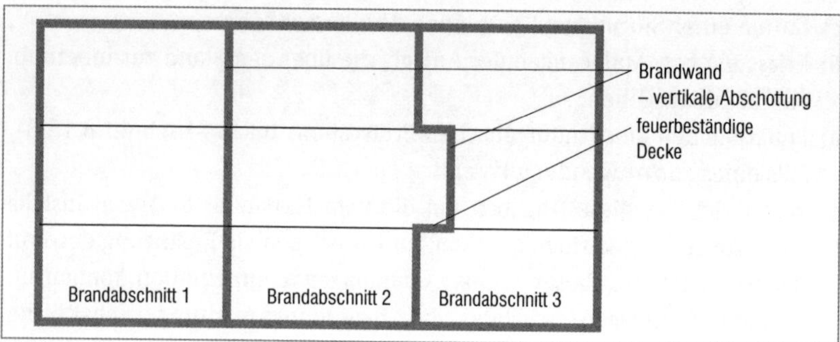

Bild 8.9 Brandabschnitte

ANMERKUNG

Ein Brandabschnitt umfasst alle übereinanderliegenden Geschossbereiche eines Gebäudes und muss durch feuerbeständige Bauteile den Feuerüberschlag auf angrenzende Brandabschnitte verhindern. Sind die übereinanderliegenden Bereiche versetzt angeordnet, müssen die vertikalen Brandwände dieser Bereiche in der Horizontalen durch feuerbeständige Decken miteinander verbunden werden.

Zur Leitungsanlage gehören

- Kabel und Leitungen,
- zugelassene Verlegesysteme und deren Befestigung (Kabeltrassen, Einzelschellen, Dübel, Schrauben etc.),
- Hausanschluss- und Messeinrichtungen,
- Verteiler,
- Steuer-, Regel-, Sicherheitseinrichtungen,
- das Medium, auf dem die Komponenten befestigt werden (Wände, Decken, Träger).

Die *Stromkreise für Sicherheitszwecke* nach DIN VDE V 0100-560-1 [97b] der zentralen Sicherheitsstromversorgung müssen von anderen Stromkreisen unabhängig sein und sind bis zur ersten Leuchte oder bis zum ersten Verteiler im Brandabschnitt in Funktionserhalt auszuführen. Durch diese Art der Leitungsverlegung kann bei einem Gebäudebrand davon ausgegangen werden, dass sich der Brand für einen definierten Zeitraum nur auf einen begrenzten Bereich des Gebäudes auswirkt und die Sicherheitsbeleuchtung in den nicht betroffenen Gebäudebereichen weiterhin betriebsbereit bleibt.

Des Weiteren dürfen *Stromkreise für Sicherheitszwecke* nach DIN VDE V 0100-560-1 [97b] nicht durch explosionsgefährdete Bereiche (BE3) oder durch Bereiche, in denen Feuergefahr besteht (BE2), geführt werden – es sei denn, sie sind gegen äußere Brandeinwirkung geschützt.

Zur weiteren Sicherheit, dass in einem Bereich bei Störung eines Stromkreises die Sicherheitsbeleuchtung nicht vollständig ausfällt, sind nach DIN VDE V 0100-560-1 [97b] bei mehr als einer Leuchte der Sicherheitsbeleuchtung in einem Brandabschnitt diese Leuchten *auf mindestens zwei verschiedene Stromkreise (in getrennten Kabel/Leitungen)* alternierend aufzuschalten. Ziel ist, dass bei Ausfall eines Stromkreises *„eine entsprechende Beleuchtung entlang des Rettungsweges sichergestellt ist."* Durch Absicherung dieser *Stromkreise an Überstrom-Schutzeinrichtungen ist sicherzustellen, dass ein Kurzschluss in einem Stromkreis die Versorgung der Leuchten in anderen Brandabschnitten nicht unterbrechen kann.* Stromkreise für Sicherheitszwecke, die mit Gleichstrom gespeist werden, sind zweipolig abzusichern.

Diese Redundanz erforderte bei Sicherheitsbeleuchtungsanlagen, die noch nach DIN VDE 0108-1 von 1989 ausgeführt sind, mindestens vier Leitungen in Funktionserhalt von der Batterieanlage zu jedem Brandabschnitt (**Bild 8.10a**). Dies war aus technischen Gründen erforderlich, da es zum Zeitpunkt der Veröffentlichung von DIN VDE 0108-1 nicht möglich war, die

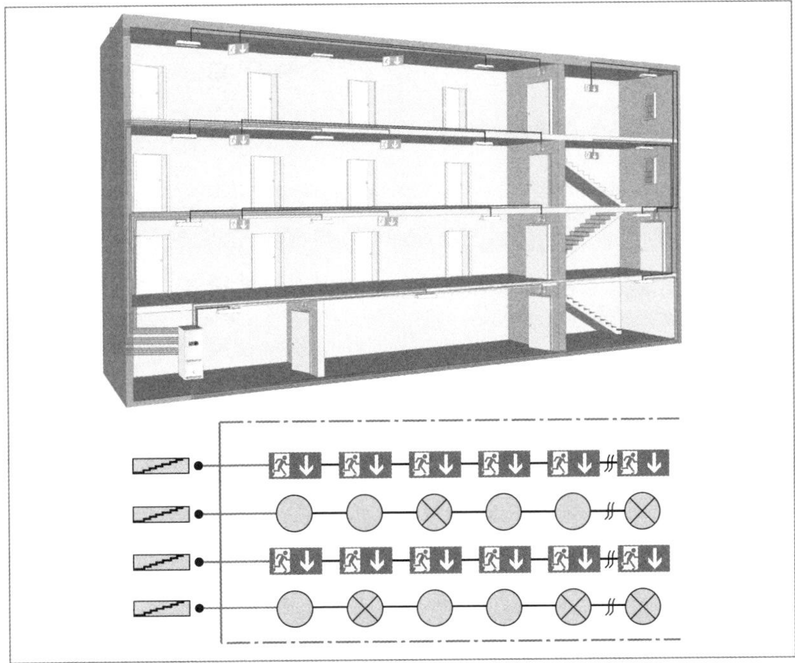

Bild 8.10a Getrennte Anordnung von Endstromkreisen in „Dauer- und Bereitschaftsschaltung"

Rettungszeichenleuchten im Dauerbetrieb und die Sicherheitsleuchten im Bereitschaftsbetrieb über einen gemeinsamen Stromkreis im Notbetrieb zu versorgen.

Stand heute ist der sogenannte Mischbetrieb, durch den die erforderliche Ausfallsicherheit der Sicherheitsbeleuchtung in einem Brandabschnitt mit nur zwei Stromkreisen (**Bild 8.10b**) durch alternierende Aufschaltung der Leuchten im Mischbetrieb erreicht werden kann.

Zu beachten ist, dass die erforderliche Anzahl an Endstromkreisen in einem Brandabschnitt durch die erforderliche Anzahl der Leuchten bestimmt wird. Nach DIN VDE V 0100-560-1 [97b] sind 20 Leuchten pro Endstromkreis zulässig mit zusammen nicht mehr als 60 % des Nennstroms der vorgeschalteten Überstrom-Schutzeinrichtung.

Mit der Auslagerung von „Unterstationen" aus dem zentralen Stromversorgungssystem in die Brandabschnitte ist es möglich, die Leitungen in Funktionserhalt zu den Bereichen noch weiter zu reduzieren (siehe **Bild 8.10c**). Das heißt, je nach Ausführung könnten auch alle Brandabschnitte mit nur einer Hauptleitung in E30 versorgt werden.

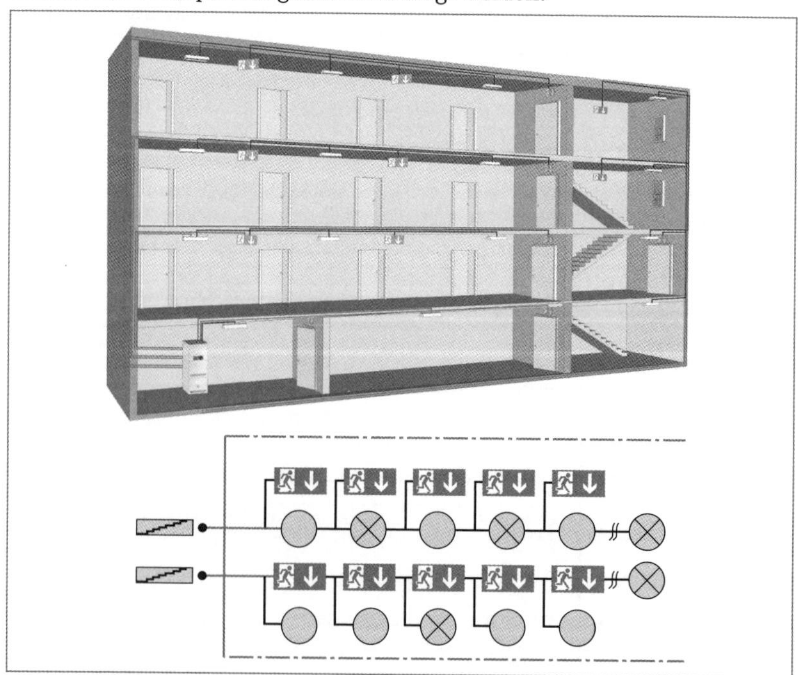

Bild 8.10b Reduktion der notwendigen Endstromkreise durch Kombination von Dauer- und Bereitschaftsschaltung – Mischbetrieb

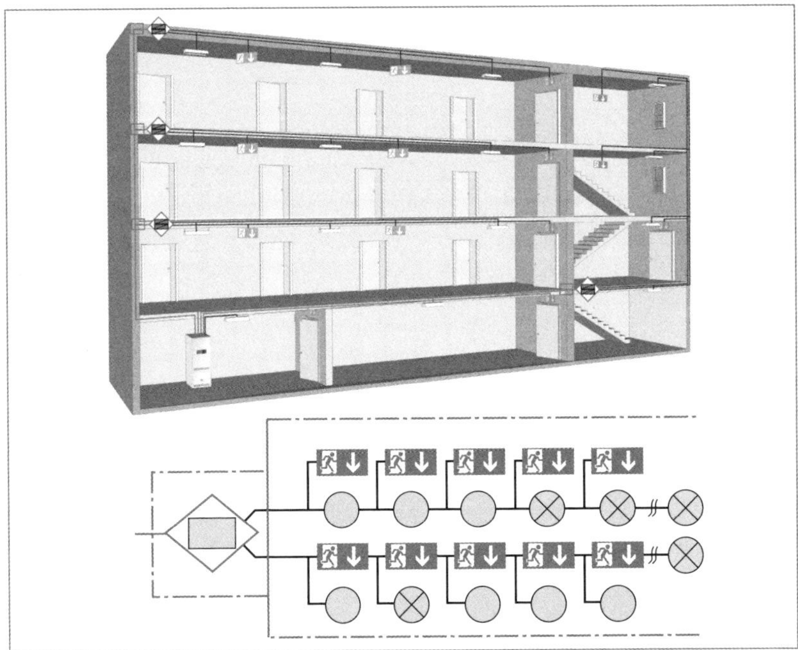

Bild 8.10c Auslagerung von Unterverteilern der Sicherheitsstromversorgung in den Brandabschnitt zur weiteren Reduktion der E30-Leitungen in die Brandabschnitte

Auf den in der Installation aufwendigen und damit kostspieligen Funktionserhalt mit E30 Leitungsanlagen kann verzichtet werden, wenn jeder Brandabschnitt durch ein separates Sicherheitsstromversorgungsgerät (CPS oder LPS) versorgt wird. Dieses dezentrale Notlichtkonzept setzt sich zunehmend in Bestands- und denkmalgeschützten Gebäuden durch, in denen der Funktionserhalt der erforderlichen Leitungsanlage oftmals aus z. B. Denkmalschutzgründen gar nicht oder nur mit erheblichem Aufwand umgesetzt werden kann – siehe auch Hinweise in den Abschnitten 8.8 und 8.9 zu Batterieräumen und zum Funktionserhalt.

Weitere Vorteile des dezentralen Notlichtkonzeptes:

- vereinfachte Unterbringung, besonders bei Systemen mit Batteriespannungen < 60 V,
- höheres Sicherheitsniveau, da der die Störung eines der Sicherheitsstromversorgungsgeräte nur auf den betroffenen Brandabschnitt beschränkt ist,
- übersichtliche Kostenstruktur durch Brandabschnitts- und bereichsweise Planung.

9 Leuchten

9.1 Allgemeines

Eine Leuchte ist nach DIN EN IEC 60598-1 (VDE 0711-1) [71] ein *„Gerät, das das von einer oder mehreren Lampen erzeugte Licht verteilt oder umwandelt und das alle Teile beinhaltet, die zur Halterung, Befestigung und zum Schutz der Lampen erforderlich sind, nicht aber die Lampen selbst, und wenn erforderlich, Stromkreiszubehör einschließlich der Anschlussvorrichtungen zum Anschluss an das Versorgungsnetz"*.

Grundsätzliche Anforderungen und Prüfungen, die für alle Leuchten gelten, sind in DIN EN IEC 60598-1 (VDE 0711-1) *Leuchten – Teil 1: Allgemeine Anforderungen und Prüfungen* [71] enthalten. Leuchten, die als Teil einer Sicherheitsbeleuchtungsanlage zum Einsatz kommen, müssen zusätzlich die Anforderungen nach DIN EN 60598-2-22 (VDE 0711-2-22) [74] erfüllen. Entsprechend der Bauform der Notleuchte ist es erforderlich, weitere Teile der Normenreihe DIN EN 60598 anzuwenden, die für ihre Anwendung relevant sind, beispielsweise DIN EN 60598-2-2 (VDE 0711-2-2) *Leuchten – Teil 2-2: Besondere Anforderungen – Einbauleuchten* [73b] oder DIN EN 60570 (VDE 0711-300) *Elektrische Stromschienensysteme für Leuchten* [111].

DIN EN IEC 60598-1 (VDE 0711-1) [71] und DIN EN IEC 60598-2-22 (VDE 0711-2-22) [74] konkretisieren die Sicherheitsziele der *Niederspannungsrichtlinie* 2014/35/EU [26c]. Sie sind im Amtsblatt der EU zur Niederspannungsrichtlinie gelistet. Das bedeutet, erfüllt das Produkt die Anforderungen dieser Normen, so kann der Hersteller bzw. der Inverkehrbringer auf Basis dieser Normen eine Konformitätserklärung erstellen und davon ausgehen, dass das Produkt in der EU in den Verkehr gebracht und betrieben werden darf – siehe Kapitel 3.

9.2 Notleuchten und ihre Ausführungsformen

In der Sicherheitsbeleuchtung gibt es zwei Leuchtenarten: Leuchten zur Kennzeichnung der Flucht- und Rettungswege (siehe Abschnitt 7.1) und Leuchten zur Ausleuchtung von Flucht- und Rettungswegen und anderer relevanter Bereiche (siehe Abschnitt 7.2). Diese Leuchten können als *zentral-*

versorgte Notleuchten oder als *selbstversorgte Notleuchten* mit eingebauter eigener Batterieversorgung, als Einzelbatterieleuchten, ausgeführt sein.

Rettungszeichenleuchten bzw. von *innen beleuchtete Sicherheitszeichen* dienen der Kennzeichnung der Notausgänge und der Flucht- und Rettungswege. Werden Sicherheitszeichen entlang des Fluchtweges nicht als *Rettungszeichenleuchten* ausgeführt, müssen die Sicherheitszeichen, die für den Fluchtweg relevant sind, durch Sicherheitsleuchten nach DIN EN 60598-2-22 (VDE 0711-2-22) [74] beleuchtet werden.

Sicherheitsleuchten werden zur Beleuchtung der Flucht- und Rettungswege oder weiterer sicherheitstechnisch relevanter Bereiche eingesetzt. Sie sind speziell für die optimale Ausleuchtung der Rettungswege entwickelt, bei geringstmöglicher Notstromkapazität der erforderlichen *Stromquelle für Sicherheitszwecke*.

ANMERKUNG

Werden für die Sicherheitsbeleuchtung umgerüstete Allgemeinleuchten eingesetzt, ist zu beachten, dass diese Leuchten dann auch alle Anforderungen von DIN EN 60598-2-22 (VDE 0711-2-22) [74] erfüllen müssen. Die Konformitätserklärung des Herstellers der ursprünglichen Allgemeinleuchte verliert ihre Gültigkeit. Der „Umrüster", meist der Installateur, der die Allgemeinleuchte durch z. B. eine Umschaltweiche oder ein „Notlichtgerät" einschließlich Ladeteil und Akkupack ergänzt, wird zum Hersteller bzw. Inverkehrbringer mit allen rechtlichen Konsequenzen. Unter anderem muss für diese neue Notleuchte eine neue Konformitätserklärung ausgestellt werden. Auch muss das Typenschild der Leuchte angepasst werden – siehe auch *Information zur Umrüstung von Leuchten der Allgemeinbeleuchtung zu Notleuchten* [10b].

Zentralversorgte Notleuchten sind für den Anschluss an zentrale Sicherheitsstromversorgungssysteme (CPS oder LPS) nach DIN EN 50171 (VDE 0558-508) [63] (siehe Abschnitt 8.3) ausgelegt.

Selbstversorgte Notleuchten, bisher **Notleuchten mit Einzelbatterie** bzw. **Einzelbatterieleuchte**, erfüllen ihre Funktion autonom, da sie die wesentlichen Elemente enthalten. Dazu gehören die *Stromquelle für Sicherheitszwecke* (ESSS), die *Lichtquelle*, das *Betriebsgerät* sowie die *Steuereinheit*, in der die für die ESSS erforderliche Ladevorrichtung und, falls vorhanden, die Prüf- und Überwachungseinrichtungen untergebracht sein können, wenn sie nicht in der Leuchte sind – siehe Abschnitt 9.5.4.

ANMERKUNG

Durch Einführung des Begriffs *Stromquelle für Sicherheitszwecke* (kurz ESSS, engl.: Electrical Source for Safety Services) zur Abdeckung aller Stromquellenarten, die zur Anwendung kommen können, ist es erforderlich, alle Begriffe zu überprüfen, die sich auf *Batterien* beziehen. So ist explizit die bisherige Übersetzung von *self-contained* mit *Einzelbatterie* in selbstversorgt zu ändern. Das heißt, aus der bisherigen *Notleuchte mit Einzelbatterie* wird die *selbstversorgte Notleuchte*.

Ortsveränderliche selbstversorgte Notleuchten können als *zusätzliche Notbeleuchtung* zum Einsatz kommen, um die eigentliche Notbeleuchtung zu unterstützen. Auch sind sie als Leuchtensystem in Anlagen und Räumen sinnvoll, in denen keine festinstallierte Notbeleuchtung vorhanden ist. *Ortsveränderliche selbstversorgte Notleuchten* können beispielsweise zur Begehung von vorübergehend genutzten Anlagen und Räumen sowie zur Flucht aus diesen zum Einsatz kommen.

9.3 Einteilung der Notleuchten

9.3.1 Allgemeine Einteilung von Leuchten

Die Einteilung von Leuchten nach DIN EN 60598-2-22 (VDE 0711-2-22) [74] muss nach DIN EN IEC 60598-1 (VDE 0711-1) [71] erfolgen – dazu gehören:

a) Schutzmaßnahmen gegen elektrischen Schlag – Leuchten der Schutzklasse I, II oder III,
b) IP Schutzart nach IEC 60529 – Eindringen von Staub, festen Körpern und Wasser (**Tabelle 9.1**),

abgedeckt	IP20
tropfwassergeschützt	IPX1
regengeschützt	IPX3
spritzwassergeschützt	IPX4
strahlwassergeschützt	IPX5
gegen starkes Strahlwasser geschützt	IPX6
wasserdicht (eintauchbar)	IPX7
druckwasserdicht (untertauchbar)	IPX8 … m – Angabe der maximalen Untertauchtiefe in Metern erforderlich
heißwasserhochdruckstrahlfest	IPX9 (80 °C)
kaltwasserhochdruckstrahlfest	IPX9 (15°C)
geschützt gegen feste Fremdkörper größer als 2,5 mm	IP3X
geschützt gegen feste Fremdkörper größer als 1 mm	IP4X
staubgeschützt	IP5X
staubdicht	IP6X

Tabelle 9.1 IP Schutzart nach IEC 60529

c) Art der Befestigungsfläche – Befestigung auf *normal entflammbarer Oberfläche* geeignet oder nicht geeignet – Leuchten nach DIN EN 60598-2-22 (VDE 0711-2-22) [74] müssen grundsätzlich für die Montage auf *normal entflammbaren Flächen* geeignet sein.
Das bisher genutzte F-Zeichen für Leuchten, die für die direkte Montage auf normal entflammbaren Oberflächen geeignet sind, wird nicht mehr verwendet. Jetzt sind Leuchten, die nicht geeignet sind, mit den in den **Bildern 9.1a** und **9.b** gezeigten Bildzeichen zu kennzeichnen.

Bild 9.1 a Bildzeichen für Leuchten, die nicht direkt auf normal entflammbaren Oberflächen montiert werden dürfen

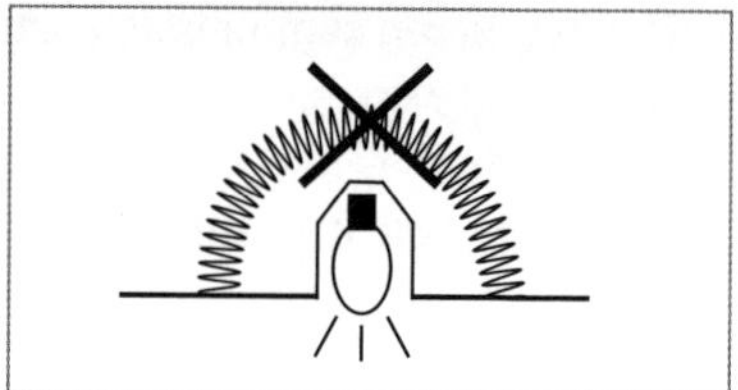

Bild 9.1 b Bildzeichen für Leuchten, die nicht mit Wärmedämmstoffen abgedeckt werden dürfen

d) Anwendung Leuchten für den normalen Betrieb oder rauen Betrieb sind mit dem in **Bild 9.2** gezeigten Bildzeichen zu kennzeichnen.

ANMERKUNG

Der ortsveränderliche Teil einer selbstversorgten Notleuchte muss für den rauen Betrieb klassifiziert sein – das gilt nicht für die Basiseinheit.

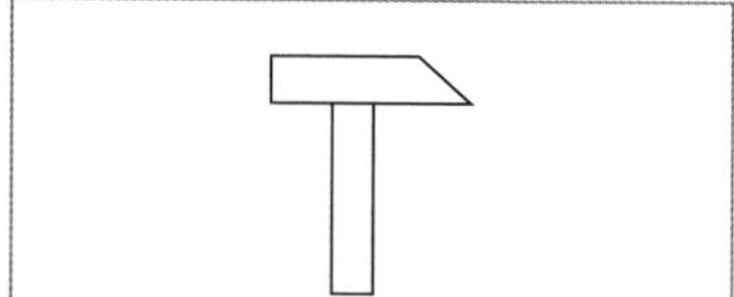

Bild 9.2 Bildzeichen für den rauen Betrieb

9.3.2 Ergänzende Einteilung von Notleuchten

Zusätzlich sind Notleuchten in Leuchtentyp, die Betriebsart, die Einrichtungen der Leuchte und die Bemessungsbetriebsdauer über eine einheitliche Codierung eingeteilt. Diese weitere Einteilung entsprechend DIN EN IEC 60598-2-22 (VDE 0711-2-22) [74], Anhang B, beschreibt in vier Feldern die spezifische Ausführung der Notleuchte und muss Teil der Leuchtenkennzeichnung sein. Einzelne Angaben zur Vervollständigung dieser Felder sind erst vor Ort zu ergänzen, z. B. wenn feststeht, in welcher Betriebsart die Leuchte betrieben wird.

a) Feld 1, maximal ein Buchstabe für den Leuchtentyp
   X selbstversorgt,
   Z zentralversorgt.
b) Feld 2, eine Ziffer für die Betriebsart
   0 Bereitschaftsschaltung,
   1 Dauerschaltung,
   2 kombinierte Bereitschaftsschaltung,
   3 kombinierte Dauerschaltung,
   4 Verbund-Notleuchte in Bereitschaftsschaltung,
   5 Verbund-Notleuchte in Dauerschaltung,
   6 Satellit.
c) Feld 3, max. sieben Buchstaben für die Ausführung
   A enthält eine Prüfeinrichtung,
   B enthält Fernschaltung für Ruhezustand,
   C enthält Fernausschaltvorrichtung,
   D Leuchte für Arbeitsstätte mit besonderer Gefährdung,
   E Leuchte mit nicht austauschbarer(n) Lampe(n) und/oder ESSS,
   F Betriebsgerät nach IEC 61347-2-7 für automatische Prüfeinrichtung mit EL-T gekennzeichnet,
   G von innen beleuchtetes Sicherheitszeichen.
d) Feld 4, max. drei Ziffern für Angabe der Betriebsdauer von selbst versorgten Leuchten
   10 für 10 min,
   60 für 1 h,
   120 für 2 h,
   180 für 3 h.

In **Bild 9.3** ist für eine Leuchte eine Beispielkonfiguration gezeigt, wie die Felder für diese Leuchte ergänzt werden müssen, wenn die folgenden Betriebseigenschaften gewünscht sind:

- selbstversorgte Sicherheitsleuchte,
- in Dauerschaltung,
- Prüfeinrichtung enthalten,
- EL-T gekennzeichnetes Betriebsgerät,
- 3 h Betriebsdauer.

X	1	A/F	180

Bild 9.3 Beispiel zur ergänzenden Kennzeichnung einer Notleuchte

Zur Einstellung der Betriebsart, Betrieb einer Leuchte als *Bereitschaftslicht* oder *Dauerlicht*, muss durch den Installateur bei dem hier gewählten Leuchtentyp eine Brücke am Betriebsgeräteeingang gesetzt werden – siehe **Bild 9.4a**. Zur Einstellung der Leuchtenadresse und der Bemessungsbetriebsdauer muss er die dafür vorgesehenen Drehschalter einstellen – siehe **Bild 9.4b** – und die entsprechende Codierung in dem dafür vorgesehenen Feld (Bild 9.3) eintragen.

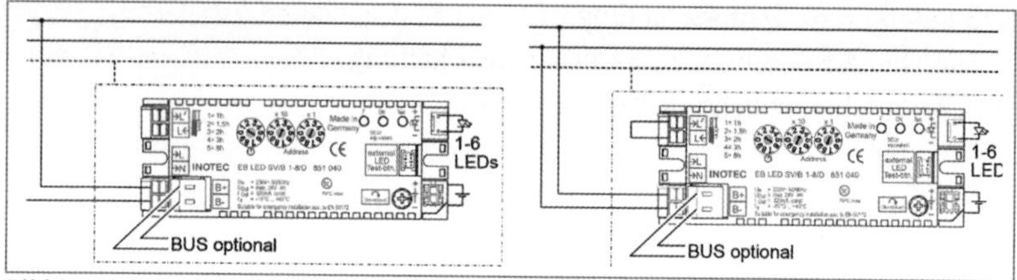

Bild 9.4a Beispiel zur ergänzenden Kennzeichnung einer Notleuchte

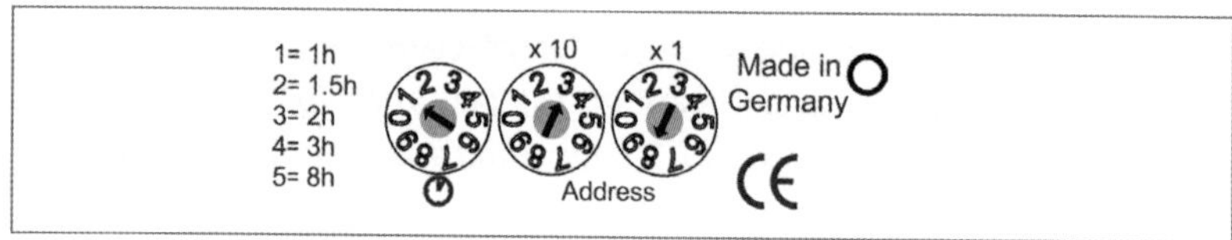

Bild 9.4b Beispiel für die Adressierung der Leuchte und der Einstellung der Auswahl der Bemessungsbetriebsdauer

9.4 Kennzeichnung von Notleuchten

9.4.1 Kennzeichnung aufgrund von relevanter EU-Richtlinien

Aufgrund der Niederspannungsrichtlinie 2014/35/EU [26c] und der RoHS-Richtlinie 2011/65/EG [22] zur *Beschränkung der Verwendung bestimmter gefährlicher Stoffe in Elektro- und Elektronikgeräten* müssen Notleuchten mit den in **Bild 9.5** und **Bild 9.6** gezeigten Bildzeichen gekennzeichnet werden.

Bild 9.5 CE-Kennzeichnung nach Richtlinie 2014/35/EU

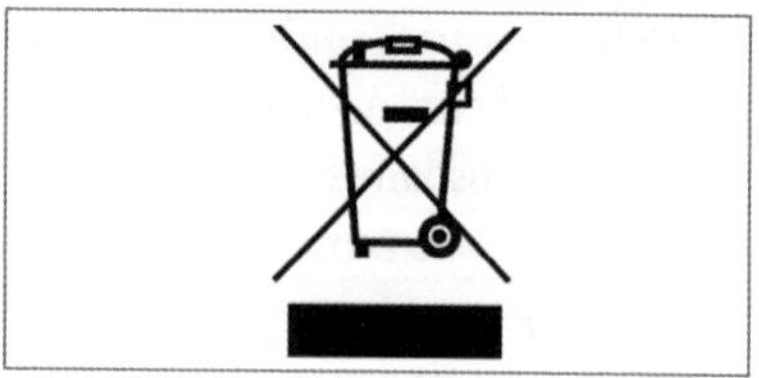

Bild 9.6 Kennzeichnung nach Richtlinie 2011/65/EU

Die CE-Kennzeichnung (Bild 9.5) leitet sich u.a. aus der Niederspannungsrichtlinie 2014/35/EU [26c] ab und signalisiert, dass dieses Produkt in Europa gehandelt und betrieben werden darf. Voraussetzung für die Kennzeichnung eines Produktes mit einem CE-Zeichen ist die durch den Hersteller bzw. den Inverkehrbringer erstellte Konformitätserklärung zu seinem Produkt. Mit dieser Konformitätserklärung bestätigt der Hersteller/Inverkehrbringer in alleininger Verantwortung, dass alle für das Produkt zutreffenden EU-Richtlinien und Verordnungen eingehalten werden.

Die CE-Kennzeichnung ist gut sichtbar, dauerhaft und in einer Mindestgröße von 5 mm anzubringen.

Die „durchgestrichene Mülltonne" (Bild 9.6) geht auf 2011/65/EU [22] zurück und soll dem Betreiber der Sicherheitsbeleuchtung zeigen, dass diese Leuchten bei einem Defekt bzw. bei der Entsorgung nicht über den normalen Gewerbemüll entsorgt werden dürfen, sondern in den „Elektroschrott" gehören.

9.4.2 Kennzeichnung nach DIN EN IEC 60598-1 (VDE 0711-1)

Die Angaben, die für eine Notleuchte erforderlich sind und die als Aufschrift auf der Leuchte vorgesehen werden müssen, müssen DIN EN IEC 60598-1 (VDE 0711-1) [71] und DIN EN IEC 60598-2-22 (VDE 0711-2-22) [74] entsprechen, wobei im Teil 1 der Normenreihe DIN EN IEC 60598-1 die Grundlagen der Kennzeichnung festgelegt sind.

Diese Aufschriften müssen eindeutig ausgeführt und dauerhaft angebracht sein und, sofern es sich um Texte handelt, *in einer Sprache erfolgen, die in dem Land, in dem die Leuchte installiert wird, akzeptiert wird.*

Die Sichtbarkeit der Aufschriften und deren Anbringung auf der Leuchte hängt wesentlich davon ab, wann sie erforderlich sind – für die Montage, für den bestimmungsgemäßen Betrieb, zur Wartung oder zur Reparatur. Das heißt, ggf. müssen die Aufschriften an unterschiedlichen Orten auf der Leuchte vorgesehen werden.

a) **Wartung und Reparatur** – Informationen, z.B. für das Auswechseln von Lampen oder anderer ersetzbarer Komponenten, müssen auf der Außenseite oder hinter der abgenommenen Abdeckung sichtbar sein.
b) **Montage** – Informationen müssen außen auf der Leuchte vorgesehen werden oder hinter einer Abdeckung, wenn diese für die Montage entfernt sein muss.

c) **Betrieb** – Informationen für den bestimmungsgemäßen Gebrauch müssen bei fertig montierter Leuchte einschließlich Abdeckung und eingesetzter Lampe sichtbar sein.

Aufschriften dürfen auch auf dem Betriebsgerät angebracht werden, wenn die Bedingungen für Betrieb und Wartung eingehalten sind.

9.4.3 Zusätzliche Angaben nach DIN EN 60598-2-22

Die Angaben in **Tabelle 9.2** sind entsprechend DIN EN IEC 60598-2-22 (VDE 0711-2-22) [74], 22.6, erforderlich und müssen Teil der Kennzeichnung nach 9.4.2 sein und/oder auch in der der Leuchte beizulegenden Montage- und Betriebsanleitung aufgeführt werden.

DIN EN IEC 60598-2-22	Angabe zu	Wartung	Betrieb	Montageanleitung und/ oder Betriebsanleitung
22.6.1	Betriebsspannung – Bemessungsversorgungs-spannung – Spannungsbereich(e)		X	
22.6.2	Einteilung der Notleuchte – siehe 9.3		X	
22.6.3	Ersatzlampe – Typ	X		X
22.6.4	Betriebstemperaturen – t^a-Kennzeichnung – Umgebungstemperatur (falls erforderlich)		X	X
22.6.5	auswechselbare Sicherung und/ oder Anzeigelampen (falls vorhanden)	X	X	
22.6.6	Prüfeinrichtung für manuelle Simulation Netzausfall (falls vorgesehen)		X	
22.6.7	Art/Typ der ESSS bei selbstversorgten Notleuchten		X	
22.6.7.1	Batterietechnologie, z. B. NiMH, Typ bzw. Code des Herstellers, weitere Spezifika (falls austauschbar)	X		X
22.6.7.2	– Datum der Herstellung der Batterie – Datum der Inbetriebnahme	X auf dem Batterie-etikett		
22.6.7.3	EDLC – Typ bzw. Code des Herstellers, weitere Spezifika zum Austausch	X auf dem EDLC-Etikett		X
22.6.8	entfällt			

Tabelle 9.2 Erforderliche Angaben für zentralversorgte und selbstversorgte Notleuchten (Teil 1/3)

DIN EN IEC 60598-2-22	Angabe zu	Wartung	Betrieb	Montageanleitung und/ oder Betriebsanleitung
22.6.9	kombinierte Notleuchte – Lampentyp Normalbetrieb und Notbetrieb	X Fassung der Lampe Notbetrieb mit grünem Punkt kennzeichnen		X
22.6.10	Nennbetriebsdauer selbstversorgter Notleuchten – Angabe zum Austausch der ESSS oder der gesamten Leuchte wenn nicht mehr erreicht – alle Details zur ESSS und zum Auswechseln			X zusätzlicher Text: *Die Stromquelle für den Sicherheitsdienst ist kein vom Benutzer zu wartender Gegenstand und darf nur von einem Kundendienstmitarbeiter des Herstellers oder einer ähnlich qualifizierten Person ersetzt werden.*
22.6.11	Prüfeinrichtungen, wenn vorhanden – integriert oder mitgeliefert			X ergänzt um Angaben zum Prüfablauf
22.6.12	Verbindungsleitung zwischen Verbund- und Satellitenleuchte			X Leitungslänge begrenzt auf 3 % Spannungsabfall
22.6.13	entfällt			
22.6.14	Einrichtungen zur Änderung der Betriebsart (falls vorhanden) – siehe Bild 9.7a			X
22.6.15	lichttechnische Daten – siehe 9.9			X
22.6.16	vorbereitende Arbeit vor Montage			X
22.6.17	erforderliche Aufschriften – bei Einbauleuchten ausreichend, wenn sichtbar nach Abnahme der Abdeckung	sichtbar bei Wartung 22.6.5, 22.6.7.1 (1. Abs.), 22.6.9	sichtbar nach Installation 22.6.1, 22.6.2, 22.6.7.1 (2. Abs.), 22.6.7.3 (2. Abs.), 22.6.20	
22.6.18	Leuchte mit äußeren Steckverbindungen, die nicht gegen unbeabsichtigtes Trennen geschützt ist			X Warnhinweis erforderlich: *Diese Leuchte ist nur für Anlagen bestimmt, in denen die Steckverbindung vor unbefugtem Trennen geschützt ist.*
22.6.19	Angabe zur Austauschbarkeit von Lampen und/oder ESSS			X

Tabelle 9.2 Erforderliche Angaben für zentralversorgte und selbstversorgte Notleuchten (Teil 2/3)

DIN EN IEC 60598-2-22	Angabe zu	Wartung	Betrieb	Montageanleitung und/ oder Betriebsanleitung
22.6.20	verstellbare Notleuchten an Lichtschienensystemen – Warnhinweis – lichttechnische Daten		X Kennzeichnung als Notbeleuchtung und dem Hinweis, dass sie nicht durch Unbefugte verstellt werden dürfen	X
22.6.21	Bemessungsladezeit < 24 h			optionale Angabe
22.6.22	Dauer von Ruhezustand oder Fernausschaltbetrieb, ohne dass 50 % der Bemessungsbetriebsdauer unterschritten werden			X Information zur zulässigen Dauer

Tabelle 9.2 Erforderliche Angaben für zentralversorgte und selbstversorgte Notleuchten (Teil 3/3)

Bild 9.7 zeigt Beispiele für Typenschilder, in denen die relevanten Aufschriften nach Abschnitten 9.3 und 9.4 zur Kennzeichnung einer zentralversorgten und einer selbstversorgten Notleuchte übernommen sind.

Bild 9.7 Typenschilder für zentralversorgte und selbstversorgte Notleuchten

9.4.4 Kennzeichnung von montierten Notleuchten im Betrieb

Entsprechend DIN VDE V 0108-100-1 [96b] müssen die in einer baulichen Anlage montierten Leuchten der Sicherheitsbeleuchtung eindeutig als Teil der Installation identifizierbar sowie „rot oder grün markiert" sein. Diese Form der Kennzeichnung ist einerseits zur Anlagendokumentation erforderlich sowie für Prüf- und Reparaturzwecken. Üblicherweise wird „in der Nähe der Leuchten" eine Kennzeichnung angebracht, aus der vor Ort ersehen werden kann, an welchem Verteiler und Stromkreis die jeweilige Leuchte angeschlossen ist. Für diese Angaben werden entsprechende Plaketten genutzt – siehe auch **Bild 9.8**.

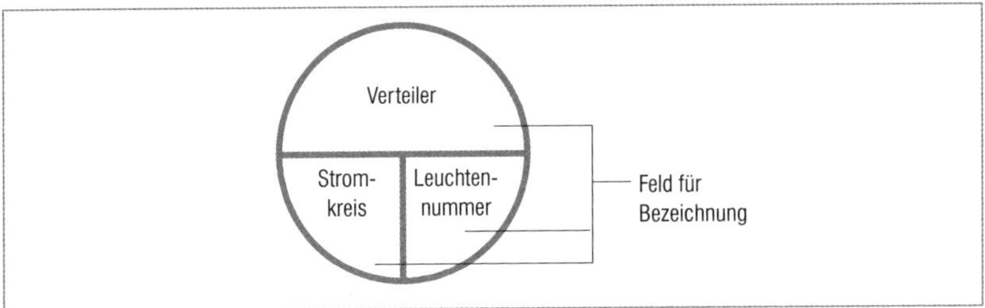

Bild 9.8 Beispiel für rote oder grüne Plaketten zur Identifikation einer Leuchte durch Verteiler-, Stromkreis- und Leuchtennummer

9.5 Aufbau

Für Notleuchten gelten die spezifischen Anforderungen nach DIN EN IEC 60598-2-22 (VDE 0711-2-22) [74] sowie zusätzlich die „zutreffenden" allgemeinen Anforderungen und Prüfungen für Leuchten nach DIN EN IEC 60598-1 (VDE 0711-1) [71]. Das heißt, werden die in DIN EN IEC 60598-2-22 (VDE 0711-2-22) [74] festgelegten spezifischen Anforderungen und Prüfungen eingehalten, sind die allgemeinen Anforderungen an Leuchten des Teils 1 dieser Normreihe mit den erforderlichen Modifikationen für eine Notleuchte abgedeckt.

Weitere Anforderungen sind bei entsprechender Ausführungsform zu berücksichtigen. So sind für *explosionsgeschützte Notleuchten* zusätzlich die Anforderungen nach DIN EN IEC 60079-0 (VDE 0170-0) [69] zu berücksichtigen. Notleuchten mit einem *automatischen Prüfsystem* nach IEC 62034 muss zusätzlich die Anforderungen der Betriebsgerätenorm DIN EN 61347-2-7 (VDE 0712-37) [83], Anhang K, erfüllen.

9.5.1 Lichtquellen

Lichtquellen, die in einer Notleuchte zur Anwendung kommen können, müssen im Zusammenspiel mit dem passenden Betriebsgerät (siehe Abschnitt 9.5.2) die spezifischen Anforderungen erfüllen, die durch DIN EN IEC 60598-2-22 (VDE 0711-2-22) [74] vorgegeben sind.

In den letzten Jahren hat sich gezeigt, dass die über lange Jahre in der Notbeleuchtung dominierenden Leuchtstofflampen durch LED-Lichtquellen ersetzt wurden. Beim Weiterbetrieb von „Altanlagen" mit diesen „alten" Leuchtmitteln ist im Hinblick auf die Energieverbrauchskosten zu beachten, dass diese Leuchtmittel immer schwerer zu beschaffen sind. Aufgrund von europäischen Richtlinien zum Ökodesign und zur Energieeffizienz gelten bereits jetzt schon für viele Lampen Handelsbeschränkungen bis hin zu Verkaufsverboten. So dürfen *Leuchtstofflampen der Allgemeinbeleuchtung* aufgrund ihres Quecksilbergehalts ab dem 24. August 2023 in Europa nicht mehr in den Verkehr gebracht werden. Zu diesem Zeitpunkt laufen fast alle Ausnahmen aus, die die RoHS-Richtlinie 2011/65/EU [22a] und die Ökodesign-Verordnung 2019/2020/EU [22b] für Sonderanwendungen bisher vorgesehen hatte. Für spezielle „Notbeleuchtungslampen" wurde die Frist allerdings noch einmal auf den 24.07.2027 verlängert [10c].

9.5.2 Betriebs- und Steuergeräte in Notleuchten

Betriebs- und Steuergeräte in Notleuchten müssen die Anforderungen der folgenden Teile 2 der Normenreihe IEC 61347 [81] erfüllen, sofern das für die zu betreibende Lichtquelle – Glühlampen, Leuchtstofflampen, Entladungslampen und LED-Module – und Versorgungsspannung zutrifft, unter besonderer Beachtung der in diesen Teilen spezifischen Anhänge für Notleuchten (sofern vorhanden):

a) DIN EN 62347-2-2 (VDE 0712-32) *Geräte für Lampen – Teil 2-2: Besondere Anforderungen an gleich- oder wechselstromversorgte elektronische Konverter für* ***Glühlampen*** [82a]
b) DIN EN 62347-2-3 (VDE 0712-33) *Geräte für Lampen – Teil 2-3: Besondere Anforderungen an wechsel- und/oder gleichstromversorgte elektronische Betriebsgeräte für* ***Leuchtstofflampen*** [82b]
c) DIN EN 62347-2-7 (VDE 0712-37) *Geräte für Lampen – Teil 2-7: Besondere Anforderungen an elektronische Betriebsgeräte für die Notbeleuchtung, die von einer* ***Stromquelle für Sicherheitszwecke*** *(ESSS) versorgt werden (selbstversorgt)* [83]
d) DIN EN 62347-2-12 (VDE 0712-42) *Geräte für Lampen – Teil 2-12: Besondere Anforderungen an gleich- oder wechselstromversorgte elektronische Vorschaltgeräte für* ***Entladungslampen*** *(ausgenommen Leuchtstofflampen)* [84]
e) DIN EN 62347-2-13 (VDE 0712-43) *Geräte für Lampen – Teil 2-13: Besondere Anforderungen an gleich- oder wechselstromversorgte elektronische Betriebsgeräte für* ***LED-Module*** [85]

9.5.3 Schalter in Notleuchten

Damit im Betrieb einer Sicherheitsbeleuchtungsanlage sichergestellt ist, dass zentralversorgte oder selbstversorgte Leuchten nicht unbeabsichtigt von dem/den Notstromkreis/en getrennt wird, dürfen keine manuellen oder selbstrückstellenden Schalter vorgesehen sein, die diese Stromkreise von der allgemeinen Stromversorgung trennen. Ausgenommen davon sind Einrichtungen, für den Ruhezustand und die Fernausschaltung – siehe Abschnitt 9.6.3.

9.5.4 Betriebsgeräteeinheit und Steuereinheit

In einer selbstversorgten Notleuchte müssen die *Stromquelle für Sicherheitszwecke* (ESSS) und das Ladegerät in der Leuchte selbst oder in der Steuereinheit enthalten sein. Die *Steuereinheit* muss dieselben mechanische Festigkeiten sowie die gleichen Eigenschaften bzgl. Wärme- und Feuerbeständigkeit und Kriechstromfestigkeit wie die Leuchte aufweisen.

Wenn die Steuereinheit eine Ladeleitung oder ein ESSS enthält und innerhalb von 1 m entfernt zur Leuchte vorgesehen ist, muss die Leitung in einem Schutzschlauch verlegt werden, der die 850 °C Glühdrahtanforderungen für Ladeleitungen in Leuchten erfüllt – diese Forderung entfällt, wenn innerhalb von 1 s durch eine Schutzfunktion der Fehlerstrom auf 6 A in der Leitung von Ladegerät zur ESSS oder Ladeschaltung begrenzt wird.

Ist die Steuereinheit nicht in der Leuchte enthalten und mit einer Anschlussleitung zur Leitung länger als 1 m verbunden, handelt es sich bei der Leuchte nicht um eine selbstversorgte Notleuchte DIN EN 60598-2-22 (VDE 0711-2-22) [74]. In diesem Fall sind die zutreffenden nationalen Installationsvorschriften zu beachten – in diesem Zusammenhang ist u. a. auf die Muster-Leitungsanlagen-Richtlinie (MLAR) [43] – siehe Abschnitt 8.13 *Leitungskonzepte* – und DIN VDE V 0108-100-1 (VDE V 0108-100-1) [96b] zu verweisen.

Hintergrund der Beschränkung der Leitungslänge auf 1 m ist die funktionale Einheit von Steuereinheit und Leuchtenkörper. Zum Beispiel ist darauf zu achten, dass die in der Steuereinheit vorhandenen Signalanzeigen oder Prüftaster erkennbar bleiben und bedienbar sind. Die Steuereinheiten dürfen daher nicht hinter Revisionsklappen oder in Zwischendecke „verschwinden“.

Die in DIN EN 60598-2-22 (VDE 0711-2-22) [74] vorgesehenen Festlegungen für die Steuereinheit sind auf die separate *Betriebsgeräteeinheit* zu übertragen. Sie werden ergänzt um die Festlegung, dass separate Teile einer Leuchte, wie die Betriebsgeräteeinheit, gegen die Gefahr einer unbeabsichtigten Trennung geschützt sein müssen. Dies kann durch eine dauerhafte Verbindung erfolgen oder durch geeignete Vorkehrungen, die den direkten Zugriff auf innere Steckverbindungen verhindern. Äußere Steckverbindungen müssen wenigstens mit einem geeigneten Warnhinweis versehen sein.

9.6 Schaltungsarten

9.6.1 Notleuchte in Dauerschaltung

Üblicherweise werden *hinterleuchtete Sicherheitszeichen*, umgangssprachlich *Rettungszeichenleuchten*, in Dauerschaltung betrieben, um auch bei heller Umgebung jederzeit den Flucht- und Rettungsweg über Sicherheitszeichen, die sich durch ihre hohe Leuchtdichte eindeutig gegen die helle Umgebung abheben, kenntlich zu machen (siehe Abschnitt 7.1.2). Das heißt, sie sind im Normalbetrieb, d. h. die allgemeine Spannungsversorgung liegt an, aktiv und schalten bei Ausfall der Stromversorgung der Allgemeinbeleuchtung in den Notbetrieb.

9.6.2 Notleuchte in Bereitschaftsschaltung

Notleuchten zur Ausleuchtung der Flucht- und Rettungswege werden üblicherweise in der Bereitschaftsschaltung betrieben und werden erst im Notbetrieb aktiv, wenn die Stromversorgung der Allgemeinbeleuchtung ausgefallen ist.

ANMERKUNG

Eine Ausnahme macht hier die Muster-Versammlungsstättenverordnung [46] für betriebsmäßig verdunkelte Räume – siehe Anhang C.6. Hier müssen die *Ausgänge, Gänge und Stufen im Versammlungsraum auch bei Verdunklung unabhängig von der übrigen Sicherheitsbeleuchtung erkennbar sein.*

9.6.3 Betrieb der Notleuchten im Ruhezustand und im Fernausschaltbetrieb

Entsprechend DIN EN IEC 60598-2-22 (VDE 0711-2-22), Anhang D [74], können Notleuchten im Ruhezustand betrieben werden oder auch im Fernausschaltbetrieb. Mit diesen Betriebsarten soll verhindert werden, dass die Notleuchten bei einem Ausfall der Stromversorgung der Allgemeinbeleuchtung in den Notbetrieb schalten und die Batterien unnötig entladen werden.

Der *Ruhezustand* deaktiviert die Notleuchte bei „absichtlich" abgeschalteter Stromversorgung der Allgemeinbeleuchtung. Bei einem Netzausfall schaltet diese also nicht in den Notbetrieb. Sobald die allgemeine Stromversorgung wieder zugeschaltet wird, müssen die Notleuchten automatisch wieder in die eigentliche Betriebsbereitschaft zurückschalten. Im Ruhezustand erfolgt keine Ladung der *Stromquelle für Sicherheitszwecke* (ESSS).

Im *Fernausschaltbetrieb*, das entspricht einer Blockierung des Notlichts, schalten die Notleuchten nicht in den Notbetrieb, wenn die Stromversorgung der Allgemeinbeleuchtung ausfallen sollte. Gegenüber dem Ruhezustand hat diese Schaltung den Vorteil, dass die Notleuchten durchgängig vom „Netz" gespeist werden und die Ladung der Stromquelle für Sicherheitszwecke (ESSS) aufrechterhalten bleibt.

Allerdings ist auch im *Fernausschaltbetrieb* mit einer Entladung der in den Leuchten enthaltenen Stromquellen für Sicherheitszwecke (ESSS) zu rechnen, wenn die Unterverteilung der Allgemeinbeleuchtung in einem Bereich gestört ist und die Leuchten in diesem Bereich noch über die zentrale Anbindung an die Fernausschaltvorrichtung kommunizieren und dadurch die Batterie belastet wird.

Das heißt, es muss bei der Planung für beide Betriebsarten (Ruhezustand und dem Fernausschaltbetrieb) eine mögliche Selbstentladung der Stromquelle für Sicherheitszwecke für die zulässige Verweildauer in diesem Modus berücksichtigt werden, damit bei Wiederaktivierung der Leuchten noch mindestens 50 % der erforderlichen Bemessungsbetriebsdauer erreicht werden kann (DIN EN IEC 60598-2-22 (VDE 0711-2-22), 22.6.22 [74] – siehe auch Tabelle 9.1).

Ist in der Leuchte eine Ruhezustands- und/oder Fernausschaltvorrichtung vorgesehen, muss diese mit den Anforderungen nach DIN EN 61347-2-7 [83] übereinstimmen. Auch muss sichergestellt sein, dass bei einem Fehler in der Verkabelung zwischen den Leuchten und einer Steuereinrichtung es nicht zu ungewollten Schalthandlungen kommt (DIN VDE V 0100-560-1 [97b]).

9.7 Notleuchten im Fehlerfall

Für den Fall, dass in der Notleuchte ein Fehler auftritt, der den „versorgenden" Stromkreis beeinflusst (Kurzschluss oder Überlast), muss eine Schutzvorrichtung vorhanden sein, die die Leuchte von dem Stromkreis trennt.

ANMERKUNG
Diese Anforderung an Notleuchten ist derzeit in dem für IEC 60598-2-22 zuständigen Gremium in Diskussion. Hintergrund der Diskussion sind folgende Punkte:
- Eine Schutzvorrichtung in der Leuchte ist nur für Zentralbatterieanlagen relevant, wenn nicht jede zweite Leuchte in dem durch die Leuchten auszuleuchtenden Bereich alternierend auf einen zweiten Sicherheitsstromkreis aufgeschaltet ist. Nach DIN VDE 0100-560 [97a].
- Selbstversorgte Notleuchten in einem auszuleuchtenden Bereich werden aktiv, sollte eine der Einzelbatterieleuchten durch eine interne Störung in der Leuchte die allgemeine Stromversorgung zum Ausfall gebracht haben.
- Leiterplattensicherungen im Betriebsgerät der Leuchte können zum Einsatz kommen, wenn sie den einschlägigen Sicherheitsanforderungen entsprechen, z. B. müssen sie DC- und AC-fest sein.

Für Betriebsgeräte, die für *selbstversorgte Notleuchten* nach DIN EN 61347-2-7 (VDE 0712-37) [83] erforderlich sind, gilt zusätzlich, dass ein Kurzschluss, ein Erdschluss oder eine Unterbrechung der allgemeinen Stromversorgung den Notbetrieb der Leuchte nicht beeinflusst.

Sollte(n) die Lichtquelle(n) der Notleuchte ausfallen bzw. eine Störung aufweisen, darf das nicht dazu führen, dass der Ladestrom zur Stromquelle für Sicherheitszwecke (ESSS) unterbrochen wird. Dieser Ausfall darf den Betrieb der ESSS nicht durch Überlast beeinträchtigen.

9.8 Lichtschienensysteme

Kommen Notleuchten in Lichtschienensystemen nach DIN EN 60570 (VDE 0711-300) [111] zum Einsatz, die für die Ausleuchtung von Flächen bzw. von Flucht- und Rettungswegen vorgesehen sind, muss ein Verriegelungssystem sicherstellen, dass die Position der Leuchte auf der Schiene und die Lichtrichtung fixiert werden können. Diese Fixierung darf nur durch die Verwendung von Werkzeugen gelöst werden können, um sicherzustellen, dass dies nicht unbeabsichtigt erfolgt.

Auf dieses Verriegelungssystem kann auch dann nicht verzichtet werden, wenn die Leuchte bzw. das Lichtschienensystem nur durch den Einsatz einer Leiter erreicht werden kann.

Das Schienensystem, in dem die Notleuchten betrieben werden, muss für die zentralversorgten Leuchten doppelte oder verstärkte Isolierung zwischen den Stromkreisen der Notbeleuchtung und den Leitern der allgemeinen Stromversorgung aufweisen. Das Schienensystem muss vom Hersteller um Hinweise ergänzt werden, dass die erforderlichen Einzelteile zum Anschluss der Notleuchten „nachgewiesen kompatibel“ sein müssen. Für selbstversorgte Notleuchten muss darauf hingewiesen werden, dass die Leiter zur Versorgung der Leuchte nicht geschaltet werden dürfen.

9.9 Lichttechnische Daten

9.9.1 Allgemeines

Die relevanten lichttechnischen Parameter der Notleuchten richten sich nach der Anwendung der Notleuchte. Für Leuchten, die zur Ausleuchtung der Flucht- und Rettungswege zum Einsatz kommen, d.h. für Sicherheitsleuchten ist grundsätzlich die Lichtstärkeverteilung der Leuchte im Notbetrieb bei ausgefallender Allgemeinbeleuchtung wesentlich (siehe Abschnitt 7.2.1 *Beleuchtungsstärke*). Für Leuchten, die zur Kennzeichnung von Flucht- und Rettungswegen verwendet werden, d.h. für Rettungszeichenleuchten, ist die Ausleuchtung des Sicherheitszeichens das Gütekriterium (siehe Abschnitt 7.1.2 *Lichttechnische Anforderungen an Rettungszeichen*), bei ungestörter Allgemeinbeleuchtung und bei deren Ausfall im Notbetrieb.

Zu bestimmen sind für

a) **Sicherheitsleuchten** nach DIN EN 60598-2-22 [74], DIN EN 13032-3 [59], DIN 5035-6 [54a] und DIN EN 1838 [56b] u.a.
   - die Lichtverteilung bzw. die Beleuchtungsstärke zur Ausleuchtung der Rettungswege,
   - die Blendungsbegrenzung,
   - der allgemeine Farbwiedergabe-Index R_a.

b) **hinterleuchtete Rettungszeichen bzw. Rettungszeichenleuchten** nach DIN EN 1838 [56b] bzw.
   DIN EN 60598-2-22 [74] und DIN 5035-6 [54a]
   - die Leuchtdichten des hinterleuchteten Sicherheitszeichens im Not- und Netz- bzw. Normalbetrieb,
   - geringste und höchste Leuchtdichte der Fläche der grünen Sicherheitsfarbe,

- geringste und höchste Leuchtdichte der Fläche der weißen Kontrastfarbe,
- mittlere Leuchtdichte der Fläche mit der grünen Sicherheitsfarbe,
- mittlere Leuchtdichte der Fläche mit der weißen Kontrastfarbe,
- beleuchtete Sicherheitszeichen nach DIN 4844-1 [50],
- die kleinste Beleuchtungsstärke auf der Oberfläche der beleuchteten Sicherheitszeichen.

c) **Beleuchtetes Rettungszeichen** nach DIN EN 1838 [56b]
- vertikale Beleuchtungsstärke auf dem Rettungszeichen.

9.9.2 Messung der Lichtstärkeverteilung der Sicherheitsleuchten zur Ausleuchtung der Flucht- und Rettungswege

Der Hersteller muss die Daten der Lichtstärkeverteilung der Sicherheitsleuchten zur Verfügung stellen, die für die Auslegung der Notbeleuchtung nach DIN EN 1838 [56b] bzw. ISO 30061 [106] erforderlich sind – siehe Abschnitt 7.2 *Ausleuchtung – Beleuchtungsstärke* und 7.3.1 *Messung der Beleuchtungsstärke.* Die Vermessung der Leuchten erfolgt nach DIN EN 13032-3 [59].

ANMERKUNG

DIN EN 60598-2-22 [74] bezieht sich bei der Vermessung der Leuchten auf CIE 121-SP1 „Photometry of Luminaires for Emergency Lighting" [109], da in einer internationalen Norm nicht auf eine europäische Norm Bezug genommen werden darf und bei der Übernahme der IEC als europäische Norm dies nicht geändert worden ist.

Die Messungen an Notleuchten mit Einzelbatterien und Notleuchten mit zentraler Versorgung müssen mit einer neuen Lampe durchgeführt werden, die nach der entsprechenden Lampennorm für die Messungen des Anfangslichtstroms gealtert worden ist.

Das Ergebnis einer photometrischen Vermessung einer Sicherheitsbeleuchtung nach DIN EN 13032-3 [59] ist beispielhaft in **Bild 9.9** gezeigt, ergänzt durch die separate Darstellung der Lichtstärkeverteilungskurven der Leuchtenebenen C0–C180 und C90–C270 (**Bild 9.10**).

Häufig finden sich in den Herstellerunterlagen bzw. in den Katalogen zu Sicherheitsleuchten auch sogenannte Abstandstabellen. Diese Tabellen leiten sich aus den Lichtstärkeverteilungskurven ab und ermöglichen einen schnellen Überblick zu den zulässigen Abständen und Montagehöhen der ausgewählten Leuchten, unter denen die regelkonforme Ausleuchtung der Flucht- und Rettungswege nach DIN EN 1838 [56b] möglich ist.

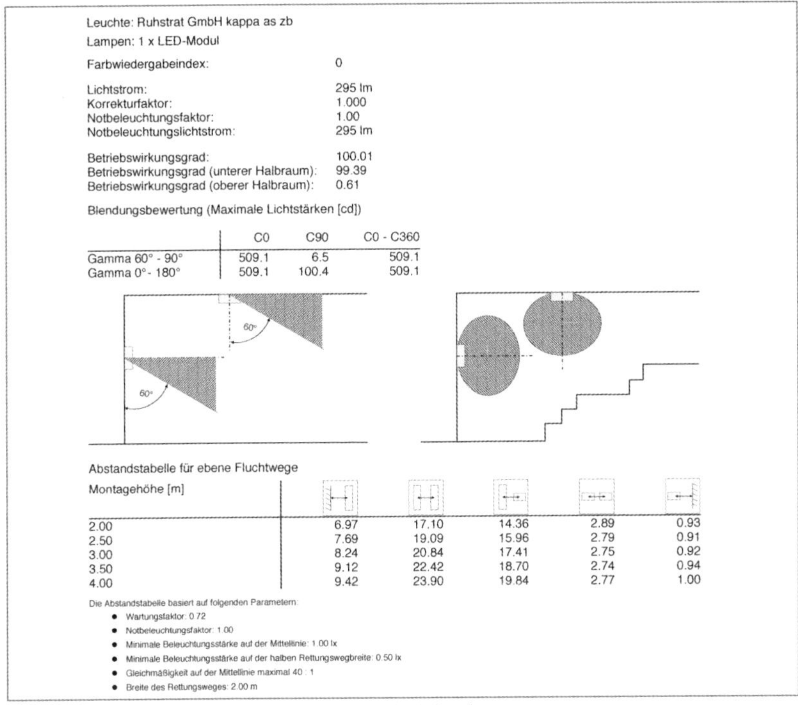

Leuchte: Ruhstrat GmbH kappa as zb
Lampen: 1 x LED-Modul

Farbwiedergabeindex:	0
Lichtstrom:	295 lm
Korrekturfaktor:	1.000
Notbeleuchtungsfaktor:	1.00
Notbeleuchtungslichtstrom:	295 lm
Betriebswirkungsgrad:	100.01
Betriebswirkungsgrad (unterer Halbraum):	99.39
Betriebswirkungsgrad (oberer Halbraum):	0.61

Blendungsbewertung (Maximale Lichtstärken [cd])

	C0	C90	C0 - C360
Gamma 60° - 90°	509.1	6.5	509.1
Gamma 0°- 180°	509.1	100.4	509.1

Abstandstabelle für ebene Fluchtwege

Montagehöhe [m]					
2.00	6.97	17.10	14.36	2.89	0.93
2.50	7.69	19.09	15.96	2.79	0.91
3.00	8.24	20.84	17.41	2.75	0.92
3.50	9.12	22.42	18.70	2.74	0.94
4.00	9.42	23.90	19.84	2.77	1.00

Die Abstandstabelle basiert auf folgenden Parametern:

- Wartungsfaktor: 0.72
- Notbeleuchtungsfaktor: 1.00
- Minimale Beleuchtungsstärke auf der Mittellinie: 1.00 lx
- Minimale Beleuchtungsstärke auf der halben Rettungswegbreite: 0.50 lx
- Gleichmäßigkeit auf der Mittellinie maximal 40 : 1
- Breite des Rettungsweges: 2.00 m

Bild 9.9 Lichttechnische Daten einer Sicherheitsleuchte

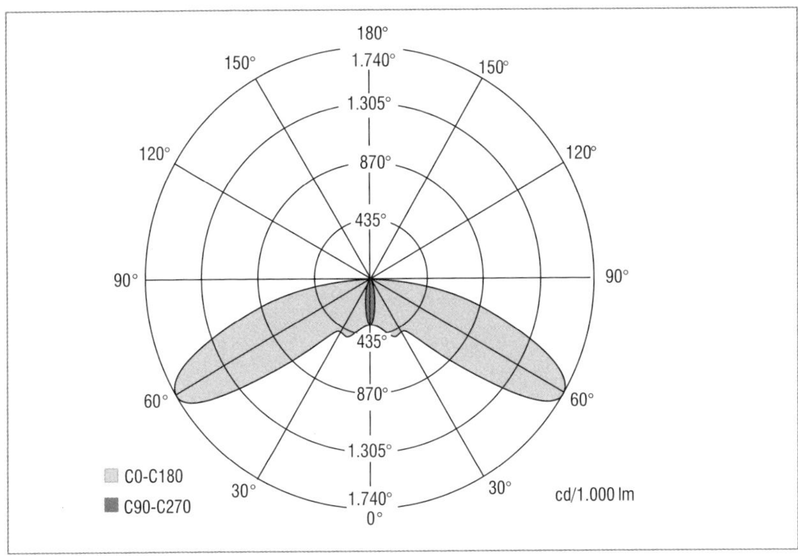

Bild 9.10 Lichtstärkeverteilungskurven der Leuchtenebenen C0-C180 und C90-C270

ANMERKUNG
Hinweise zu den Leuchtenebenen siehe Bild 6.6 bis 6.8 in Abschnitt 6.5 *Lichtstärke.*

9.9.3 Vermessung von Rettungszeichenleuchten

DIN EN 1838 [56b], Anhang A, und DIN EN 60598-2-22, (VDE 0711-2-22), Anhang C [74], geben in etwa gleichlautende Hinweise zur Ermittlung der Leuchtdichten der Farbflächen, der Kontraste zwischen den angrenzenden Farbflächen und der Gleichmäßigkeit der Farbflächen – siehe Tabelle 7.2 in 7.1.2.

Für diese Messungen muss ein $V(\lambda)$-korrigiertes Messgerät verwendet werden, wobei die Messung punktförmig – siehe **Bild 9.11** – erfolgen kann oder unter Verwendung einer bildauflösenden Leuchtdichtekamera – siehe **Bilder 9.12** und **9.13.**

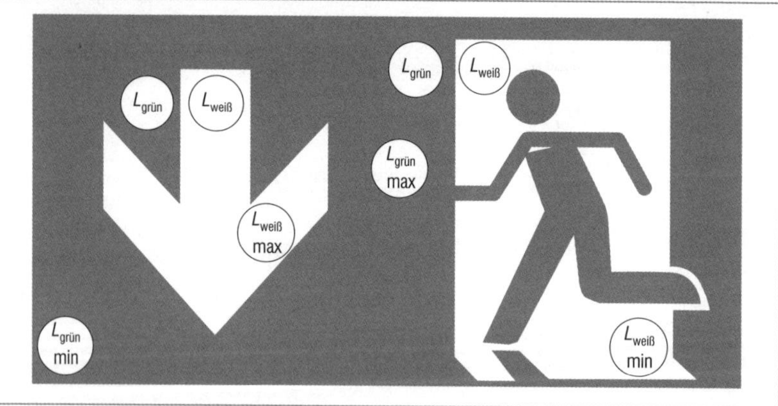

Bild 9.11 Messung der markanten Leuchtdichtewerte mittels punktförmiger Leuchtdichtemessung

ANMERKUNG
Die in Bild 9.12 gezeigte Leuchte erfüllt die Anforderungen von Tabelle 7.2. Die in Bild 9.13 gezeigte Leuchte erfüllt die Anforderungen nicht.

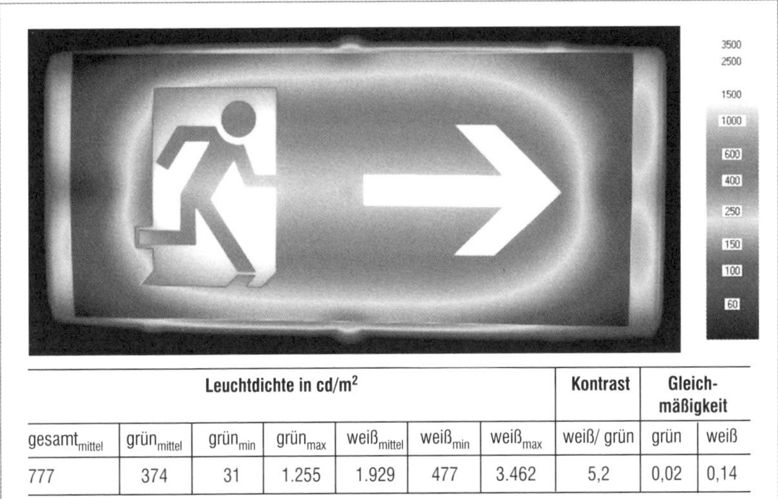

Leuchtdichte in cd/m²							Kontrast	Gleichmäßigkeit	
$gesamt_{mittel}$	$grün_{mittel}$	$grün_{min}$	$grün_{max}$	$weiß_{mittel}$	$weiß_{min}$	$weiß_{max}$	weiß/ grün	grün	weiß
777	374	31	1.255	1.929	477	3.462	5,2	0,02	0,14

Bild 9.12 Messung einer Rettungszeichenleuchte mittels bildauflösender Leuchtdichtemessung – Anforderungen erfüllt

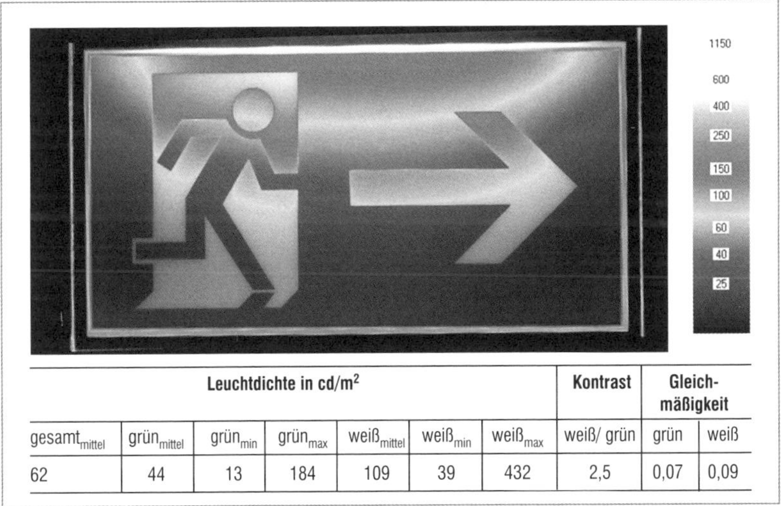

Leuchtdichte in cd/m²							Kontrast	Gleichmäßigkeit	
$gesamt_{mittel}$	$grün_{mittel}$	$grün_{min}$	$grün_{max}$	$weiß_{mittel}$	$weiß_{min}$	$weiß_{max}$	weiß/ grün	grün	weiß
62	44	13	184	109	39	432	2,5	0,07	0,09

Bild 9.13 Messung einer Rettungszeichenleuchte mittels bildauflösender Leuchtdichtemessung – Anforderungen nicht erfüllt

9.9.4 Farbwiedergabeindex der Lichtquellen

Damit sichergestellt ist, dass durch die Notbeleuchtung bzw. die Leuchten für die Ausleuchtung der Rettungswege die Sicherheitsfarben der Rettungszeichen sicher erkannt werden können, fordern DIN EN 60598-2-22 [74] und DIN EN 1838 [56b] einen Farbwiedergabeindex der Lichtquelle einer Sicherheitsleuchte von $R_a > 40$ (siehe auch Abschnitt 7.2.3 *Farbwiedergabe-index*).

DIN EN 60598-2-22 [74] fordert für diese Eigenschaft der Lichtquelle bzw. der Leuchte nur die Inaugenscheinnahme.

9.10 Elektromagnetische Verträglichkeit (EMV) und Elektromagnetische Felder (EMF) bei Not- und Sicherheitsbeleuchtung

In diesem Abschnitt wird auf die EMV (Elektromagnetische Verträglichkeit) und die EMF (Elektromagnetische Felder) in der Beleuchtungstechnik eingegangen. Der Fokus soll dabei hauptsächlich auf die Not- und Sicherheitsbeleuchtung gerichtet werden.

Der wesentliche Unterschied zwischen EMV und EMF ist in **Bild 9.14** dargestellt.

Unter dem Begriff EMV versteht man die Beeinflussung elektronischer Geräte untereinander. Ein elektronisches Gerät darf ein anderes Gerät in seiner Umgebung nicht übermäßig mit hochfrequenten Störaussendungen beeinflussen. Weiterhin muss ein elektronisches Gerät zudem über eine zufriedenstellende Störfestigkeit verfügen, damit das Gerät in üblichen elektromagnetischen Umgebungen funktioniert.

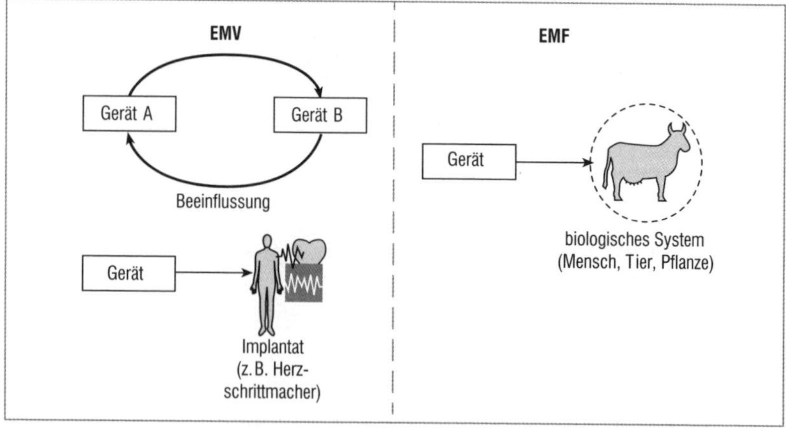

Bild 9.14 Unterscheidung zwischen EMV und EMF

Dies soll an folgendem Beispiel aus Bild 9.14 verdeutlicht werden:

Ein Herzschrittmacher ist ein sehr sensibles elektronisches Gebilde, das auf kleinste Veränderungen in seiner Umgebung reagieren muss. Bewegt sich ein Mensch mit einem solchen Implantat in ein elektromagnetisches Feld eines Gerätes, kann es zu einer Beeinflussung und im schlimmsten Fall zu Fehlfunktionen des Herzschrittmachers kommen. Somit kann ein gefährlicher Zustand für den Träger des Implantats eintreten. Besonders gefährdete Bereiche sind daher mit dem Verbotszeichen (**Bild 9.15**) gekennzeichnet.

Quelle: ASR A1.3

Bild 9.15 Verbot für Personen mit Herzschrittmacher

Damit elektronische Geräte störungsfrei arbeiten, wurden EMV-Normen erarbeitet.

Das Gebiet der elektromagnetischen Felder (EMF) umfasst den Einfluss der Felder, die von elektrischen und elektronischen Geräten auf biologische Systeme, wie Mensch, Tier, Pflanze, erzeugt werden. Als Grundlage für Grenzwerte der elektromagnetischen Felder wurden organische Wechselwirkungen mit elektromagnetischen Feldern wissenschaftlich untersucht.

Auf dem Gebiet der EMF gibt es eine spezielle Produktnorm für Leuchten, die ein Messverfahren und Beurteilungsmethoden der Messwerte, bezogen auf die von IEEE und ICNIRP vorgesehen Grenzwerte, wiedergibt. Im Abschnitt 9.10.4 wird die EMF-Norm DIN EN 62493 (VDE 0848-493) [90] für Leuchten vorgestellt.

9.10.1 EMV-Richtlinie und Normen in der Europäischen Union

In der Europäischen Union wird die elektromagnetische Verträglichkeit von Geräten und Anlagen durch die EMV-Richtlinie 2014/30/EU [26a] reguliert. Die EMV-Richtlinie wird in Deutschland durch das EMV-Gesetz in nationales Recht umgesetzt. Die EMV-Richtlinie formuliert nur sogenannte „Wesentliche Anforderungen" an die Geräte und Anlagen. Das ist zum einen eine Begrenzung der Aussendung, um andere Geräte und den Funkraum zu schützen. Zum anderen wird die Störfestigkeit gefordert, um in der vorgesehenen elektromagnetischen Umgebung zufriedenstellend funktionieren zu können.

Die Einhaltung der eher übergeordnet formulierten Forderungen der Richtlinie wird in der Praxis technisch durch die Anwendung der harmonisierten EN-Normen nachgewiesen. In diesen Normen sind konkrete Messaufbauten, Grenzwerte und Anforderungen zur Störfestigkeit und Störemission enthalten (ausführlich wird dieses Thema in dem Buch „Industriebeleuchtung. Band 1: Grundlagen – Normen – Vorschriften“ von *B. Weis, J.-G. Kaiser, N. Wittig* behandelt).

Die unter einer Richtlinie im Amtsblatt der EU *gelisteten Normen* lösen die sogenannte *Konformitätsvermutung* aus. Andere harmonisierte Normen (EN-Normen) sind zwar auch für eine Konformitätserklärung und eine CE-Kennzeichnung unter der EMV-Richtlinie anwendbar, lösen aber nicht die Konformitätsvermutung aus. Gibt es Zweifel, ob ein Gerät die wesentlichen Schutzanforderungen der Richtlinie einhält, muss der Hersteller nachweisen, dass die von ihm gewählten (nicht gelisteten) EN-Normen die Schutzanforderungen der Richtlinie einhalten. Bei den im Amtsblatt der Richtlinie gelisteten EN-Normen wird dies automatisch vermutet (Konformitätsvermutung).

Für das Inverkehrbringen einer Leuchte oder einer unabhängigen Leuchtenkomponente sind die zum Zeitpunkt des Inverkehrbringens aktuellen EMV-Normen aus dem Amtsblatt der EU anzuwenden, sofern sie zutreffend und aktuell sind. Immer dann, wenn die harmonisierten Normen nicht angewandt werden konnten oder können, ist als Alternative eine sogenannte EMV-Bewertung vom Hersteller durchzuführen. Dabei wird geprüft, ob trotz Abweichung von den gelisteten EMV-Normen eine Übereinstimmung mit den wesentlichen Anforderungen der EMV-Richtlinie noch angenommen werden kann. Freiwillig kann durch den Hersteller eine *notifizierte Stelle* gemäß EMV-Richtlinie eingeschaltet werden. Die *notifizierte Stelle* bestätigt oder verwirft die Gültigkeit des EMV-Konzeptes, das in der EMV-Bewertung beschrieben ist. Dieser Weg der Konformitätsbewertung wird oft in Fällen angewandt, in der eine Prüfung im Labor unverhältnismäßige Kosten aufwerfen würde oder schlicht nicht möglich ist, da zum Beispiel der Prüfling zu groß ist.

9.10.2 EMV-Anforderungen an die Notbeleuchtung

Durch die zunehmende Verwendung elektronischer Bauteile und Komponenten wird die EMV von Leuchten und Leuchtenzubehör immer wichtiger. Die Vielzahl elektronischer Komponenten in der Beleuchtungstechnik fordert eine zufriedenstellende Störfestigkeit in einer bestimmten elektromagnetischen Umgebung und eine begrenzte Störaussendung, um einen ungestörten Betrieb von Geräten zu ermöglichen.

Die aus dem Amtsblatt der EU entnommenen, für die EMV-Richtlinie anzuwendenden Normen sind in **Tabelle 9.3** dargestellt.

Eine Not- und Sicherheitsleuchte muss den gesetzlichen Anforderungen im Normalbetrieb und im Notbetrieb, d.h. bei Netzausfall, entsprechen. Die Anforderungen des Notbetriebs werden oft aufgrund der Verwendung – aus Sicht der EMV – „schlechter“ (einpulsiger) Wechselrichter nicht berücksichtigt und es kommen gerade im Notbetrieb Emissionen vor, die unter anderem den Funkverkehr der Notdienste beeinträchtigen.

Prüfbereich	Norm
hochfrequente Störemission	DIN EN 55015 [66] „... Funkstörungen von elektrischen Beleuchtungseinrichtungen ...“
Störfestigkeit	DIN EN 61547 [86] „... Anforderungen an die elektromagnetische Störfestigkeit von Beleuchtungseinrichtungen ...“
Störemissionen in das Stromnetz – Oberschwingungen	DIN EN 61000-3-2 [76] „Grenzwerte für Oberschwingungsströme ...”
Störemissionen in das Stromnetz – Flicker/Spannungsschwankungen	DIN EN 61000-3-3 [77] „Begrenzung von Spannungsänderungen, Spannungsschwankungen und Flicker in öffentlichen Niederspannungs-Versorgungsnetzen ...“

Tabelle 9.3 EMV-Normen für Beleuchtungseinrichtungen

9.10.2.1 Störemission

Bei der Prüfung der Störemission nach der für Leuchten anzuwendenden DIN EN 55015 (VDE 0875-15-1) [66] werden die unbeabsichtigten, hochfrequenten Funkstörungen, die von elektrischen Beleuchtungseinrichtungen ausgehen, gemessen.

Die nicht geplante Emission elektromagnetischer Felder von Geräten, die das Funkspektrum und andere Funkübertragungsstrecken stört, wird als Störemission (engl.: Spurious Emission) bezeichnet. Auch Geräte, die für eine Funkkommunikation ein Sendesignal ausstrahlen (Beispiel: GSM-Mobilfunkgerät), senden neben den gewollten (engl.: Intended Radiation) Signalen (der Sendefrequenz) auch unerwünschte (engl.: Unintended Radiation) Signale (Störemissionen) aus. Die unerwünschten elektromagnetischen Emissionen werden meist durch Schaltvorgänge (transient oder wiederholt) in digitalen Schaltkreisen oder durch geschaltete Leistungselektronik erzeugt. Auch die Vielfachen der für die Kommunikation genutzten Sendefrequenz eines Funkgerätes können Ursachen von Störemissionen sein. Mischprodukte oder Intermodulation (*harmonische Frequenzen*) an nichtlinearen

Kennlinien erzeugen neue Frequenzanteile neben der Sendefrequenz. Im Fall von Leuchten und Leuchtenkomponenten treten vor allem die Oberschwingungen der in den Schaltnetzteilen verwendeten, schnell schaltenden Leistungselektronik als Vielfache der Arbeitsfrequenz auf. Zunehmend treten auch Mikroprozessoren, die mit den Schaltnetzteilen kombiniert sind, als hochfrequente Störquellen in Erscheinung. Die höherfrequenten Frequenzanteile werden dabei durch die schnellen Schaltflanken der Leistungshalbleiter verursacht. Um die Energieeffizienz zu erhöhen, sollten die Transistoren in Schaltnetzteilen oder bei einer pulsweitenmodulierten Gleichspannung relativ schnell schalten. Daraus können sich aber im höheren Frequenzbereich Störemissionen ergeben. Hier handelt es sich um den klassischen Interessenkonflikt zwischen der Einhaltung der EMV-Grenzwerte und den Vorgaben der Energieeffizienzziele, der immer wieder gelöst werden muss.

„Die Norm EN 55015 [66] gilt für die Aussendung (Abstrahlung und Weiterleitung) hochfrequenter Störgrößen von Beleuchtungseinrichtungen mit der Hauptaufgabe, Licht zu Beleuchtungszwecken zu erzeugen und/ oder zu verteilen. Die Aussendung ist entweder für den Anschluss an das Niederspannungsnetz oder für den Batteriebetrieb vorgesehen." Somit gilt die Norm auch für die Not- und Sicherheitsbeleuchtung. In Abschnitt 7.5 der Norm wird darauf hingewiesen, dass Beleuchtungseinrichtungen in allen Betriebsarten die zutreffenden Grenzwerte einhalten müssen. Das heißt, für Notleuchten sind Messungen im Netz- bzw. Normalbetrieb (üblicherweise AC Wechselspannung) und bei ausgefallener allgemeiner Stromversorgung im Notbetrieb (üblicherweise DC Gleichspannung) erforderlich.

DIN EN 55015 (VDE 0875-15-1) [66] schreibt die Messung von folgenden, hochfrequenten Störungen vor:

a) Die *leitungsgeführte* Störspannung im Frequenzbereich von 9 kHz bis 30 MHz
   - an den sogenannten „Anschlüssen für leitungsgebundene Netze", darunter fallen AC- und DC-Stromversorgungsanschlüsse und Telekommunikationsnetzwerke (z. B. Ethernet, DALI).
   - an den sogenannten „lokalen Leitungsanschlüssen", darunter fallen Lastanschlüsse, Leitungen zu Lampen oder auch Steueranschlüsse, die nicht als Netz betrachtet werden (z. B. RS 485 oder eine DC-Steuerspannung).

b) Die abgestrahlte magnetische Störfeldstärke im Frequenzbereich von 9 kHz bis 30 MHz.

c) Die abgestrahlte elektrische Störfeldstärke, gemessen im Frequenzbereich von 30 MHz bis 1.000 MHz.

Notleuchten müssen in jeder Betriebsart die in DIN EN 55015 (VDE 0875-15-1) [66] festgelegten Grenzwerte einhalten.

Neben der Norm für die hochfrequente Störemission DIN EN 55015 (VDE 0875-15-1) [66] sind auch noch die Normen zu Netzrückwirkungen DIN EN 61000-3-2 (VDE 0838-2) [76] und DIN EN 61000-3-3 (VDE 0838-3) [77] im Frequenzbereich von 50 Hz bis 2 kHz zu erfüllen. Dabei werden Notleuchten nicht anders als normale Leuchten betrachtet. Die Grenzwerte sind identisch. Im Notbetrieb werden Notleuchten aus einer speziellen Stromquelle (üblicherweise mit DC Gleichspannung) versorgt und sind somit nicht mehr mit dem öffentlichen Niederspannungs-Versorgungsnetz verbunden. Im Notbetrieb sind daher die Normen zu den Netzrückwirkungen nicht verbindlich.

9.10.2.2 Störfestigkeit

Für die Prüfung der Störfestigkeit ist DIN EN 61547 (VDE 0875-15-2) [86] für Notbeleuchtung anzuwenden. Dabei sind beide möglichen Betriebsarten [Netz- bzw. Normalbetrieb (AC) und Notbetrieb (DC)] der Leuchte zu berücksichtigen und zu prüfen. Bei der Prüfung nach Abschnitt 6.2 der Norm im Notbetrieb werden besondere Anforderungen an die Bewertungskriterien gestellt.

9.10.3 EMF-Anforderungen an die Notbeleuchtung

9.10.3.1 Einleitung zu elektromagnetischen Feldern (EMF)

Der Mensch ist verschiedenen elektromagnetischen Strahlungen der Natur ausgesetzt. Im 20. Jahrhundert kamen die künstlich erzeugten elektromagnetischen Felder durch den Technikfortschritt hinzu. Durch die Nutzung moderner Technologie, wie der Mikrowelle und den Mobilfunkgeräten, begann das Misstrauen der Bevölkerung an den Auswirkungen der EMF zu steigen. Auch die bedrohlichen Hochspannungsleitungen verursachten bei so manchem Bürger ein ungutes Gefühl. Aus diesem Grund sind von IEEE und ICNIRP Grenzwerte der „Exposure to Human“ festgelegt worden, damit Gefahren für die Bevölkerung bei der Nutzung der modernen Technologien vermieden werden.

9.10.3.2 Wirkungen von EMF auf den menschlichen Organismus

Heute sind verschiedenartige biologische Wechselwirkungen von erhöhten elektromagnetischen Feldern mit dem menschlichen Organismus bekannt. Dazu zählen:

a) Verbrennungen,
b) Verursachung von Schlaflosigkeit,
c) Reizung von Muskeln und Nerven,
d) erhöhte Gewebetemperaturen,
e) Auslösung von Krebs durch langfristige Exposition mit geringer Dosis,
f) Schocks,
g) Senkung der Melatoninproduktion und
h) Überwindung der Blut-Hirn-Schranke.

Inwieweit eine Gefährdung der Gesundheit von Menschen oder anderen Organismen ausgelöst werden kann, wird auch unter Experten auf dem Gebiet der EMF zum Teil äußerst intensiv und kontrovers diskutiert.

Unstrittig sind die thermischen Schädigungen von Gewebe, die auch Laien als sichtbare Verbrennung bei einem „Stromschlag" bekannt sind. Ebenso unstrittig sind die Reizwirkungen auf Nerven (Zittern, Muskelverkrampfung), die Laien bei der Berührung von Spannungen über 50 V ebenfalls bekannt sind. Die thermische Wirkung elektromagnetischer Strahlung ist in Form des Mikrowellenkochgerätes bekannt. Bei hohen Feldstärken und Energiedichten kommt es zur Steigerung der Gewebetemperatur und bei entsprechenden Temperaturen zur Schädigung der Eiweißbausteine im Gewebe.

Auf Basis der wissenschaftlich nachweisbaren thermischen Wirkung und der Reizwirkung auf Nerven durch elektromagnetische Felder wurde international die ICNIRP-Richtlinie (International Commission on Non-Ionizing Radiation Protection) herausgegeben, auf die sich auch eine Ratsempfehlung der Europäischen Kommission zu EMF bezieht. Die ICNIRP Guideline empfiehlt Basisgrenzwerte und Referenzwerte für elektromagnetische Felder, die dann in Normen aufgegriffen werden.

9.10.4 Messverfahren zur Messung elektrischer Felder von Leuchten

Um die Einwirkung von elektromagnetischen Feldern auf den Menschen richtig bestimmen zu können, ist ein Modell notwendig, welches die Realität möglichst gut nachbildet. In **Bild 9.16** ist die Modellbildung gezeigt.

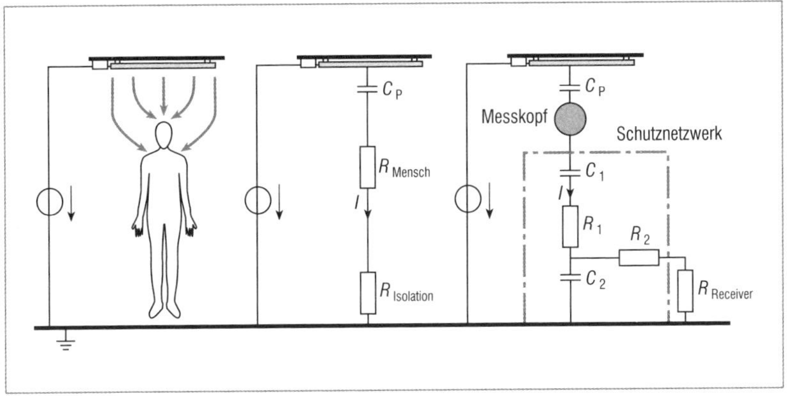

Bild 9.16 Modellbildung mit Van-der-Hoofden-Messkopf in DIN EN 62493 (VDE 0848-493) [90]

Die mit DIN EN 62493 (VDE 0848-493) [90] eingeführte neue Messmethode im Frequenzbereich von 20 kHz bis 10 MHz mit dem Van-der-Hoofden-Messkopf wird im Folgenden vorgestellt.

Die Modellbildung geht davon aus, dass ein überwiegend elektrisches Feld, verursacht von einer Leuchte, auf den menschlichen Körper einwirkt.

Durch die Frequenz und die Feldstärke fließt im menschlichen Körper ein Strom *I*. Dieser Strom fließt deshalb, weil der Mensch durch eine frequenzabhängige Impedanz eine Verbindung mit der Referenzmasse und somit einen Rückleiter zur Feldquelle in der Leuchte bildet.

In der typischen Anwendung einer Leuchte (Montage an der Decke) ist der Kopf die Stelle, die sich am nächsten an der Feldquelle (Leuchte) befindet. Um den Kopf nachzubilden, wird eine metallische Kugel als Nachbildung des menschlichen Kopfes (Van-der-Hoofden-Messkopf) verwendet.

Wie in Bild 9.16 dargestellt, kann der Mensch, gegenüber der Leuchte durch ein Ersatzschaltbild mit Körperwiderstand, Isolationswiderstand und parasitärer Kapazität nachgebildet werden.

Das Schutznetzwerk wird bei dem Messaufbau benötigt, da der Messempfänger sehr empfindlich ist und durch elektrostatische Entladungen bei Berührung des Metallkopfes zerstört werden könnte. Das Netzwerk bildet weiterhin einen Frequenzgang ab, der sich aus der theoretischen Ableitung des Messaufbaus ergibt und übernimmt die wellenwiderstandsrichtige Anpassung an den Messempfänger.

9.10.4.1 EMF-Leuchten, Norm DIN EN 62493

DIN EN 62493 (VDE 0848-493) [90] ermöglicht eine Beurteilung von Leuchten bezüglich der Exposition von Personen gegenüber elektromagnetischen Feldern (EMF).

Für den Anwendungsbereich der Norm sind alle Leuchten der allgemeinen Beleuchtung, die entweder an die Niederspannungsversorgung oder an den Batteriebetrieb anzuschließen sind, mit der primären Funktion der Erzeugung und/oder der Verteilung von Licht für Beleuchtungszwecke definiert.

Damit ist diese Produktnorm auch für Not- und Sicherheitsleuchten anzuwenden.

Die erste Ausgabe der DIN EN 62493 (VDE 0848-493) [90] ist im September 2010 erschienen und wurde im Frühjahr 2011 im Amtsblatt der EU unter der Niederspannungsrichtlinie gelistet. Damit muss die Norm bei Beleuchtungseinrichtungen auf der Konformitätserklärung für die Niederspannungsrichtlinie aufgeführt und somit verbindlich als Sicherheitsnorm angewandt werden.

In der Zwischenzeit ist bei IEC die zweite Ausgabe der Norm veröffentlicht und es ist damit zu rechnen, dass diese zweite Ausgabe von CENELEC übernommen und dann ebenfalls im Amtsblatt der EU veröffentlicht wird.

In der zweiten Ausgabe der Norm werden neben dem neuen Messverfahren im Frequenzbereich 20 kHz bis 10 MHz für das elektrische Feld mit dem Van-der-Hoofden-Messkopf auch die anderen relevanten Frequenzbereiche betrachtet. Hierbei werden Diagramme angegeben, die aufzeigen, bei welchen Lampentechnologien Messungen durchzuführen sind. Neben der Lampenspannung und den Lampenströmen spielen die Abmessungen der Lichtquellen eine Rolle.

9.10.4.2 Van-der-Hoofden-Messaufbau für Leuchten

Der spezielle Messaufbau für das neue Messverfahren aus der EMF-Norm kann, wie in **Bild 9.17** dargestellt, realisiert werden. Die Anordnung der Leuchte zum Messkopf im Detail und die notwendigen Abstände und Vorgehensweisen sind aus DIN EN 62493 (VDE 0848-493) [90] zu entnehmen.

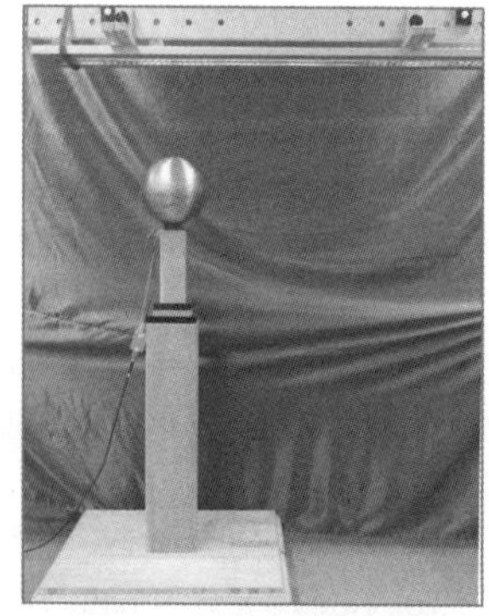

Bild 9.17 EMF-Messaufbau nach DIN EN 62493 (VDE 0848-493) [90] einer Langfeldleuchte

10 Elektrisch betriebene optische Sicherheitsleitsysteme

10.1 Einführung

Notbeleuchtung ist nach DIN EN 1838 [56b] über den Ausfall der Allgemeinbeleuchtung definiert und dient dem sicheren Verlassen eines Gebäudes oder Bereiches, der von einem Lichtausfall betroffen ist. Ist mit weiteren Gefahren zu rechnen, wie z. B. die durch Feuer zu erwartende Verrauchung, kann es erforderlich werden, die Not- und Sicherheitsbeleuchtung oder auch die reine Fluchtwegkennzeichnung mit hochmontierten Schildern nach ASR A1.3 *Sicherheits- und Gesundheitsschutzkennzeichnung* [32] durch *optische Sicherheitsleitsysteme* nach ASR A2.3 *Fluchtwege und Notbeleuchtung* [33] zu ergänzen.

So sammelt sich durch einen Brand üblicherweise Rauch an den Decken der von dem Brand betroffenen Bereiche. Diese Verrauchung kann dann die Wirksamkeit der Sicherheits- und Rettungszeichenleuchten der „hochmontierten“ Notbeleuchtung wirkungslos werden lassen (**Bilder 10.1, 10.2** und **10.3**), auch das Licht der Allgemeinbeleuchtung wäre betroffen, falls der Strom noch nicht ausgefallen ist. Durch z. B. solche Szenarien kann es erforderlich werden, die Notbeleuchtung durch *optische Sicherheitsleitsysteme* nach ASR A2.3 zu ergänzen.

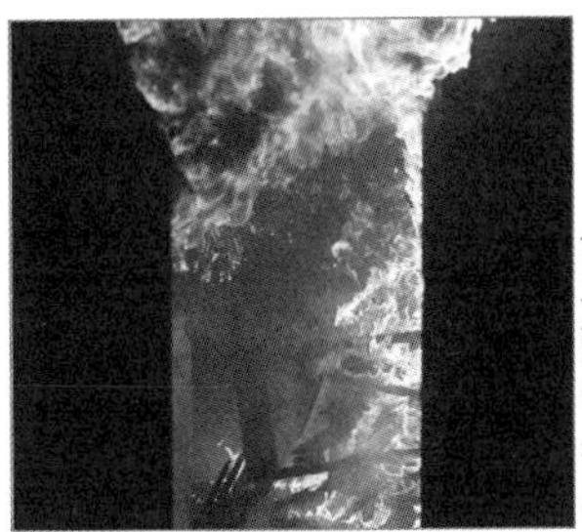

Quelle: © DPink68/iStockPhoto.com

Bild 10.1 Feuer in einem geschlossenen Raum

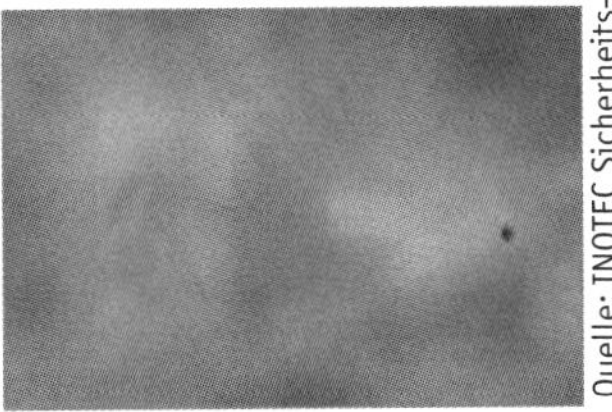

Quelle: INOTEC Sicherheitstechnik GmbH

Bild 10.2 Rettungszeichenleuchten hochmontiert, z. B. über Türen, sind im Rauch schnell nicht mehr erkennbar.

Quelle: © tiborgartner/iStockPhoto.com

Bild 10.3 Nach zwei bis drei Atemzügen im Rauch ohne Atemmaske tritt bereits die Bewusstlosigkeit ein.

10.2 Optische Sicherheitsleitsysteme nach ASR A2.3

Optische Sicherheitsleitsysteme nach ASR A2.3 *Fluchtwege und Notausgänge* [33] *sind auf den Boden aufgebrachte, in den Boden eingelassene oder bodennahe, durchgehende Leitsysteme (z.B. an Wänden), die mithilfe optischer Kennzeichnungen und Richtungsangaben einen sicheren Fluchtweg vorgeben. Sie dienen ebenfalls dem gefahrlosen Verlassen der Arbeitsstätte, auch bei Ausfall der Allgemeinbeleuchtung.*

Grundsätzlich bestehen diese Systeme aus einzelnen Elementen oder aus durchgehenden Leitlinien, die um Richtungsangaben ergänzt sind, deren Oberkante nicht höher als 40 cm über dem Boden liegt. Sie können lang nachleuchtend, elektrisch betrieben oder eine Kombination aus beidem sein. Elektrisch betriebene Leitsysteme haben den Vorteil gegenüber den nachleuchtenden Systemen, dass die Leuchtdichten der verbauten elektrischen Elemente viel höher sind und damit eine höhere Auffälligkeit haben.

Ein elektrisches System kann als dynamisches Leitsystem (siehe Abschnitt 10.4) ausgeführt werden, das seine Richtungsangaben ändern kann, indem es im Bedarfsfall automatisch oder manuell auf eine Gefahrenlage mit der Änderung der Fluchtrichtungsanzeige reagiert. Es ist sicherzustellen, dass die Richtungsangaben dieses dynamischen Systems nicht zu den Anzeigen der hochmontierten Rettungszeichenleuchten und Sicherheitszeichen im Widerspruch stehen.

10.3 In welchen Fällen ist ein Sicherheitsleitsystem zu errichten?

Die Technische Regel für Arbeitsstätten, ASR A2.3 [33] *Fluchtwege und Notausgänge*, in der neuen Ausgabe vom März 2022 sieht *optische Sicherheitsleitsysteme* als Ergänzung zur *Kennzeichnung mit hochmontierten Sicherheitszeichen* oder zusätzlich zur *Sicherheitsbeleuchtung als Orientierungshilfe* vor, niemals als Ersatz *für hochmontierte Sicherheitskennzeichnung,* noch als ein Ersatz für eine *erforderliche Sicherheitsbeleuchtung.*

Die in der bisherigen Technischen Regel für Arbeitsstätten, ASR A2.3 *Fluchtwege und Notausgänge, Flucht- und Rettungsplan*, enthaltenen Kriterien, wann ein Sicherheitsleitsystem erforderlich sein kann, sind entfallen. Diese Kriterien geben allerdings einen guten Rahmen vor, der bei einer Gefährdungsbeurteilung immer noch in Betracht gezogen werden sollte:

a) bei einer erhöhten Gefährdung aufgrund der örtlichen oder betrieblichen Bedingungen, z. B. in großen zusammenhängenden oder mehrgeschossigen Gebäudekomplexen,
b) bei einem hohen Anteil ortsunkundiger Personen oder einem hohen Anteil an Personen mit eingeschränkter Mobilität.

Diese Kriterien für ein Sicherheitsleitsystem sind nicht als abschließend zu betrachten. Je nach Brandschutzkonzept oder Gefährdungsbeurteilung ist es denkbar, ein Sicherheitsleitsystem dann vorzusehen, wenn Abweichungen von der Bauordnung bei Neubauten, Gebäudesanierungen oder auch in denkmalgeschützten Gebäuden erforderlich sind und dieses System als Kompensationsmaßnahme für diese Abweichungen aus der Bauordnung vereinbart ist.

ANMERKUNG zum Begriff Kompensation

Bauliche Maßnahmen als Standardvorgaben in den bauordnungsrechtlichen Vorschriften lassen sich oft durch anlagentechnische Lösungen kompensieren. Das gilt vor allem bei Umbauten und Sanierungen im Bestand, besonders in denkmalgeschützten Gebäuden, wo nachträgliche bauliche Lösungen gemäß den Vorgaben heutiger Bauordnungen häufig nicht umsetzbar sind.

10.4 Dynamische Fluchtweglenkung

Bei der Errichtung von dynamischen Sicherheitsleitsystemen hat sich herausgestellt, dass die Anforderungen aus den Technischen Regeln für Arbeitsstätten ASR für eine dynamische Fluchtweglenkung teilweise nicht praxisgerecht beschrieben sind. Die nachfolgenden Ausführungen bringen die Anforderungen der ASR mit den Anforderungen für eine dynamische Fluchtweglenkung, angepasst an bauliche Gegebenheiten, zusammen.

Eine dynamische Fluchtweglenkung ist grundsätzlich als Ergänzung zu einer klassischen Not- und Sicherheitsbeleuchtung zu betrachten, sodass nicht nur der Spannungsausfall, sondern auch der Brandfall oder andere Gefahren betrachtet und abgedeckt werden.

Eine Sicherheitsbeleuchtung, die an eine selbsttätig einsetzende Spannungsquelle für Sicherheitszwecke angeschlossen ist, sorgt bei einem Spannungsausfall für die Beleuchtung von bestimmten Bereichen sowie für die Beleuchtung oder Hinterleuchtung von hochmontierten Rettungszeichen, die den Fluchtweg kennzeichnen. Wenn diese „undynamische" Kennzeichnung der Sicherheitsbeleuchtung durch ein bodennahes dynamisches

Fluchtwegleitsystem ergänzt wird, müssen auch die hochmontierten Rettungszeichen der Sicherheitsbeleuchtung dynamisiert werden. Ganz wichtig ist, dass die bodennahe Kennzeichnung nicht im Widerspruch zur angezeigten Fluchtrichtung durch die hochmontierte Kennzeichnung der Sicherheitsbeleuchtung stehen darf.

Beim Verbrennen von 1 kg Papier entstehen etwa 800 m^3 dichter Rauch. Nach zwei bis drei Atemzügen im dichten Rauch tritt bereits die Bewusstlosigkeit ein. Etwa 85 % aller Brandopfer sterben durch eine Rauchvergiftung. Die Schlussfolgerung daraus ist, das größte Problem bei einem Brand ist der Rauch, nicht das Feuer.

Rauch ist heiß, sammelt sich daher an der Decke und kann bewirken, dass die Allgemeinbeleuchtung und auch die Sicherheitsbeleuchtung unwirksam werden. Hochmontierte Rettungszeichen sind ebenfalls nicht mehr zu erkennen, sodass die Kennzeichnung des Fluchtwegverlaufs nicht mehr wirksam ist. Eine flüchtende Person bewegt sich unter Umständen in völliger Dunkelheit ohne jegliche technische Unterstützung zur Orientierung.

Es ist davon auszugehen, dass sich über dem Boden eine rauchfreie oder raucharme Zone von ca. 1 m Höhe (abhängig von Raumhöhe und -ausdehnung sowie von der Intensität des Feuers) bildet, in der Orientierung, Atmung und Überleben noch möglich sind (**Bild 10.4**).

Die Elemente des Sicherheitsleitsystems müssen daher bodennah montiert sein, damit sie Personen, die sich innerhalb eines verrauchten Bereiches befinden, Orientierung ermöglichen. Erforderlich ist daher eine brandfallabhängige Steuerung der Fluchtrichtungsangabe, idealerweise verbunden mit einer Lauflichtfunktion, um auf dem kürzesten Weg aus dem Gefahrenbereich herauszuleiten.

Das System muss gleichzeitig verhindern, dass Personen in einen verrauchten Bereich flüchten. Hierzu muss die Beschilderung der Fluchtwege

Quelle: INOTEC Sicherheitstechnik GmbH

Bild 10.4 Zu erwartende Rauchausbreitung und Folge für Beleuchtung und Kennzeichnung eines Fluchtweges

veränderbar sein, d.h. dynamisch. Daraus folgt, dass die statische Anzeige der Rettungszeichenleuchten der Sicherheitsbeleuchtung mindestens in Teilbereichen durch Leuchten mit dynamischer Richtungsangabe ergänzt oder ersetzt werden müssen. Denn die hochmontierten Leuchten dürfen nicht im Widerspruch zu den bodennah montierten Leitmarkierungen stehen, sie müssen dieselbe Fluchtrichtung anzeigen (**Bilder 10.5** und **10.6**).

Dynamische Rettungszeichenleuchten müssen daher alternative Fluchtrichtungen anzeigen und den Fluchtweg durch ein zu bestimmendes Symbol sperren oder optisch neutralisieren können.

Da ein dynamisches Fluchtwegleitsystem in Abhängigkeit vom Brandherd eine sichere Fluchtrichtung anzeigen muss, muss im Gebäude eine Brandmeldeanlage (BMA) vorhanden sein. Die Meldungen über ein Ereignis in einem Gebäude werden von dieser BMA auf das Sicherheitsleitsystem geschaltet, sodass diese Information zur Ansteuerung der dynamischen Leuchten weiterverarbeitet wird (**Bilder 10.7**, **10.8** und **10.9**).

Um die Funktionssicherheit des Leitsystems auch bei einem Spannungsausfall im Gebäude zu gewährleisten, muss es an eine selbsttätig einsetzende Stromquelle für Sicherheitszwecke angeschlossen sein. Dies kann z.B. ein Zentralbatteriesystem oder eine Netz-Ersatzanlage sein, mit einer von der Gefährdungssituation abhängigen Bemessungsbetriebsdauer.

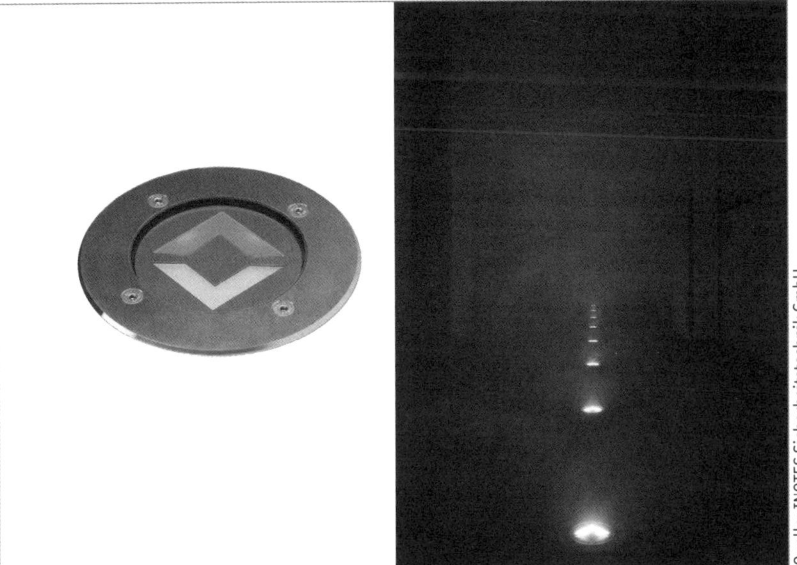

Quelle: INOTEC Sicherheitstechnik GmbH

Bild 10.5 Bodeneinbauleuchte mit dynamischer Fluchtweganzeige

Bild 10.6 Beispiele für Leuchten mit Richtungsvariablen Fluchtweganzeige

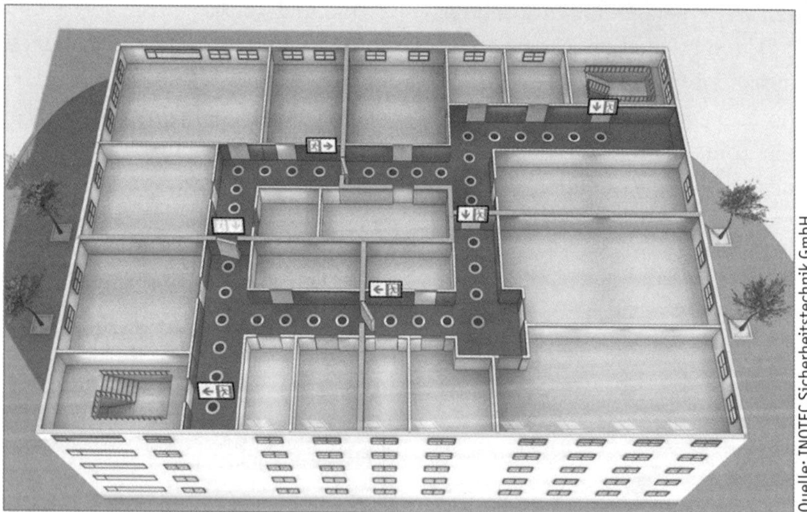

Bild 10.7 Kein Ereignis im Gebäude – der kürzeste Flucht- und Rettungsweg ist jeweils angezeigt

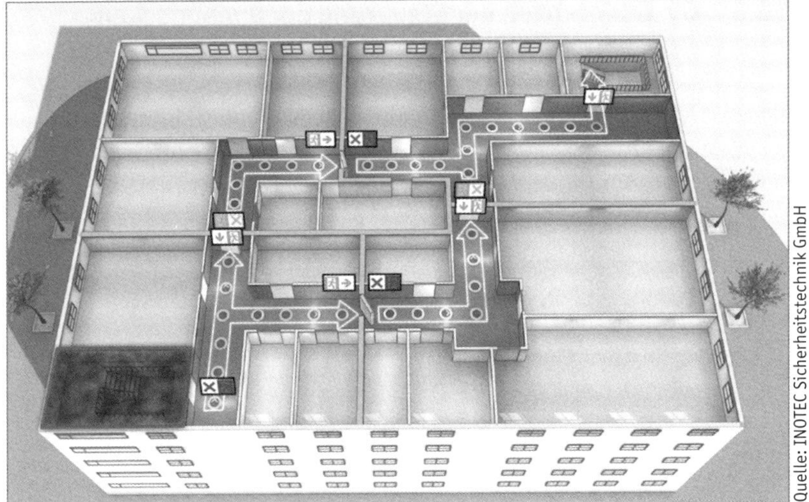

Quelle: INOTEC Sicherheitstechnik GmbH

Bild 10.8 Verrauchung eines Treppenhauses führt zur Sperrung des Fluchtweges in Richtung des Treppenhauses – Lauflichtfunktion und Kennzeichnung führen weg vom Brandherd

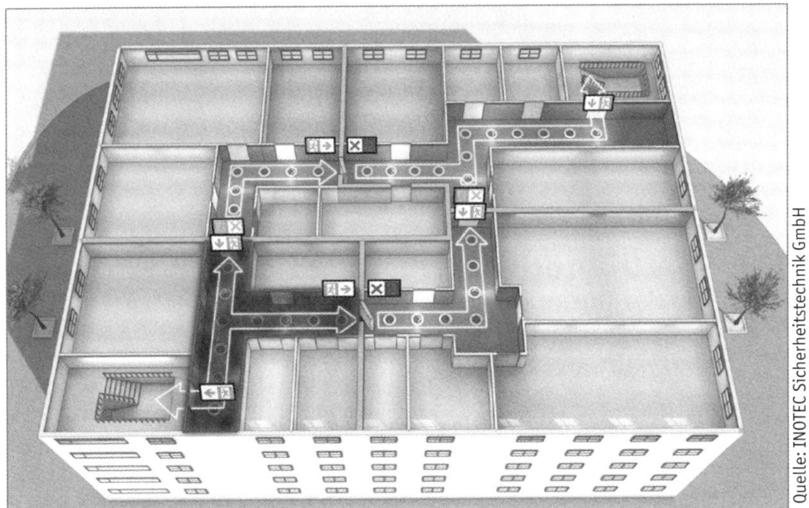

Quelle: INOTEC Sicherheitstechnik GmbH

Bild 10.9 Verrauchung eines Brandabschnittes führt zur Sperrung des Fluchtweges in Richtung dieses Brandabschnittes – Lauflichtfunktion und Kennzeichnung führen weg vom Brandherd

10.5 Systemgrenzen der Steuerung der dynamischen Leitsysteme

Neuere Gebäude sind oder werden mit baulichem und technischem Brandschutz ausgerüstet (Brandwände, Rauchschutz, Brandschutzklappen etc.). Üblicherweise wird in einem Brandschutzkonzept für diese Gebäude davon ausgegangen, dass ein Brandereignis auf einen Brandabschnitt räumlich begrenzt bleibt. Das heißt, eine Auswertung des ersten Brandfalls/Fehlerfalls ermöglicht eine einfache und zugleich sehr effektive Ansteuerung des Sicherheitsleitsystems.

Ein dynamisches Fluchtwegleitsystem gekoppelt mit einer Brandmeldeanlage unterstützt eine effektive Evakuierung eines Gebäudes im Brandfall. Damit die Ansteuerung des Sicherheitsleitsystems nicht zu komplex wird, bietet es sich an, die Rauchmelder in einem Brandabschnitt (oder Rauchabschnitt) zu nur einer Meldung zusammenzufassen. Daraus ergibt sich eine übersichtliche Brandfallsteuermatrix, was eine einfache Prüfung des Gesamtsystems auf dessen einwandfreie Funktion ermöglicht.

Sollte sich das Brandereignis von einem Brandabschnitt in räumlich nicht zusammenhängende Bereiche ausweiten, was eigentlich nicht zu erwarten ist, ist die hier vorgestellte Ansteuerung entsprechend komplex zu ergänzen. Gegebenenfalls muss die Gefahrenmeldeanlage um weitere Gefahrenauswertungskriterien ergänzt werden. Der Funktionserhalt muss für eine der Gefahrensituation angepasste Zeit sichergestellt werden.

10.6 Elektrisch betriebene optische Sicherheitsleitsysteme in der Normung

Die internationale Norm ISO 16069 *Graphical symbols – Safety signs – Safety way guidance systems* [105a] ist die erste Technische Regel, die zu optischen Sicherheitsleitsystemen erschienen ist. Sie ist inzwischen auch ins nationale Normenwerk als DIN ISO 16069 [105b] übernommen worden. Sie wird allerdings bisher nicht verbindlich für die Errichtung elektrischer Leitsysteme herangezogen.

Die DKE (Deutsche Kommission Elektrotechnik Elektronik Informationstechnik in DIN und VDE) greift in DIN VDE V 0108-200 (VDE V 0108-200) [105c] *Elektrisch betriebene optische Sicherheitsleitsysteme* auf, stark angelehnt an die ASR A2.3 [33]. Hier werden detailliertere Mindestanforderungen an die Errichtung eines elektrisch betriebenen optischen Sicherheitsleitsystems beschrieben. Zusätzliche Begrifflichkeiten sorgen zudem für klarere Unterscheidungen zwischen verschiedenen bodennahen Systemen.

Das wesentliche Element des elektrischen Leitsystems, die kontinuierlich wiederholten bodennahen elektrischen Lichtpunkte der Leitfunktion (siehe Bild 10.5), werden hier als *Lichtmarkerkette* beschrieben (siehe **Bild 10.10**).

Neben den Lichtmarkerketten, die aus einzelnen Leuchten oder auch LED-Streifen bestehen können, sind die lichttechnischen Anforderungen, wie die Leuchtdichte je Marker und deren Maximalabstand, zueinander festgelegt.

Dynamisch elektrisch betriebene optische Sicherheitsleitsysteme sollen sowohl Personen in sichere Bereiche leiten, wie auch verhindern, dass Personen in Gefahrenbereiche geleitet werden. Als Standardrichtung weist das dynamische elektrisch betriebene optische Sicherheitsleitsystem nach DIN VDE V 0108-200 (VDE V 0108-200) [105c] den ersten Fluchtweg aus. Wird die normale Richtungsanzeige durch eine von der Gefahrenmeldeanlage erkannte Gefährdung geändert, ist vorgesehen, diese Abweichungen von der Standardrichtung Maßnahmen zur Erhöhung der Wahrnehmbarkeit zu betonen. Denkbar sind z. B. Sicherheitszeichen, die in einem vorgegebenen Rhythmus blinken.

Quelle: INOTEC Sicherheitstechnik GmbH

Bild 10.10 Dynamische Lichtmarkerkette Wandeinbau

Zur Einbindung des elektrischen Sicherheitsleitsystems in eine Gefahrenmeldeanlage (GMA) werden im Anhang B von in DIN VDE V 0108-200 (VDE V 0108-200) [105c] Blockschaltbilder gezeigt. Die hier zusammengeschalteten Anlagen setzen voraus, dass sie den für sie relevanten Vorschriften und Normen entsprechen (**Bild 10.11**).

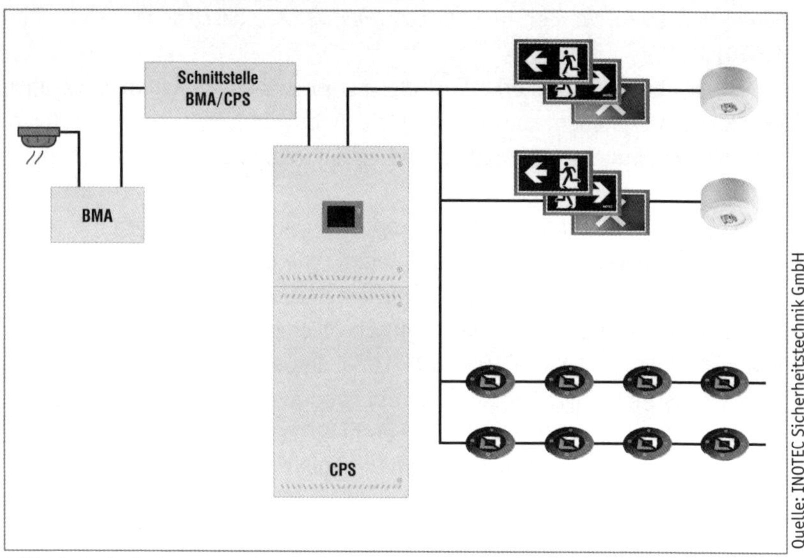

Bild 10.11 Verknüpfung von GMA und CPS und Elementen eines dynamischen Leitsystems

Anhang

Anhang A Begriffe

	Definition/Erläuterung	Quelle
Beleuchtung für **Rettungswege**, Sicherheits-	Der Teil der Notbeleuchtung, der die Beleuchtung für die Sicherheit von Personen sicherstellt, die einen Bereich verlassen oder die versuchen, einen gefährlichen Arbeitsvorgang zu beenden, bevor ein Bereich geräumt wird.	DIN EN IEC 605982-22 (VDE 0711-2-22) [74]
Beleuchtung, **Antipanik-**	Teil der Sicherheitsbeleuchtung, der der Panikvermeidung dienen soll, und der es Personen erlaubt, eine Stelle zu erreichen, von der aus ein Rettungsweg eindeutig als solcher erkannt werden kann. ANMERKUNG: In einigen Ländern ist diese Beleuchtung als „Open Area Beleuchtung" bekannt.	DIN EN 1838 [56b]
Beleuchtung, **Ersatz-**	Teil der Notbeleuchtung, der vorgesehen ist, um normale Tätigkeiten im Wesentlichen unverändert fortsetzen zu können. [IEC 60050-845]	DIN EN 1838 [56b]
Beleuchtung, **Ersatz-**	Der Teil der Notbeleuchtung, der eine im Wesentlichen unveränderte Fortsetzung der normalen Tätigkeit ermöglicht.	DIN EN IEC 60598-2-22 (VDE 0711-2-22) [74]
Beleuchtung, **Not-**	Beleuchtung, die bei Störung der Stromversorgung der allgemeinen künstlichen Beleuchtung wirksam wird.	DIN EN 1838 [56a]
Beleuchtung, **Not-**	Beleuchtung, die wirksam wird, wenn die Stromversorgung der Allgemeinbeleuchtung ausfällt. ANMERKUNG zum Begriff: Notbeleuchtung schließt die Sicherheitsbeleuchtung für Rettungswege, die Beleuchtung von Arbeitsstätten mit besonderer Gefährdung und die Ersatzbeleuchtung ein.	DIN EN IEC 60598-2-22 (VDE 0711-2-22) [74]
Beleuchtung, **Sicherheits-**	Teil der Notbeleuchtung, der Personen das sichere Verlassen eines Raumes oder Gebäudes ermöglicht, oder der es Personen ermöglicht, vor dem Verlassen einen potenziell gefährlichen Arbeitsablauf zu beenden.	DIN EN 1838 [56b]
Beleuchtung, Sicherheits- – für **Tätigkeiten, Arbeitsplätze, Arbeitsräume** und **Bereiche**	Bereiche von Arbeitsstätten, in denen die Beschäftigten bei Ausfall der Allgemeinbeleuchtung Gefährdungen für Sicherheit und Gesundheit ausgesetzt sind, müssen eine ausreichende Sicherheitsbeleuchtung haben.	ASR A3.4 [34]
Beleuchtung, Sicherheits- – für **Arbeitsstätten mit besonderer Gefährdung**	Teil der Sicherheitsbeleuchtung, der der Sicherheit von Personen dienen soll, die sich in potentiell gefährlichen Arbeitsabläufen oder Situationen befinden, und der es ermöglicht, notwendige Abschaltmaßnahmen zur Sicherheit des Bedienungspersonals und anderer in den Räumlichkeiten befindlicher Personen zu treffen.	DIN EN 1838 [56b]
Beleuchtung, Sicherheits- – für **Rettungswege**	Teil der Sicherheitsbeleuchtung, der es ermöglicht, Rettungseinrichtungen eindeutig zu erkennen und sicher zu benutzen, sofern Personen anwesend sind.	DIN EN 1838 [56b]
Beleuchtungsstärke, Mindest-	Geforderte Beleuchtungsstärke einer Notbeleuchtung/Sicherheitsbeleuchtung während der gesamten **Bemessungsbetriebsdauer**.	DIN VDE V 0100-560-1 [97b]

	Definition/Erläuterung	Quelle
Bereich, **gesicherter**	Gesicherter Bereich ist ein Bereich, in dem Personen vorübergehend vor einer unmittelbaren Gefahr für Leben und Gesundheit geschützt sind. Als gesicherte Bereiche innerhalb von Gebäuden gelten insbesondere benachbarte Brandabschnitte und notwendige Treppenräume nach dem Bauordnungsrecht. Als gesicherter Bereich außerhalb von Gebäuden können z. B. Außentreppen, begehbare Dachflächen oder offene Gänge gelten, wenn diese im Gefahrenfall ausreichend lang sicher benutzbar sind und ins Freie führen.	ASR A2.3 [33]
Bereich, **sicherer**	Ausgewiesener Bereich, an dem sich flüchtende Personen sicher versammeln können und nicht durch die Notsituation gefährdet werden.	DIN VDE V 0108-100-1 [96b], DIN EN 1838 [56b]
Bereich, **sicherer** – Sammelstelle	Eine Sammelstelle ist ein sicherer Bereich, an dem sich die im Fall einer Evakuierung flüchtenden Personen einfinden müssen.	ASR A2.3 [33]
Bereich, **sicherer** – außerhalb des Gebäudes, das Freie	Das Freie im Sinne dieser ASR ist ein sicherer Bereich außerhalb des Gebäudes, in dem Personen durch den Gefahrenfall nicht beeinträchtigt werden. Dies ist gegeben, wenn auf dem Betriebsgelände oder auf öffentlichen Verkehrsflächen ein sicherer Abstand erreicht werden kann. Als das Freie gelten z. B. nicht: 1. Innenhöfe, die keinen ausreichenden Schutz im Gefahrenfall bieten, 2. Dachflächen oder 3. Balkone.	ASR A2.3 [33]
Betrieb, **Not**-	Zustand einer selbstversorgten Notleuchte, die Licht bereitstellt, wenn sie von ihrer internen Energiequelle gespeist wird, nachdem die allgemeine Stromversorgung ausgefallen ist.	DIN EN IEC 60598-2-22 (VDE 0711-2-22) [74]
Betrieb, **Bereitschafts**-	Betriebszustand eines Beleuchtungssystems, in dem die Lampen der Sicherheitsbeleuchtung nur nach Ausfall der allgemeinen Beleuchtung in Betrieb sind.	DIN VDE V 0108-100-1 (VDE V 0108-100-1) [96b]
Betrieb, **Dauer**-	Betriebszustand eines Beleuchtungssystems, in dem die Lampen der Sicherheitsbeleuchtung ständig in Betrieb sind, wenn eine allgemeine Beleuchtung oder Sicherheitsbeleuchtung erforderlich ist.	DIN VDE V 0108-100-1 (VDE V 0108-100-1) [96b]
Betrieb, **Normal-**, auch Netzbetrieb	Zustand einer selbstversorgten Notleuchte bei anliegender allgemeiner Stromversorgung, die für den Notbetrieb betriebsbereit ist. ANMERKUNG zum Begriff: Bei einer Störung der allgemeinen Stromversorgung schaltet die selbstversorgte Notleuchte automatisch in den Notbetrieb um.	DIN EN IEC 60598-2-22 (VDE 0711-2-22) [74]
Betriebsdauer, Bemessungs-	Vom Hersteller angegebene Dauer, für die der **Bemessungslichtstrom** abgegeben wird.	DIN EN IEC 60598-2-22 (VDE 0711-2-22) [74] DIN VDE V 0108-100-1 (VDE V 0108-100-1) [96b]
Distanzfaktor *z*	Verhältnis zwischen der Höhe (*h*) eines Zeichens und der Erkennungsweite (*l*) zur Ermittlung der Erkennungsweite (Betrachtungsabstand) eines Zeichens: $z = l/h$	DIN ISO 3864-1 [94]
Erkennbarkeit	Eigenschaft eines graphischen Symbols, die es ermöglicht, dass dessen Elemente als die dargestellten Objekte oder Formen wahrgenommen werden können.	DIN ISO 3864-1 [94]
Erkennungsweite	Erkennungsweite ist der größtmögliche Abstand zu einem Sicherheitszeichen, bei dem dieses noch lesbar und hinsichtlich Form und Farbe erkennbar ist.	ASR A1.3 [32]
Erkennungsweite, sichere	(Betrachtungs-)Abstand zwischen einer Person und einem Sicherheitszeichen, aus dem die Person das Sicherheitszeichen noch erkennen kann und die Möglichkeit hat, der Sicherheitsaussage Folge zu leisten.	DIN ISO 3864-1 [94]

	Definition/Erläuterung	Quelle
Fernausschalt-betrieb	Zustand einer selbstversorgten Notleuchte, die von einem Fernbedienungsgerät außer Betrieb genommen wurde, während die allgemeine Stromversorgung anliegt, sodass die Leuchte dann bei Störung der allgemeinen Stromversorgung nicht in den Notbetrieb umschaltet.	DIN EN IEC 60598-2-22 (VDE 0711-2-22) [74]
Fernausschalt-vorrichtung	Vorrichtung für die Fernausschaltung einer Leuchte, die zu einer Notbeleuchtungsanlage gehört.	DIN EN IEC 60598-2-22 (VDE 0711-2-22) [74]
Fernbediengerät	Teil eines Systems, das Informationen zu/von den Leuchten für die Notbeleuchtung sendet und/oder empfängt und auch Prüfergebnisse anzeigen kann.	DIN EN 62034 (VDE 0711-400) [88]
Fluchtweg, **erster**	siehe *Hauptfluchtwege*	
Fluchtweg, **zweiter**	siehe *Nebenfluchtwege*	
Fluchtwege	Fluchtwege sind Verkehrswege, an die besondere Anforderungen zu stellen sind und die der selbstständigen Flucht aus einem möglichen Gefahrenbereich und in der Regel zugleich der Rettung von Personen dienen. Der Fluchtweg beginnt an allen Orten in der Arbeitsstätte, zu denen Beschäftigte im Rahmen ihrer Arbeit Zugang haben oder sich bei der Nutzung von Neben-, Sanitär-, Kantinen-, Pausen- und Bereitschaftsräumen, Erste-Hilfe-Räumen und Unterkünften aufhalten. Außentreppen, begehbare Dachflächen oder offene Gänge können Teil eines Fluchtweges sein. ANMERKUNG 1 zum Begriff: Fluchtwege im Sinne dieser Regel sind auch die im Bauordnungsrecht definierten Rettungswege, sofern sie selbstständig begangen werden können. ANMERKUNG 2 zum Begriff: Fluchtwege werden unterschieden in Haupt- und Nebenfluchtwege. ANMERKUNG 3: siehe auch Fluchtweg	ASR A2.3 [33]
Fluchtwege, **Haupt-**	Hauptfluchtwege (bisher erste Fluchtwege) sind insbesondere die zur Flucht erforderlichen Verkehrswege, die nach dem Bauordnungsrecht notwendigen Flure und Treppenräume für notwendige Treppen sowie die Notausgänge.	ASR A2.3 [33]
Fluchtwege, **Neben-**	Nebenfluchtwege (bisher zweite Fluchtwege) sind zusätzliche Fluchtwege, die ebenfalls ins Freie oder in einen gesicherten Bereich führen.	ASR A2.3 [33]
Raum, gefangener	Gefangener Raum ist ein Raum, der keinen direkten Zugang zu einem Flur hat und ausschließlich durch einen anderen Raum zugänglich ist.	ASR A2.3 [33]
Leitmarkierung	Leitmarkierungen sind durchgehend und gut sichtbar im Verlauf des Hauptfluchtweges auf dem Fußboden oder an Wänden anzubringen. Die Oberkante der Markierung darf nicht höher als 40 cm über dem Fußboden liegen.	ASR A2.3 [33]
Leuchte für **Allgemein-beleuchtung**	Leuchte, die nicht für eine bestimmte Anwendung gebaut ist. ANMERKUNG zum Begriff: Beispiele für Leuchten für Allgemeinbeleuchtung sind Hängeleuchten, einige Strahlerleuchten und gewisse ortsfeste Leuchten zur Befestigung auf Flächen oder in Einbauräumen. Beispiele für Leuchten für besondere Anwendung sind Leuchten für rauen Betrieb, Foto- und Film-Anwendung und Schwimmbäder.	DIN EN IEC 60598-1 (VDE 0711-1) [71]
Leuchte mit Einzelbatterie mit **automatischem Prüfsystem**	Notleuchte mit Einzelbatterie und eingebauten Prüfeinrichtungen zur Auslösung von Prüfungen und für die Anzeige der Ergebnisse.	DIN EN 62034 (VDE 0711-400) [88]

	Definition/Erläuterung	Quelle
Leuchte, **Einbau-**	Leuchte, die vom Hersteller dazu vorgesehen ist, ganz oder teilweise in ihre Befestigungsfläche hinein montiert zu werden. ANMERKUNG zum Begriff: Der Begriff gilt sowohl für Leuchten zur Verwendung in abgeschlossenen Aussparungen als auch für Leuchten zur Verwendung in Deckenausschnitten, z. B. in einer abgehängten Decke.	DIN EN IEC 60598-1 (VDE 0711-1) [71]
Leuchte, **Einzelbatterie-**	siehe *selbstversorgte Notleuchte*	
Leuchte, **gewöhnliche**	Leuchte, die den Schutz gegen zufällige Berührung aktiver Teile sicherstellt. Sie gewährleistet jedoch keinen besonderen Schutz gegen Staub, feste Fremdkörper oder Wasser.	DIN EN IEC 60598-1 (VDE 0711-1) [71]
Leuchte, **Mutter-**	siehe *selbstversorgte Verbund-Notleuchte*	
Leuchte, **Not-** – mit Einzelbatterie	siehe *selbstversorgte Notleuchte*	
Leuchte, **Not-** – in **Bereitschafts-schaltung**	Leuchte, bei der die Lampen für die Notbeleuchtung nur in Betrieb sind, wenn die Stromversorgung für die Allgemeinbeleuchtung ausfällt.	DIN EN IEC 60598-2-22 (VDE 0711-2-22) [74]
Leuchte, **Not-** – in **Dauer-schaltung**	Leuchte, bei der die Lampen für die Notbeleuchtung immer dann gespeist werden, wenn Allgemeinbeleuchtung oder Notbeleuchtung erforderlich ist.	DIN EN IEC 60598-2-22 (VDE 0711-2-22) [74]
Leuchte, **Not-** – **selbst-versorgte**	Leuchte für Dauerschaltung oder Bereitschaftsschaltung, bei der alle Elemente, wie die Stromquelle für Sicherheitszwecke (ESSS), die Lampe, die Steuereinheit und die Prüf- und Überwachungseinrichtungen, sofern vorhanden, in der Leuchte oder in der Nähe der Leuchte (d. h. innerhalb einer Leitungslänge von 1 m) untergebracht sind.	DIN EN IEC 60598-2-22 (VDE 0711-2-22) [74]
Leuchte, **Not-** – selbstversorg-te **Verbund-Notleuchte**	Selbstversorgte Leuchte für Dauerschaltung oder Bereitschaftsschaltung mit Notversorgung für den Betrieb einer Satellitenleuchte. ANMERKUNG zum Begriff: neue Benennung der bisherigen Mutter-/Tochterleuchte	DIN EN IEC 60598-2-22 (VDE 0711-2-22) [74]
Leuchte, **Not-** – **zentral versorgte**	Leuchte in Dauerschaltung oder Bereitschaftsschaltung, die von einem zentralen Notstromversorgungssystem gespeist wird, das nicht in der Leuchte enthalten ist.	DIN EN IEC 60598-2-22 (VDE 0711-2-22) [74]
Leuchte, **Not-** – **ortsveränder-liche** selbst-versorgte	Ortsveränderliche Leuchte für die Notbeleuchtung, bei der alle Elemente, wie die Stromquelle für Sicherheitszwecke (ESSS), die Lampe(n), die Steuereinheit, ein manueller Schalter zum Ein- oder Ausschalten einer oder mehrerer Lampen und die Prüf- und Überwachungseinrichtungen, sofern vorhanden, in der Leuchte enthalten sind, die für die Verwendung im Notlichtbetrieb von ihrer Basiseinheit gelöst werden kann.	DIN EN IEC 60598-2-22 (VDE 0711-2-22) [74]
Leuchte, **Not-** – **kombinierte**	Leuchte, die zwei oder mehr Lampen besitzt, von denen mindestens eine von der Notlichtversorgung und die andere(n) von dem Netz der Allgemeinbeleuchtung gespeist wird (werden). ANMERKUNG zum Begriff: Eine kombinierte Notleuchte befindet sich entweder in Dauer- oder in Bereitschaftsschaltung.	DIN EN IEC 60598-2-22 (VDE 0711-2-22) [74]
Leuchte, **Not-** – montiert an **Lichtschienen-systeme**	Notleuchte, die speziell für die Verwendung an Lichtschienensystemen konstruiert ist.	DIN EN IEC 60598-2-22 (VDE 0711-2-22) [74]

	Definition/Erläuterung	Quelle
Leuchte, **orts-feste**	Leuchte, die sich nicht leicht von einer Stelle zu einer anderen bewegen lässt, entweder, weil sie so befestigt ist, dass sie nur mit Werkzeug entfernt werden kann, oder weil sie nur zur Befestigung außerhalb des Handbereiches vorgesehen ist. ANMERKUNG zum Begriff: Im Allgemeinen sind ortsfeste Leuchten für den festen Anschluss an das Netz vorgesehen. Der Anschluss an das Netz darf aber auch über Stecker oder dergleichen erfolgen.	DIN EN IEC 60598-1 (VDE 0711-1) [71]
Leuchte, **orts-veränderliche**	Leuchte, die im bestimmungsgemäßen Gebrauch von einer Stelle zur anderen bewegt werden kann, während sie an das Netz angeschlossen ist.	DIN EN IEC 60598-1 (VDE 0711-1) [71]
Leuchte, **Satelliten-Notleuchte**	Leuchte für Dauerschaltung oder Bereitschaftsschaltung, die im Notbetrieb von einer zugehörigen Verbund-Notleuchte versorgt wird. ANMERKUNG zum Begriff: neue Benennung der bisherigen Mutter-/Tochterleuchte	DIN EN IEC 60598-2-22 (VDE 0711-2-22) [74]
Leuchte, **Tochter-**	siehe *Satelliten Notleuchte*	
Leuchten, **alternative**	Leuchten, die so konfiguriert sind, dass Prüfungen, die durch das automatische Prüfsystem ausgeführt werden, nicht zur gleichen Zeit an zwei benachbarten Leuchten erfolgen.	DIN EN 62034 (VDE 0711-400) [88]
Leuchtensystem **mit Einzel-batterie**	System, das Prüfungen einer oder mehrerer Notleuchte(n), die an ein Fernbediengerät angeschlossen ist/sind, mit Einzelbatterie ausführt. Die Ergebnisse werden in geeigneter Weise am Fernbediengerät anzeigt.	DIN EN 62034 (VDE 0711-400) [88]
Leuchtensystem, **zentral-versorgtes**	System, das Prüfungen einer oder mehrerer Notleuchte(n), die an ein Zentralstromversorgungssystem oder an ein ferngespeistes Stromversorgungssystem angeschlossen ist/sind ausführt. Die Ergebnisse werden in geeigneter Weise am Fernbediengerät angezeigt.	DIN EN 62034 (VDE 0711-400) [88]
Lichtstrom, Bemessungs- – der Notleuchte	**Lichtstrom** nach Angabe des Herstellers, der innerhalb von 60 s (0,5 s für Arbeitsstätten mit besonderer Gefährdung) nach einer Störung der allgemeinen Stromversorgung kontinuierlich bis zum Ende der **Bemessungsbetriebsdauer** beibehalten wird.	DIN EN IEC 60598-2-22 (VDE 0711-2-22) [74]
Montagehöhe	Senkrechter Abstand zwischen einer Leuchte und dem Fußboden.	DIN VDE V 0108-100-1 [96b]
Notausgang	Ein Notausgang ist ein Ausgang im Verlauf eines Hauptfluchtweges, der direkt ins Freie oder in einen gesicherten Bereich führt.	ASR A2.3 [33]
Notausgang	Weg nach außen, der dafür vorgesehen ist, im Notfall benutzt zu werden.	DIN EN 1838 [56b]
Notausstieg	Ein Notausstieg ist ein geeigneter Ausstieg im Verlauf eines Nebenfluchtweges zur selbstständigen Flucht aus einem Raum oder einem Gebäude.	ASR A2.3 [33]
Rettungsweg	Weg, der im Notfall zum Verlassen genutzt wird, vom Startpunkt der Evakuierung bis zu dem sicheren Bereich ANMERKUNG: siehe auch Fluchtweg(e)	DIN EN 1838 [56b]
Ruhezustand	Zustand einer selbstversorgten Notleuchte, die absichtlich bei abgeschalteter allgemeiner Stromversorgung deaktiviert ist und die beim Wiederherstellen der allgemeinen Stromversorgung automatisch in den Normalbetrieb zurückkehrt.	DIN EN IEC 60598-2-22 (VDE 0711-2-22) [74]
Sicherheitsfarbe	Sicherheitsfarbe ist eine Farbe, der eine bestimmte, auf die Sicherheit bezogene Bedeutung zugeordnet ist.	ASR A1.3 [32]
Sicherheitsfarbe	Farbe mit speziellen Eigenschaften, der eine Sicherheitsaussage zugeschrieben ist.	DIN ISO 3864-1 [94]

	Definition/Erläuterung	Quelle
Sicherheits-leitsysteme, **optische**	Optische Sicherheitsleitsysteme sind auf den Boden aufgebrachte, in den Boden eingelassene oder bodennahe, durchgehende Leitsysteme (z. B. an Wänden), die mithilfe optischer Kennzeichnungen und Richtungsangaben einen sicheren Fluchtweg vorgeben. Sie dienen ebenfalls dem gefahrlosen Verlassen der Arbeitsstätte, auch bei Ausfall der Allgemeinbeleuchtung.	ASR A2.3 [33]
Sicherheits-leitsystem, **dynamisches** optisches	In einem dynamischen optischen Sicherheitsleitsystem kann die Richtungsangabe je nach Gefahrenlage geändert werden. Dieses kann sowohl automatisch als auch durch manuelle Eingabe erfolgen. Es ist sicherzustellen, dass hochmontierte Richtungsangaben dazu nicht im Widerspruch stehen.	ASR A2.3 [33]
Sicherheits-leitsystem, **elektrisch betriebenes** optisches	Ein elektrisch betriebenes optisches Sicherheitsleitsystem wird durch eine Stromquelle für Sicherheitszwecke gespeist.	ASR A2.3 [33]
Sicherheits-leitsystem, **langnachleuchtendes** optisches	Ein langnachleuchtendes optisches Sicherheitsleitsystem besteht aus langnachleuchtenden, durch Licht angeregten Komponenten, die nach Ausfall der Allgemeinbeleuchtung ohne weitere Energiezufuhr nachleuchten.	ASR A2.3 [33]
Störung der allgemeinen Stromversorgung	Zustand, bei dem die Mindestbeleuchtungsstärke für Rettungswege nicht mehr durch die Allgemeinbeleuchtung geliefert werden kann und bei dem die Notbeleuchtung in Betrieb gehen sollte.	DIN EN IEC 60598-2-22 (VDE 0711-2-22) [74]
Stromquelle für Sicherheits-zwecke (ESSS)	Energiequelle für selbstversorgte Notleuchte, die zur Versorgung der Notleuchte im Notbetrieb bestimmt ist. ANMERKUNG zum Begriff: Die ESSS kann die Leuchte auch im Ruhezustand und im Fernausschaltbetrieb versorgen.	DIN EN IEC 60598-2-22 (VDE 0711-2-22) [74]
Stromquelle für Sicherheits-zwecke	Stromquelle, die dazu bestimmt ist, als Teil einer elektrischen Anlage für Sicherheitszwecke verwendet zu werden.	DIN VDE V 0100-560-1 [97b]
Symbol, graphisches	Graphisches Symbol ist eine Darstellung, die eine Situation beschreibt oder ein Verhalten vorschreibt und auf einem Sicherheitszeichen oder einer Leuchtfläche angeordnet ist.	ASR A1.3 [32]
Umschalt-einrichtung	Bauteil, das die Umschaltung der Lampen vom Betriebsgerät des Normalbetriebs auf das Notlicht-Betriebsgerät vornimmt.	DIN EN 62034 (VDE0711-400) [88]
Umschaltzeit	Zeitspanne zwischen dem Ausfall der allgemeinen Stromversorgung und der Übernahme der Versorgung der Betriebsmittel durch eine Stromquelle für Sicherheitszwecke.	DIN VDE V 0100-560-1 [97b]
Zeichen, **Brandschutz**-	Brandschutzzeichen ist ein Sicherheitszeichen, das Standorte von Feuermelde- und Feuerlöscheinrichtungen kennzeichnet.	ASR A1.3 [32]
Zeichen, **Gebots**-	Gebotszeichen ist ein Sicherheitszeichen, das ein bestimmtes Verhalten vorschreibt.	ASR A1.3 [32]
Zeichen, **Kombinations**-	Kombinationszeichen ist ein Zeichen, bei dem Sicherheitszeichen und Zusatzzeichen auf einem Träger aufgebracht sind.	ASR A1.3 [32]
Zeichen, **Rettungs**-	Rettungszeichen ist ein Sicherheitszeichen, das den Flucht- und Rettungsweg oder Notausgang, den Weg zu einer Erste-Hilfe-Einrichtung oder diese Einrichtung selbst kennzeichnet.	ASR A1.3 [32]
Zeichen, **Sicherheits**-	Sicherheitszeichen ist ein Zeichen, das durch Kombination von geometrischer Form und Farbe sowie graphischem Symbol eine bestimmte Sicherheits- und Gesundheitsschutzaussage ermöglicht.	ASR A1.3 [32]

	Definition/Erläuterung	**Quelle**
Zeichen, **Verbots-**	Verbotszeichen ist ein Sicherheitszeichen, das ein Verhalten, durch das eine Gefahr entstehen kann, untersagt.	ASR A1.3 [32]
Zeichen, **Warn-**	Warnzeichen ist ein Sicherheitszeichen, das vor einem Risiko oder einer Gefahr warnt.	ASR A1.3 [32]
Zeichen, **Zusatz-**	Zusatzzeichen ist ein Zeichen, das zusammen mit einem Sicherheitszeichen verwendet wird und zusätzliche Hinweise liefert.	ASR A1.3 [32]
Zeichen, Sicherheits- – **beleuchtetes**	Zeichen, das, wenn es erforderlich ist, von einer externen Lichtquelle beleuchtet wird.	DIN VDE V 0108-100-1 [96b], DIN EN 1838 [56b]
Zeichen, Sicherheits- – **hinterleuchtetes**	Zeichen, das, wenn es erforderlich ist, von einer internen Lichtquelle beleuchtet wird.	DIN VDE V 0108-100-1 [96b], DIN EN 1838 [56b]
Zeichen, Sicherheits- – von **innen beleuchtetes**	Selbstversorgte oder zentral versorgte Notleuchte, die dazu vorgesehen ist, eine besondere Sicherheitsinformation bereitzustellen, die mittels einer Kombination von Farbe und geometrischen Formen vermittelt wird.	DIN EN IEC 60598-2-22 (VDE 0711-2-22) [74]
Zeichen, Sicherheits- – **langnachleuchtendes**	Ein langnachleuchtendes Sicherheitszeichen ist ein durch Licht angeregtes Sicherheitszeichen, das nach Ausfall der Allgemeinbeleuchtung ohne weitere Energiezufuhr nachleuchtet. ANMERKUNG: Obwohl die Sicherheitsfarben Rot und Grün im nachleuchtenden Zustand nicht dargestellt werden können, bleiben graphisches Symbol und geometrische Form erhalten und es besteht ein Sicherheitsgewinn gegenüber den nicht langnachleuchtenden Sicherheitszeichen.	ASR A1.3 [32]
Zeichenhöhe	Durchmesser des Kreises oder Höhe des Rechtecks bzw. des Dreiecks.	DIN ISO 3864-1 [94]

Anhang B Arbeitsrecht – Auszüge zur Sicherheitsbeleuchtung

B.1 Arbeitsstättenverordnung – ArbStättV [31a]

Nach der seit August 2004 gültigen Arbeitsstättenverordnung, die „der Sicherheit und dem Gesundheitsschutz der Beschäftigten beim Einrichten und Betreiben von Arbeitsstätten" dient (§ 1), ist in einer Arbeitsstätte eine Sicherheitsbeleuchtung vorzusehen, wenn das gefahrlose Verlassen nicht sichergestellt ist bzw. Unfallgefahren beim Ausfall der allgemeinen Beleuchtung zu befürchten sind.

Es heißt im Anhang der Arbeitsstättenverordnung:

...

1.3 Sicherheits- und Gesundheitsschutzkennzeichnung

(1) Unberührt von den nachfolgenden Anforderungen sind Sicherheits- und Gesundheitsschutzkennzeichnungen einzusetzen, wenn Gefährdungen der Sicherheit und Gesundheit der Beschäftigten nicht durch technische oder organisatorische Maßnahmen vermieden oder ausreichend begrenzt werden können. Das Ergebnis der Gefährdungsbeurteilung und die Maßnahmen nach § 3 Absatz 1 sind dabei zu berücksichtigen.

(2) Die Kennzeichnung ist nach der Art der Gefährdung dauerhaft oder vorübergehend nach den Vorgaben der Richtlinie 92/58/EWG des Rates vom 24. Juni 1992 über Mindestvorschriften für die Sicherheits- und/oder Gesundheitsschutzkennzeichnung am Arbeitsplatz (Neunte Einzelrichtlinie im Sinne des Artikels 16 Absatz 1 der Richtlinie 89/391/EWG) (ABl. EG Nr. L 245 S. 23) auszuführen. Diese Richtlinie gilt in der jeweils aktuellen Fassung. Wird diese Richtlinie geändert oder nach den in dieser Richtlinie vorgesehenen Verfahren an den technischen Fortschritt angepasst, gilt sie in der geänderten im Amtsblatt der Europäischen Gemeinschaften veröffentlichten Fassung nach Ablauf der in der Änderungs- oder Anpassungsrichtlinie festgelegten Umsetzungsfrist. Die geänderte Fassung kann bereits ab Inkrafttreten der Änderungs- oder Anpassungsrichtlinie angewendet werden.

...

2.3 Fluchtwege und Notausgänge

(1) Fluchtwege und Notausgänge müssen

a) sich in Anzahl, Anordnung und Abmessung nach der Nutzung, der Einrichtung und den Abmessungen der Arbeitsstätte sowie nach der höchstmöglichen Anzahl der dort anwesenden Personen richten,

b) auf möglichst kurzem Weg ins Freie oder, falls dies nicht möglich ist, in einen gesicherten Bereich führen,

c) in angemessener Form und dauerhaft gekennzeichnet sein.

Sie sind mit einer Sicherheitsbeleuchtung auszurüsten, wenn das gefahrlose Verlassen der Arbeitsstätte für die Beschäftigten, insbesondere bei Ausfall der allgemeinen Beleuchtung, nicht gewährleistet ist.

(2) Türen im Verlauf von Fluchtwegen oder Türen von Notausgängen müssen

a) sich von innen ohne besondere Hilfsmittel jederzeit leicht öffnen lassen, solange sich Beschäftigte in der Arbeitsstätte befinden,

b) in angemessener Form und dauerhaft gekennzeichnet sein.

Türen von Notausgängen müssen sich nach außen öffnen lassen. In Notausgängen, die ausschließlich für den Notfall konzipiert und ausschließlich im Notfall benutzt werden, sind Karussell- und Schiebetüren nicht zulässig.

...

3.4 Beleuchtung und Sichtverbindung

(1) Der *Arbeitgeber darf als Arbeitsräume nur solche Räume betreiben, die möglichst ausreichend Tageslichterhalten und die eine Sichtverbindung nach außen haben.*

Dies gilt nicht für

1. Räume, bei denen betriebs-, produktions- oder bautechnische Gründe Tageslicht oder einer Sichtverbindung nach außen entgegenstehen,

2. Räume, in denen sich Beschäftigte zur Verrichtung ihrer Tätigkeit regelmäßig nicht über einen längeren Zeitraum oder im Verlauf der täglichen Arbeitszeit nur kurzzeitig aufhalten müssen, insbesondere Archive, Lager-, Maschinen- und Nebenräume, Teeküchen,

3. Räume, die vollständig unter Erdgleiche liegen, soweit es sich dabei um Tiefgaragen oder ähnliche Einrichtungen, um kulturelle Einrichtungen, um Verkaufsräume oder um Schank- und Speiseräume handelt,

4. Räume in Bahnhofs- oder Flughafenhallen, Passagen oder innerhalb von Kaufhäusern und Einkaufszentren,

5. Räume mit einer Grundfläche von mindestens 2.000 Quadratmetern, sofern Oberlichter oder andere bauliche Vorrichtungen vorhanden sind, die Tageslicht in den Arbeitsraum lenken.

(2) Pausen- und Bereitschaftsräume sowie Unterkünfte müssen möglichst ausreichend mit Tageslicht beleuchtet sein und eine Sichtverbindung nach außen haben. Kantinen sollen möglichst ausreichend Tageslicht erhalten und eine Sichtverbindung nach außen haben.

(3) Räume, die bis zum 3. Dezember 2016 eingerichtet worden sind oder mit deren Einrichtung begonnen worden war und die die Anforderungen nach Absatz 1 Satz 1 oder Absatz 2 nicht erfüllen, dürfen ohne eine Sichtverbindung nach außen weiter betrieben werden, bis sie wesentlich erweitert oder umgebaut werden.

(4) In Arbeitsräumen muss die Stärke des Tageslichteinfalls am Arbeitsplatz je nach Art der Tätigkeit reguliert werden können.

(5) Arbeitsstätten müssen mit Einrichtungen ausgestattet sein, die eine angemessene künstliche Beleuchtung ermöglichen, so dass die Sicherheit und der Schutz der Gesundheit der Beschäftigten gewährleistet sind.

(6) Die Beleuchtungsanlagen sind so auszuwählen und anzuordnen, dass dadurch die Sicherheit und die Gesundheit der Beschäftigten nicht gefährdet werden.

(7) Arbeitsstätten, in denen bei Ausfall der Allgemeinbeleuchtung die Sicherheit der Beschäftigten gefährdet werden kann, müssen eine ausreichende Sicherheitsbeleuchtung haben.

…

B.2 Technische Regeln für Arbeitsstätten – ASR

Die für die Sicherheitsbeleuchtung relevanten ASR A1.3 [32], A2.3 [33] und A3.4 [34] liegen mit Ausgabe März 2022 entweder geändert oder als Neufassung vor. Sie konkretisieren die Punkte der ArbStättV zur Sicherheits- und Gesundheitsschutzkennzeichnung (Anhang 1.3) und zur Sicherheitsbeleuchtung (Anhang 2.3 und 3.4).

Eine wesentliche Änderung ist die Aufhebung der ASR A3.4/7 Sicherheitsbeleuchtung, optische Sicherheitsleitsysteme, die seit ihrem Erscheinen im Jahr 2009 zusammen mit ASR A1.3 und ASR A2.3 die Forderungen der Arbeitsstättenverordnung (ArbStättV) zur Sicherheitskennzeichnung und Sicherheitsbeleuchtung von Flucht- und Rettungswegen abgedeckt hat.

Die Anforderungen zur Sicherheitsbeleuchtung für Flucht- und Rettungswege sind in die Neufassung der ASR A2.3 überführt worden, die Anforderungen zur Sicherheitsbeleuchtung für Arbeitsplätze, „in denen bei Ausfall der Allgemeinbeleuchtung die Sicherheit der Beschäftigten gefährdet werden kann", in die aktuelle Ausgabe der ASR A3.4.

B.2.1 ASR A1.3 – Sicherheits- und Gesundheitsschutzkennzeichnung [32]

Die folgenden Abschnitte sind ASR A1.3, Ausgabe Februar 2013 (zuletzt geändert GMBl 2022, S. 242) entnommen – maßgeblich ist der im GMBl bekanntgemachte ASR-Text.

Diese ASR A1.3 konkretisiert im Rahmen des Anwendungsbereichs die Anforderungen der Verordnung über Arbeitsstätten. Bei Einhaltung der Technischen Regeln kann der Arbeitgeber insoweit davon ausgehen, dass die entsprechenden Anforderungen der Verordnung erfüllt sind. Wählt der Arbeitgeber eine andere Lösung, muss er damit mindestens die gleiche Sicherheit und den gleichen Gesundheitsschutz für die Beschäftigten erreichen.

Die vorliegende Technische Regel ASR A1.3 schreibt die Technische Regel ASR A1.3 (GMBl 2007, S. 674) fort und wurde unter Federführung des Fachausschusses „Sicherheitskennzeichnung" der Deutschen Gesetzlichen Unfallversicherung (DGUV) in Anwendung des Kooperationsmodells (vgl. Leitlinienpapier 1 zur Neuordnung des Vorschriften- und Regelwerks im Arbeitsschutz vom 31. August 2011) erarbeitet.

1 Zielstellung

Diese ASR konkretisiert die Anforderungen für die Sicherheits- und Gesundheitsschutzkennzeichnung in Arbeitsstätten. Nach § 3a der Arbeitsstättenverordnung in Verbindung mit Ziffer 1.3 des Anhangs sind Sicherheits- und Gesundheitsschutzkennzeichnungen dann einzusetzen, wenn die Risiken für Sicherheit und Gesundheit anders nicht zu vermeiden oder ausreichend zu minimieren sind. Diese ASR konkretisiert auch die Gestaltung von Flucht- und Rettungsplänen gemäß § 4 Abs. 4 Arbeitsstättenverordnung.

2 Anwendungsbereich

Mit Inkrafttreten der Arbeitsstättenverordnung wird die Richtlinie 92/58/EWG [12a] über Mindestvorschriften für die Sicherheits- und Gesundheitsschutzkennzeichnung am Arbeitsplatz über einen gleitenden Verweis für den Geltungsbereich der Arbeitsstättenverordnung in nationales Recht um-

gesetzt. Die Anwendung dieser ASR erfüllt die Mindestanforderungen der Richtlinie 92/58/EWG.

Die Gestaltung der Sicherheits- und Gesundheitsschutzkennzeichnung einschließlich der Gestaltung von Flucht- und Rettungsplänen wird in dieser ASR geregelt. Die Notwendigkeit einer Sicherheits- und Gesundheitsschutzkennzeichnung und von Flucht- und Rettungsplänen sowie von Sicherheitsleitsystemen ist im Rahmen der Gefährdungsbeurteilung zu prüfen.

...

***3.1 Sicherheits- und Gesundheitsschutzkennzeichnung** ist eine Kennzeichnung, die – bezogen auf einen bestimmten Gegenstand, eine bestimmte Tätigkeit oder eine bestimmte Situation – jeweils mittels eines Sicherheitszeichens, einer Farbe, eines Leucht- oder Schallzeichens, verbaler Kommunikation oder eines Handzeichens eine Sicherheits- und Gesundheitsschutzaussage (Sicherheitsaussage) ermöglicht.*

***3.2 Sicherheitszeichen** ist ein Zeichen, das durch Kombination von geometrischer Form und Farbe sowie graphischem Symbol eine bestimmte Sicherheits- und Gesundheitsschutzaussage ermöglicht.*

***3.3 Verbotszeichen** ist ein Sicherheitszeichen, das ein Verhalten, durch das eine Gefahr entstehen kann, untersagt.*

***3.4 Warnzeichen** ist ein Sicherheitszeichen, das vor einem Risiko oder einer Gefahr warnt.*

***3.5 Gebotszeichen** ist ein Sicherheitszeichen, das ein bestimmtes Verhalten vorschreibt.*

***3.6 Rettungszeichen** ist ein Sicherheitszeichen, das den Flucht- und Rettungsweg oder Notausgang, den Weg zu einer Erste-Hilfe-Einrichtung oder diese Einrichtung selbst kennzeichnet.*

***3.7 Brandschutzzeichen** ist ein Sicherheitszeichen, das Standorte von Feuermelde- und Feuerlöscheinrichtungen kennzeichnet.*

***3.8 Zusatzzeichen** ist ein Zeichen, das zusammen mit einem der unter Nummer 3.2 beschriebenen Sicherheitszeichen verwendet wird und zusätzliche Hinweise liefert.*

***3.9 Kombinationszeichen** ist ein Zeichen, bei dem Sicherheitszeichen und Zusatzzeichen auf einem Träger aufgebracht sind.*

3.10 ***Graphisches Symbol*** *ist eine Darstellung, die eine Situation beschreibt oder ein Verhalten vorschreibt und auf einem Sicherheitszeichen oder einer Leuchtfläche angeordnet ist.*

3.11 ***Sicherheitsfarbe*** *ist eine Farbe, der eine bestimmte, auf die Sicherheit bezogene Bedeutung zugeordnet ist.*

3.12 ***Leuchtzeichen*** *ist ein Zeichen, das von einer Einrichtung mit durchsichtiger oder durchscheinender Oberfläche erzeugt wird, die von hinten erleuchtet wird und dadurch als Leuchtfläche erscheint oder selbst leuchtet.*

3.13 ***Schallzeichen*** *ist ein kodiertes akustisches Signal ohne Verwendung einer menschlichen oder synthetischen Stimme, z.B. Hupen, Sirenen oder Klingeln.*

3.14 ***Verbale Kommunikation*** *ist eine Verständigung mit festgelegten Worten unter Verwendung einer menschlichen oder synthetischen Stimme.*

3.15 ***Handzeichen*** *ist eine kodierte Bewegung und Stellung von Armen und Händen zur Anweisung von Personen, die Tätigkeiten ausführen, die ein Risiko oder eine Gefährdung darstellen können.*

3.16 ***Erkennungsweite*** *ist der größtmögliche Abstand zu einem Sicherheitszeichen, bei dem dieses noch lesbar und hinsichtlich Form und Farbe erkennbar ist.*

3.17 ***Langnachleuchtendes*** *Sicherheitszeichen ist ein Sicherheitszeichen, das nach Ausfall der Allgemeinbeleuchtung eine bestimmte Zeit nachleuchtet.*

Hinweis
Obwohl die Sicherheitsfarben Rot und Grün im nachleuchtenden Zustand nicht dargestellt werden können, bleiben graphisches Symbol und geometrische Form erhalten und es besteht ein Sicherheitsgewinn gegenüber den nicht langnachleuchtenden Sicherheitszeichen.

4 Allgemeines

(1) Schon bei der Planung von Arbeitsstätten ist eine erforderliche Sicherheits- und Gesundheitsschutzkennzeichnung (z.B. bei der Erstellung von Flucht- und Rettungsplänen) so weit wie möglich zu berücksichtigen.

(2) Die Sicherheits- und Gesundheitsschutzkennzeichnung darf nur für Hinweise im Zusammenhang mit Sicherheit und Gesundheitsschutz verwendet werden.

(3) Die Kennzeichnungsarten (z.B. Leuchtzeichen, Handzeichen, Sicherheitszeichen) sind entsprechend der Gefährdungsbeurteilung auszuwählen.

(4) Für ständige Verbote, Warnungen, Gebote und sonstige sicherheitsrelevante Hinweise (z.B. Rettung, Brandschutz) sind Sicherheitszeichen insbesondere entsprechend Anhang 1 zu verwenden. Sicherheitszeichen können als Schilder, Aufkleber oder als aufgemalte Kennzeichnung ausgeführt werden. Diese sind dauerhaft auszuführen (z.B. für die Standorte von Feuerlöschern).

(5) Hinweise auf zeitlich begrenzte Risiken oder Gefahren sowie Notrufe zur Ausführung bestimmter Handlungen (z.B. Brandalarm) sind durch Leucht-, Schallzeichen oder verbale Kommunikation zu übermitteln.

(6) Wenn zeitlich begrenzte risikoreiche Tätigkeiten (z.B. Anschlagen von Lasten im Kranbetrieb, Rückwärtsfahren von Fahrzeugen mit Personengefährdung) ausgeführt werden, sind Anweisungen mittels Handzeichen entsprechend Anhang 2 oder verbaler Kommunikation vorzunehmen.

(7) Verschiedene Kennzeichnungsarten dürfen gemeinsam verwendet werden, wenn im Rahmen der Gefährdungsbeurteilung festgestellt wird, dass eine Kennzeichnungsart allein zur Vermittlung der Sicherheitsaussage nicht ausreicht. Bei gleicher Wirkung kann zwischen verschiedenen Kennzeichnungsarten gewählt werden.

(8) Die Wirksamkeit einer Kennzeichnung darf nicht durch eine andere Kennzeichnung oder durch sonstige betriebliche Gegebenheiten beeinträchtigt werden (z.B. keine Verwendung von Schallzeichen bei starkem Umgebungslärm).

(9) Kennzeichnungen, die für ihre Funktion eine Energiequelle benötigen, müssen für den Fall, dass diese ausfällt, über eine selbsttätig einsetzende Notversorgung verfügen, es sei denn, dass bei Unterbrechung der Energiezufuhr kein Risiko mehr besteht (z.B. wenn bei Netzausfall der Schließvorgang eines elektrisch betriebenen Tores unterbrochen wird und gleichzeitig die Sicherheitskennzeichnung – Warnleuchte, Hupe – ausfällt).

(10) Ist das Hör- oder Sehvermögen von Beschäftigten eingeschränkt (z.B. beim Tragen von persönlichen Schutzausrüstungen), ist eine geeignete Kennzeichnungsart ergänzend oder alternativ einzusetzen.

(11) Zur Kennzeichnung und Standorterkennung von Material und Ausrüstung zur Brandbekämpfung sind Brandschutzzeichen nach Anhang 1 zu verwenden.

(12) Die Beschäftigten sind vor Arbeitsaufnahme und danach in regelmäßigen Zeitabständen über die Bedeutung der eingesetzten Sicherheits- und Gesundheitsschutzkennzeichnung zu unterweisen. Insbesondere ist über die Bedeutung selten eingesetzter Kennzeichnungen zu informieren. Für Einweiser, die Handzeichen nach Punkt 5.7 anwenden, ist eine spezifische Unterweisung erforderlich. Die Unterweisung sollte jährlich erfolgen, sofern sich nicht aufgrund der Ergebnisse der Gefährdungsbeurteilung andere Zeiträume ergeben. Darüber hinaus muss auch bei Änderungen der eingesetzten Sicherheits- und Gesundheitsschutzkennzeichnung eine Unterweisung erfolgen.

(13) Der Arbeitgeber hat durch regelmäßige Kontrolle und gegebenenfalls erforderliche Instandhaltungsarbeiten dafür zu sorgen, dass Einrichtungen für die Sicherheits- und Gesundheitsschutzkennzeichnung wirksam sind. Dies gilt insbesondere für Leucht- und Schallzeichen, langnachleuchtende Materialien sowie technische Einrichtungen zur verbalen Kommunikation (z. B. Lautsprecher, Telefone). Die zeitlichen Abstände der Kontrollen sind im Rahmen der Gefährdungsbeurteilung festzulegen.

5 Kennzeichnung

5.1 Sicherheitszeichen und Zusatzzeichen

(1) Sicherheitszeichen und Zusatzzeichen müssen den festgelegten Gestaltungsgrundsätzen nach Tabelle 1 bzw. 2 entsprechen. Die Bedeutung von geometrischer Form und Sicherheitsfarbe für Sicherheitszeichen sind der Tabelle 1 zu entnehmen.

(2) Für die in Anhang 1 festgelegten Sicherheitsaussagen dürfen nur die entsprechend zugeordneten Sicherheitszeichen verwendet werden. Es besteht die Möglichkeit der Verwendung von Zusatzzeichen, die der Verdeutlichung besonderer Situationen oder der Konkretisierung der Sicherheits- und Gesundheitsschutzaussage dienen.

(3) Brandschutzzeichen können in Verbindung mit einem Richtungspfeil als Zusatzzeichen nach ***Bild B.1*** *verwendet werden.*

(4) Rettungszeichen für Mittel und Einrichtungen zur Ersten Hilfe können in Verbindung mit einem Richtungspfeil als Zusatzzeichen nach Abb. 2 verwendet werden.

Bild B.1 Richtungspfeile für Brandschutzzeichen, Rettungszeichen sowie für Mittel und Einrichtungen zur Ersten Hilfe

(5) Eine Anhäufung von Sicherheitszeichen ist zu vermeiden. Ist das Sicherheitszeichen nicht mehr notwendig, ist dieses zu entfernen.

...

6 Gestaltung von Flucht- und Rettungsplänen

(1) Flucht- und Rettungspläne (Beispiel siehe Anhang 3) müssen eindeutige Anweisungen zum Verhalten im Gefahr- oder Katastrophenfall enthalten sowie den Weg an einen sicheren Ort darstellen. Flucht- und Rettungspläne müssen aktuell, übersichtlich, ausreichend groß und mit Sicherheitszeichen nach Anhang 1 gestaltet sein.

(2) Flucht- und Rettungspläne müssen graphische Darstellungen enthalten über:

1. den Gebäudegrundriss oder Teile davon,
2. den Verlauf der Hauptfluchtwege,
3. die Lage der Erste-Hilfe-Einrichtungen,
4. die Lage der Brandschutzeinrichtungen,
5. den Standort des Betrachters
und soweit vorhanden
6. die Lage der Ausgänge von Nebenfluchtwegen und
7. die Lage der Sammelstellen.

(3) Regeln für das Verhalten im Brandfall und bei Unfällen müssen direkt auf dem Flucht- und Rettungsplan dargestellt oder in dessen Nähe angebracht werden.

(4) Aus dem Plan muss ersichtlich sein, welche Fluchtwege von einem Arbeitsplatz oder dem jeweiligen Standort aus zu nehmen sind, um in einen

sicheren Bereich oder ins Freie zu gelangen. In diesem Zusammenhang sind Sammelstellen zu kennzeichnen. Außerdem sind Kennzeichnungen für Standorte von Erste-Hilfe- und Brandschutzeinrichtungen in den Flucht- und Rettungsplan aufzunehmen. Zur sicheren Orientierung ist der Standort des Betrachters im Flucht- und Rettungsplan zu kennzeichnen.

(5) Soweit auf einem Flucht- und Rettungsplan nur ein Teil des Gebäudegrundrisses dargestellt ist, muss eine Übersichtskizze die Lage im Gesamtkomplex verdeutlichen. Der Grundriss in Flucht- und Rettungsplänen ist vorzugsweise im Maßstab 1:100 darzustellen. Die Plangröße ist an die Grundrissgröße anzupassen und sollte das Format DIN A3 nicht unterschreiten. Für besondere Anwendungsfälle, z.B. Hotel- oder Klassenzimmer, kann auch das Format DIN A4 verwendet werden. Der Flucht- und Rettungsplan muss farbig angelegt sein.

(6) Flucht- und Rettungspläne müssen – bezogen auf den Anbringungsort – lagerichtig gestaltet werden.

...

B.2.2 ASR A2.3 – Fluchtwege und Notausgänge [33]

Die folgenden Abschnitte sind ASR A2.3, Ausgabe März 2022, entnommen – maßgeblich ist der im GMBl bekanntgemachte ASR-Text.

Diese ASR A2.3 konkretisiert im Rahmen ihres Anwendungsbereichs Anforderungen der Verordnung über Arbeitsstätten. Bei Einhaltung dieser Technischen Regel kann der Arbeitgeber davon ausgehen, dass die entsprechenden Anforderungen der Verordnung erfüllt sind. Wählt der Arbeitgeber eine andere Lösung, muss er damit mindestens die gleiche Sicherheit und den gleichen Schutz der Gesundheit für die Beschäftigten erreichen.

1 Zielstellung

Diese ASR konkretisiert die Anforderungen der Arbeitsstättenverordnung, damit sich die Beschäftigten im Gefahrenfall unverzüglich in Sicherheit bringen und schnell gerettet werden können.

Konkretisiert werden die Anforderungen an das Einrichten und Betreiben von Fluchtwegen und Notausgängen, von Sicherheitsbeleuchtung und optischen Sicherheitsleitsystemen sowie an den Flucht- und Rettungsplan nach § 3a Absatz 1 und § 4 Absätze 3 und 4 sowie Nummer 2.3 des Anhangs der Arbeitsstättenverordnung.

2 Anwendungsbereich

(1) Diese ASR gilt für das Einrichten und Betreiben von Fluchtwegen sowie Notausgängen in Gebäuden und vergleichbaren Einrichtungen, zu denen Beschäftigte im Rahmen ihrer Arbeit Zugang haben. Sie gilt ebenso für das Erstellen von Flucht- und Rettungsplänen und das Üben entsprechend dieser Pläne sowie für das Einrichten und Betreiben von Sammelstellen. Dabei ist neben den Beschäftigten die Anwesenheit von anderen Personen zu berücksichtigen.

Diese ASR gilt auch für das Einrichten und Betreiben der Sicherheitsbeleuchtung und von optischen Sicherheitsleitsystemen für Fluchtwege und Notausgänge in Arbeitsstätten. Sie nennt Beispiele für Arbeitsstätten, für die eine Sicherheitsbeleuchtung, gegebenenfalls ein optisches Sicherheitsleitsystem für Fluchtwege und Notausgänge erforderlich sein kann. Sie enthält die lichttechnischen Anforderungen an Sicherheitsbeleuchtung und optische Sicherheitsleitsysteme sowie Hinweise zu deren Betrieb, Instandhaltung und Prüfung.

(2) Diese ASR gilt nicht:

1. für das Einrichten und Betreiben von Bereichen in Gebäuden und vergleichbaren Einrichtungen, in denen sich Beschäftigte nur im Falle der Instandhaltung aufhalten müssen und

2. für das Verlassen von Arbeitsmitteln im Sinne des § 2 Absatz 1 Betriebssicherheitsverordnung im Gefahrenfall.

Für alle nicht vom Anwendungsbereich dieser ASR erfassten Bereiche sind besondere Maßnahmen auf Grundlage der Gefährdungsbeurteilung notwendig, um die erforderliche Sicherheit für die Beschäftigten im Gefahrenfall zu gewährleisten. Sofern vergleichbare Verhältnisse vorliegen, wird empfohlen, die Inhalte dieser ASR zu berücksichtigen.

3 Begriffsbestimmungen

3.1 ***Fluchtwege*** *sind Verkehrswege, an die besondere Anforderungen zu stellen sind und die der selbstständigen Flucht aus einem möglichen Gefahrenbereich und in der Regel zugleich der Rettung von Personen dienen.*

Der Fluchtweg beginnt an allen Orten in der Arbeitsstätte, zu denen Beschäftigte im Rahmen ihrer Arbeit Zugang haben oder sich bei der Nutzung von Neben-, Sanitär-, Kantinen-, Pausen- und Bereitschaftsräumen, Erste-Hilfe-Räumen und Unterkünften aufhalten.

Außentreppen, begehbare Dachflächen oder offene Gänge können Teil eines Fluchtweges sein.

Hinweis
Fluchtwege im Sinne dieser Regel sind auch die im Bauordnungsrecht definierten Rettungswege, sofern sie selbstständig begangen werden können.

Fluchtwege werden unterschieden in Haupt- und Nebenfluchtwege:

1. ***Hauptfluchtwege** (bisher erste Fluchtwege) sind insbesondere die zur Flucht erforderlichen Verkehrswege, die nach dem Bauordnungsrecht notwendigen Flure und Treppenräume für notwendige Treppen sowie die Notausgänge.*
2. ***Nebenfluchtwege** (bisher zweite Fluchtwege) sind zusätzliche Fluchtwege, die ebenfalls ins Freie oder in einen gesicherten Bereich führen.*

*3.2 **Lichte Mindestbreite/-höhe** ist die freie, unverstellte, unverbaute und nicht durch Hindernisse eingeschränkte Breite/Höhe, die mindestens zur Verfügung stehen muss.*

*3.3 Der **Flucht- und Rettungsplan** ist ein Plan, in dem die erforderlichen Informationen über die Fluchtwege sowie die Standorte von Erste-Hilfe-Einrichtungen und von zur Selbsthilfe vorgesehenen Brandschutzeinrichtungen dargestellt sind.*

Hinweis
Anweisungen zum Verhalten im Brandfall (Brandschutzordnung Teil A) oder bei anderen Notfällen können im Flucht- und Rettungsplan dargestellt oder separat in der Nähe des Flucht- und Rettungsplans angebracht werden.

*3.4 **Evakuierung** ist eine organisierte Maßnahme, die je nach Gefahrenfall mit akutem Handlungsbedarf zu einem unverzüglichen Verlassen von Gebäuden und vergleichbaren Einrichtungen ins Freie oder innerhalb von Gebäuden in einen gesicherten Bereich führt.*

*3.5 Das **Freie** im Sinne dieser ASR ist ein sicherer Bereich außerhalb des Gebäudes, in dem Personen durch den Gefahrenfall nicht beeinträchtigt werden. Dies ist gegeben, wenn auf dem Betriebsgelände oder auf öffentlichen Verkehrsflächen ein sicherer Abstand erreicht werden kann.*
Als das Freie gelten z. B. nicht:

1. *Innenhöfe, die keinen ausreichenden Schutz im Gefahrenfall bieten,*
2. *Dachflächen oder*
3. *Balkone.*

*3.6 **Gefangener Raum** ist ein Raum, der keinen direkten Zugang zu einem Flur hat und ausschließlich durch einen anderen Raum zugänglich ist.*

3.7 ***Gesicherter Bereich*** *ist ein Bereich, in dem Personen vorübergehend vor einer unmittelbaren Gefahr für Leben und Gesundheit geschützt sind. Als gesicherte Bereiche innerhalb von Gebäuden gelten insbesondere benachbarte Brandabschnitte und notwendige Treppenräume nach dem Bauordnungsrecht. Als gesicherter Bereich außerhalb von Gebäuden können z.B. Außentreppen, begehbare Dachflächen oder offene Gänge gelten, wenn diese im Gefahrenfall ausreichend lang sicher benutzbar sind und ins Freie führen.*

3.8 ***Türen im Verlauf von Fluchtwegen*** *sind alle Türen, die vom Beginn des Fluchtweges bis ins Freie oder in einen gesicherten Bereich zu benutzen sind. Dazu gehören auch Türen von Notausgängen.*

3.9 Ein ***Notausgang*** *ist ein Ausgang im Verlauf eines Hauptfluchtweges, der direkt ins Freie oder in einen gesicherten Bereich führt.*

3.10 Ein ***Notausstieg*** *ist ein geeigneter Ausstieg im Verlauf eines Nebenfluchtweges zur selbstständigen Flucht aus einem Raum oder einem Gebäude.*

3.11 ***Türen und Tore*** *sind kraftbetätigt, wenn die für das Öffnen oder Schließen der Flügel erforderliche Energie vollständig oder teilweise von Kraftmaschinen zugeführt wird (ASR A1.7 „Türen und Tore“, Abschnitt 3.8).*

3.12 ***Automatische Türen und Tore*** *im Sinne dieser Regel sind kraftbetätigt und öffnen bei Annäherung von Personen selbsttätig.*

3.13 Eine ***Sammelstelle*** *ist ein sicherer Bereich, an dem sich die im Fall einer Evakuierung flüchtenden Personen einfinden müssen.*

3.14 Ein ***außenbeleuchtetes Sicherheitszeichen*** *ist ein Zeichen, das durch Tageslicht oder durch eine künstliche Lichtquelle von außen beleuchtet wird.*

Hinweis
Ein außenbeleuchtetes Sicherheitszeichen wird auch als beleuchtetes Sicherheitszeichen bezeichnet.

3.15 Ein ***langnachleuchtendes Sicherheitszeichen*** *ist ein durch Licht angeregtes Sicherheitszeichen, das nach Ausfall der Allgemeinbeleuchtung ohne weitere Energiezufuhr nachleuchtet (ASR A1.3 „Sicherheits- und Gesundheitsschutzkennzeichnung“, Abschnitt 3.17).*

Hinweis
Obwohl die Sicherheitsfarben Rot und Grün im nachleuchtenden Zustand nicht dargestellt werden können, bleiben graphisches Symbol und geometrische Form erhalten und es besteht ein Sicherheitsgewinn gegenüber den nicht langnachleuchtenden Sicherheitszeichen.

3.16 Ein ***innenbeleuchtetes Sicherheitszeichen*** *ist ein Zeichen, das von einer Lichtquelle von innen beleuchtet wird.*

Hinweis
Ein innenbeleuchtetes Sicherheitszeichen wird auch als hinterleuchtetes Sicherheitszeichen bezeichnet.

3.17 Die ***Sicherheitsbeleuchtung*** *ist eine Beleuchtung, die dem gefahrlosen Verlassen der Arbeitsstätte und der Vermeidung von Gefährdungen dient, die durch Ausfall der Allgemeinbeleuchtung entstehen können (ASR A3.4 „Beleuchtung", Abschnitt 3.14).*

Hinweis
In dieser ASR werden die Anforderungen an die Sicherheitsbeleuchtung für das gefahrlose Verlassen der Arbeitsstätte beschrieben.

3.18 ***Optische Sicherheitsleitsysteme*** *sind auf den Boden aufgebrachte, in den Boden eingelassene oder bodennahe, durchgehende Leitsysteme (z.B. an Wänden), die mit Hilfe optischer Kennzeichnungen und Richtungsangaben einen sicheren Fluchtweg vorgeben. Sie dienen ebenfalls dem gefahrlosen Verlassen der Arbeitsstätte, auch bei Ausfall der Allgemeinbeleuchtung.*

3.19 Ein ***langnachleuchtendes optisches Sicherheitsleitsystem*** *besteht aus langnachleuchtenden durch Licht angeregten Komponenten, die nach Ausfall der Allgemeinbeleuchtung ohne weitere Energiezufuhr nachleuchten.*

3.20 Ein ***elektrisch betriebenes optisches Sicherheitsleitsystem*** *wird durch eine Stromquelle für Sicherheitszwecke gespeist.*

3.21 Die ***Beleuchtungsstärke*** *E ist ein Maß für das auf eine Fläche auftreffende Licht. Die Beleuchtungsstärke wird in Lux [lx] gemessen (ASR A3.4 „Beleuchtung", Abschnitt 3.6).*

3.22 Die ***Leuchtdichte*** *L wird in Candela pro Quadratmeter [cd/m²] gemessen und beschreibt den Helligkeitseindruck einer beleuchteten oder leuchtenden Fläche (ASR A3.4 „Beleuchtung", Abschnitt 3.15).*

3.23 Unter ***Blendung*** *versteht man Störungen durch zu hohe Leuchtdichten oder zu große Leuchtdichteunterschiede im Gesichtsfeld (in Anlehnung an ASR A3.4 „Beleuchtung", Abschnitt 3.12).*

*3.24 Die **Farbwiedergabe** ist die Wirkung einer Lichtquelle auf den Farbeindruck, den ein Mensch von einem Objekt hat, das mit dieser Lichtquelle beleuchtet wird. Der Farbwiedergabeindex Ra ist eine dimensionslose Kennzahl von 0 bis 100, mit der die Farbwiedergabeeigenschaften der Lampen klassifiziert werden. Je höher der Wert, umso besser ist die Farbwiedergabe (ASR A3.4 „Beleuchtung", Abschnitt 3.13).*

*3.25 **Normale Brandgefährdung** liegt vor, wenn die Wahrscheinlichkeit einer Brandentstehung, die Geschwindigkeit der Brandausbreitung, die dabei frei werdenden Stoffe und die damit verbundene Gefährdung für Personen, Umwelt und Sachwerte vergleichbar sind mit den Bedingungen bei einer Büronutzung (ASR A2.2 „Maßnahmen gegen Brände", Abschnitt 3.2).*

*3.26 **Erhöhte Brandgefährdung** liegt vor, wenn*

1. *entzündbare bzw. oxidierende Stoffe oder Gemische vorhanden sind,*
2. *die örtlichen und betrieblichen Verhältnisse für eine Brandentstehung günstig sind,*
3. *in der Anfangsphase eines Brandes mit einer schnellen Brandausbreitung oder großen Rauchfreisetzung zu rechnen ist,*
4. *Arbeiten mit einer Brandgefährdung durchgeführt werden (z. B. Schweißen, Brennschneiden, Trennschleifen, Löten) oder Verfahren angewendet werden, bei denen eine Brandgefährdung besteht (z. B. Farbspritzen, Flammarbeiten) oder*
5. *erhöhte Gefährdungen vorliegen, z. B. durch selbsterhitzungsfähige Stoffe oder Gemische, Stoffe der Brandklassen D und F, brennbare Stäube, extrem oder leicht entzündbare Flüssigkeiten oder entzündbare Gase (ASR A2.2 „Maßnahmen gegen Brände", Abschnitt 3.3).*

Hinweis
Die erhöhte Brandgefährdung im Sinne dieser ASR schließt die erhöhte und hohe Brandgefährdung nach der technischen Regel für Gefahrstoffe TRGS 800 „Brandschutzmaßnahmen" ein.

4 Allgemeine Anforderungen

(1) Fluchtwege führen auf möglichst kurzem Weg ins Freie oder, falls dies nicht möglich ist, in einen gesicherten Bereich.

(2) Beim Einrichten und Betreiben von Fluchtwegen und Notausgängen sowie Sammelstellen sind die beim Errichten von Rettungswegen zu beachtenden Anforderungen des Bauordnungsrechts der Länder zu berücksichtigen. Über das Bauordnungsrecht hinaus können sich weitergehende

Anforderungen an Fluchtwege und Notausgänge aus dieser ASR ergeben; dies gilt z.B. für das Erfordernis zur Einrichtung eines Nebenfluchtweges oder von Sammelstellen.

(3) Fluchtwege, Notausgänge und Notausstiege müssen ständig in den erforderlichen Abmessungen freigehalten werden. Können Notausgänge und Notausstiege von außen verstellt werden, müssen sie durch weitere Maßnahmen zur dauerhaften ständigen Freihaltung gesichert werden, z.B. durch Anbringung von Abstandsbügeln für Fahrzeuge oder mittels dauerhafter Markierung der freizuhaltenden Bodenflächen.

(4) Haupt- und Nebenfluchtwege dürfen über denselben Flur zu verschiedenen Ausgängen führen, sofern der Flur die Anforderungen an einen Hauptfluchtweg erfüllt.

(5) Sofern sich Höhenunterschiede im Verlauf des Fluchtweges nicht vermeiden lassen, dürfen diese nur gering sein. Sie sind dann durch Schrägrampen mit einer maximalen Neigung von 6 % auszugleichen. Beginn und Ende von Schrägrampen sind deutlich erkennbar zu gestalten oder gemäß ASR A1.3 „Sicherheits- und Gesundheitsschutzkennzeichnung" mit schwarz-gelben Streifen (Sicherheitsmarkierungen) oder dem Warnzeichen W007 „Warnung vor Hindernissen am Boden" zu kennzeichnen.

(6) Aufzüge sind als Teil des Fluchtweges unzulässig, es sei denn, der Aufzug ist zum Zweck der Flucht und Rettung insbesondere für Menschen mit Behinderungen im Gefahrenfall zulässig und geeignet. Dieser Nachweis ist z.B. im Rahmen eines bauordnungsrechtlichen Verfahrens zu erbringen und zu dokumentieren.

(7) Durchgangssperren im Verlauf von Fluchtwegen sind zu vermeiden. Sofern Durchgangssperren betrieblich erforderlich sind, z.B. in Kassenzonen oder Vereinzelungsanlagen, müssen sich diese schnell und gefahrlos sowie ohne Hilfsmittel mit einem Kraftaufwand von maximal 150 N in Fluchtrichtung öffnen lassen.

(8) Am Ende eines Fluchtweges muss der Bereich im Freien bzw. der gesicherte Bereich so gestaltet und bemessen sein, dass sich kein Rückstau bilden kann und alle über den Fluchtweg flüchtenden Personen ohne Gefahren, z.B. durch Verkehrswege oder öffentliche Straßen, aufgenommen werden können. Die Beleuchtungsstärke in diesen Bereichen einschließlich der außen angebrachten Treppen und der Sammelstellen muss mindestens

1 lx betragen. Auf die Begrenzung der Blendung ist zu achten. Dabei sind auch die Beleuchtungsanlagen in der Umgebung zu berücksichtigen.

Hinweis
Die Beleuchtungsstärke ist in einer Höhe von maximal 20 cm über dem Boden oder den Treppenstufen zu messen.

(9) Anzahl, Größe und Lage von Sammelstellen sind in Abhängigkeit von der Anzahl der Beschäftigten sowie der sonstigen anwesenden Personen festzulegen. Eine Sammelstelle ist nicht erforderlich, wenn aufgrund der geringen Anzahl der Beschäftigten und übersichtlicher örtlicher Gegebenheiten ein Überblick über die vollständige Evakuierung möglich ist.

Hinweis
Für die Bemessung der erforderlichen Größe der Sammelstelle kann eine Belegung von zwei Personen pro m^2 *angenommen werden.*

(10) Sammelstellen müssen

1. *über eine sicher begehbare Bodenoberfläche verfügen,*
2. *außerhalb des Wirkbereichs der fluchtauslösenden Gefahr, z.B. aufgrund von Verrauchung oder aufgrund umherfliegender oder herabfallender Gebäudeteile, liegen,*
3. *verfügbar sein, solange Personen im Gefahrenfall auf die Nutzung der entsprechenden Sammelstelle angewiesen sind und*
4. *dürfen die Wege von Feuerwehr und Rettungsdiensten nicht einschränken.*

Sofern der Weg zu den Sammelstellen mit anderen Gefährdungen verbunden ist, z.B. aufgrund von öffentlichem Straßenverkehr, sind im Rahmen der Gefährdungsbeurteilung die erforderlichen Maßnahmen festzulegen. Bei der Auswahl der Lage der Sammelstelle ist zu berücksichtigen, ob die betroffenen Personen den kompletten Fluchtweg bis zur Sammelstelle kennen oder ganz oder teilweise ortsunkundig sind.

(11) Dachflächen, über die Fluchtwege führen, müssen ausreichend tragfähig, trittsicher und feuerwiderstandsfähig sein. Bei Absturzgefahren sind die Anforderungen der ASR A2.1 „Schutz vor Absturz und herabfallenden Gegenständen, Betreten von Gefahrenbereichen" zu erfüllen.

(12) Gefangene Räume dürfen als Arbeits-, Bereitschafts-, Liege-, Erste-Hilfe-, Pausenräume und Kantinen nur genutzt werden, wenn folgende Maßgaben beachtet wurden:

1. *Sicherstellung der Alarmierung im Gefahrenfall. Beispiele hierzu finden sich in der ASR A2.2. „Maßnahmen gegen Brände" oder*

2. Gewährleistung einer Sichtverbindung zum vorgelagerten Raum, sofern der gefangene Raum nicht zum Schlafen genutzt wird und im vorgelagerten Raum nicht mehr als eine normale Brandgefährdung vorhanden ist.

Hinweis
Diese Regelungen für gefangene Räume in Arbeitsstätten gelten unabhängig von der Größe der in Landesbauordnungen genannten „Nutzungseinheiten".

5 Hauptfluchtwege

...

6 Nebenfluchtwege

...

7 Anforderungen an Türen und Tore im Verlauf von Fluchtwegen

...

8 Kennzeichnung von Fluchtwegen und Notausgängen

Fluchtwege und Notausgänge müssen mit hochmontierten Sicherheitszeichen nach Abschnitt 8.2 Absatz 3 Nummer 2 gekennzeichnet sein. Für Hauptfluchtwege gelten die Anforderungen nach Abschnitt 8.2. Diese gelten auch für Hauptfluchtwege, die als Nebenfluchtwege genutzt werden können. Für Nebenfluchtwege, die nicht über Hauptfluchtwege führen, gelten abweichende Anforderungen entsprechend Abschnitt 8.3. Wenn das gefahrlose Verlassen der Arbeitsstätte durch diese Art der Kennzeichnung nicht gewährleistet ist, sind zusätzliche Maßnahmen nach Abschnitt 8.4 oder 9 zu ergreifen.

8.1 Allgemeine Anforderungen an die Kennzeichnung und Erkennbarkeit

(1) Fluchtwege, Notausgänge, Notausstiege und Türen im Verlauf von Fluchtwegen müssen, Sammelstellen sollen deutlich erkennbar und dauerhaft gekennzeichnet werden.

(2) Die Kennzeichnung der Fluchtwege, Notausgänge, Notausstiege und Türen im Verlauf von Fluchtwegen sowie der Sammelstelle muss entsprechend der ASR A1.3 „Sicherheits- und Gesundheitsschutzkennzeichnung" erfolgen. Für Sammelstellen ist dies das Sicherheitszeichen E007 „Sammelstelle". Die Kennzeichnung kann in langnachleuchtender, innenbeleuchteter oder außenbeleuchteter Ausführung erfolgen. Die Dauer der Erkennbarkeit der Sicherheitszeichen aller Varianten muss bei Ausfall der Allge-

meinbeleuchtung auf Grundlage einer Gefährdungsbeurteilung festgelegt werden, sie muss mindestens 30 min betragen. Sofern das Bauordnungsrecht der Länder höhere Anforderungen stellt, sind diese anzuwenden.

(3) Rettungszeichen zur Kennzeichnung der Fluchtwege, Notausgänge, Notausstiege und Türen im Verlauf von Fluchtwegen nach Absatz 2 dürfen nicht auf Türflügeln angebracht werden, weil bei geöffneten Türflügeln Richtungsangaben nicht mehr erkennbar sein können bzw. in die falsche Richtung weisen.

(4) Langnachleuchtende Sicherheitszeichen müssen mindestens die Anforderungen der DIN 67510-1:2020-05, Klasse C, erfüllen. Die ausreichende Anregung der langnachleuchtenden Materialien ist sicherzustellen, z.B. hinsichtlich Dauer, Art und Intensität der Beleuchtung.

Hinweis
Bei Verwendung von Einrichtungen, welche die Dauer der Anregung begrenzen, z.B. Ansteuerung der Beleuchtung durch Präsenzmelder, sind entsprechende Kompensationsmaßnahmen anzuwenden.

(5) Innen- und außenbeleuchtete Sicherheitszeichen müssen mindestens den Anforderungen der DIN 4844-1:2012-06 entsprechen, sofern sie im Rahmen der Sicherheitsbeleuchtung betrieben werden, gelten mindestens die Anforderungen der DIN EN 1838:2019-11.

(6) Notausgänge und Notausstiege sind, sofern diese von der Außenseite zugänglich sind, auf der Außenseite mit dem Verbotszeichen „P023 Abstellen oder Lagern verboten" zu kennzeichnen.

(7) Die Beleuchtung (natürlich oder künstlich) am Anbringungsort muss die Erkennbarkeit der Sicherheitszeichen sicherstellen. Sicherheitszeichen müssen sich vom Hintergrund deutlich abheben und dürfen von der Umgebungsbeleuchtung nicht überstrahlt werden.

8.2 Anforderungen an die Kennzeichnung von Hauptfluchtwegen

(1) In Räumen, in denen der Fluchtweg eindeutig und jederzeit erkennbar ist, ist keine Sicherheitskennzeichnung erforderlich, z.B. in Einzelbüros mit nur einer Tür.

(2) Die Kennzeichnung für Fluchtwege muss mit den Sicherheitszeichen E001 „Notausgang (links)" oder E002 „Notausgang (rechts)" in Verbindung mit dem Zusatzzeichen „Richtungspfeil" entsprechend ASR A1.3 „Sicherheits- und Gesundheitsschutzkennzeichnung" erfolgen. Auf weitere Zusatzzeichen soll verzichtet werden.

(3) Die Kennzeichnung ist im Verlauf des Hauptfluchtweges an gut sichtbaren Stellen, eindeutig und innerhalb der Erkennungsweite anzubringen. Die Kennzeichnung muss die Richtung des Fluchtweges anzeigen. Dabei sind folgende Randbedingungen zu beachten:

1. *Besonders in langgestreckten Räumen (z.B. Fluren) sollen Sicherheitszeichen in Laufrichtung jederzeit erkennbar sein (z.B. Fahnen- oder Winkelschilder quer zur Laufrichtung).*
2. *Die hochmontierten Sicherheitszeichen sollen über den Türen im Verlauf des Fluchtweges und über Notausgängen angebracht werden. Die Unterkante des Zeichens soll mindestens 2,0 m über Fußbodenoberkante angebracht sein, jedoch nicht höher als 2,5 m. Die Sicherheitszeichen an Wänden parallel zur Fluchtwegrichtung sollen gemessen vom Boden bis zur Unterkante des Zeichens in einer Höhe von 1,7 m bis 2,0 m angebracht werden. Bei Räumen mit einer lichten Höhe von mehr als 5 m können davon abweichend Sicherheitszeichen höher platziert werden. Die Platzierung muss das Blickfeld des Menschen berücksichtigen.*
3. *Die Erkennungsweite ergibt sich aus ASR A1.3 „Sicherheits- und Gesundheitsschutzkennzeichnung“, Tabelle 3, für beleuchtete und langnachleuchtende Sicherheitszeichen. Für innenbeleuchtete Sicherheitszeichen in Dauerlichtschaltung verdoppelt sich die Erkennungsweite bei gleichbleibender Zeichengröße.*

Hinweis
Außenbeleuchtete oder langnachleuchtende Sicherheitszeichen haben üblicherweise eine Abmessung von 30 cm x 15 cm (B x H) und somit eine Erkennungsweite von 15 m. Bei innenbeleuchteten Zeichen gleicher Größe beträgt die Erkennungsweite 30 m.

8.3 Abweichende Anforderungen an die Kennzeichnung von Nebenfluchtwegen, welche nicht über Hauptfluchtwege führen

(1) Auf Nebenfluchtwegen ist der Ausgang, z.B. Notausstieg, zu kennzeichnen. Falls erforderlich, ist auch der Weg zu diesem Ausgang zu kennzeichnen, z.B. der Zugang zu dem Raum, in dem sich der Ausgang befindet.

(2) Die Kennzeichnung erfolgt entsprechend der Ausgestaltung des Ausgangs, z.B. über die Sicherheitszeichen D-E019 „Notausstieg“ oder E016 „Notausstieg mit Fluchtleiter“, gegebenenfalls mit Richtungspfeil entsprechend ASR A1.3 „Sicherheits- und Gesundheitsschutzkennzeichnung“.

8.4 Optische Sicherheitsleitsysteme

Um die Sicherheit beim Verlassen der Arbeitsstätte auch nach Ausfall der Allgemeinbeleuchtung zu erhöhen, können optische Sicherheitsleitsysteme zusätzlich zur Kennzeichnung mit hochmontierten Sicherheitszeichen oder zusätzlich zur Sicherheitsbeleuchtung als Orientierungshilfe eingesetzt werden.

Optische Sicherheitsleitsysteme führen insbesondere zu einer Verbesserung:

1. *der Wahrnehmung des Verlaufes und Begrenzung des Fluchtweges,*
2. *der Wahrnehmung baulicher Einrichtungen z. B. Türrahmen, Treppenstufen, Bedienelemente und*
3. *der Orientierung bei Verrauchung.*

Dabei kann ein Sicherheitsleitsystem notwendig sein, das auf eine Gefährdung reagiert und die günstigste Fluchtrichtung anzeigt.

8.4.1 Allgemeine Anforderungen

(1) Optische Sicherheitsleitsysteme können aus Rettungszeichen, Zusatzzeichen, Leitmarkierungen sowie Sicherheitsleuchten (gemäß DIN EN 60598-2-22 und DIN EN 50172) bestehen. Die Systeme können langnachleuchtend, elektrisch betrieben oder als Kombination beider Systeme ausgeführt werden.

(2) Ein optisches Sicherheitsleitsystem im Zusammenwirken mit der Sicherheitskennzeichnung nach Abschnitt 8 kann gegebenenfalls das schnelle und gefahrlose Verlassen der Arbeitsstätte ermöglichen. Vorab ist die Notwendigkeit einer Sicherheitsbeleuchtung nach Abschnitt 9 zu prüfen. Optische Sicherheitsleitsysteme sind weder ein Ersatz für hochmontierte Sicherheitskennzeichnung nach Abschnitt 8, noch ein Ersatz für eine erforderliche Sicherheitsbeleuchtung nach Abschnitt 9.

(3) Die Erkennbarkeit des optischen Sicherheitsleitsystems darf durch eine eventuell vorhandene Sicherheitsbeleuchtung nicht beeinträchtigt werden.

(4) Optische Sicherheitsleitsysteme sind so einzurichten und zu betreiben, dass der Verlauf von Fluchtwegen, die Notausgänge sowie mögliche Gefahrstellen und Hindernisse erkannt werden können.

(5) Eine beidseitige Kennzeichnung der Hauptfluchtwege ist immer dann erforderlich, wenn die Fluchtwegbreite mehr als 2,00 m beträgt. Vorzugsweise ist auch bei geringerer Breite der Hauptfluchtwege die Kennzeichnung beidseitig auszuführen.

(6) Innerhalb optischer Sicherheitsleitsysteme muss die Fluchtrichtung mit Hilfe der Sicherheitszeichen „E001 „Notausgang (links)“ oder E002 „Notausgang (rechts)“ in Verbindung mit einem Zusatzzeichen (Richtungspfeil) gemäß ASR A1.3 „Sicherheits- und Gesundheitsschutzkennzeichnung“ angegeben werden. Die Kennzeichnung der Fluchtrichtung ist im Verlauf des Hauptfluchtweges und bei Richtungsänderungen anzubringen.

(7) Leitmarkierungen sind durchgehend und gut sichtbar im Verlauf des Hauptfluchtweges auf dem Fußboden oder an Wänden anzubringen. Die Oberkante der Markierung darf nicht höher als 40 cm über dem Fußboden liegen.

Hinweis
Beim Einrichten von neuen Arbeitsstätten oder bei wesentlichen Änderungen ist es empfehlenswert, die Oberkante der Markierung nicht höher als 30 cm über dem Fußboden anzubringen.

(8) Das optische Sicherheitsleitsystem ist instand zu halten und in regelmäßigen Abständen auf seine Funktionsfähigkeit zu prüfen. Die Abstände und der Umfang für die Prüfung sowie die Dokumentationspflicht ergeben sich aus den Herstellerangaben und den anerkannten Regeln der Technik. Festgestellte Mängel sowie Schäden, die die Funktionsfähigkeit beeinträchtigen können, sind unverzüglich sachgerecht zu beseitigen.

8.4.2 Langnachleuchtende optische Sicherheitsleitsysteme

(1) Langnachleuchtende Sicherheitsleitsysteme müssen mindestens die Anforderungen der DIN 67510-1:2020-05, Klasse C erfüllen. Die ausreichende Anregung der langnachleuchtenden Materialien ist sicherzustellen, z. B. hinsichtlich Dauer, Art und Intensität der Beleuchtung. Die Funktionsweise des langnachleuchtenden Sicherheitsleitsystems ist durch Dokumentation des Herstellers oder eine Messung am Ort der Anwendung nach DIN ISO 16069:2019-04 Anhang B nachzuweisen.

Hinweis
Bei Verwendung von Einrichtungen, welche die Dauer der Anregung begrenzen, z. B. Ansteuerung der Beleuchtung durch Präsenzmelder, sind entsprechende Kompensationsmaßnahmen anzuwenden.

(2) Leitmarkierungen müssen mindestens einen Durchmesser oder eine Breite und Höhe von 50 mm haben. Sie werden als durchgehend angesehen, wenn mindestens drei Markierungen pro Meter in regelmäßigen Abständen angebracht sind.

(3) Rampen und Handläufe im Verlauf von Fluchtwegen sind in ihrer gesamten Länge eindeutig zu kennzeichnen. Alle Vorderkanten der Trittstufen

von Treppen müssen über die gesamte Treppenbreite mit langnachleuchtenden Materialien mit einer Breite von 20 mm – 50 mm markiert werden. Die Markierungen sind möglichst nah an der Vorderkante anzubringen, der Abstand soll nicht mehr als 10 mm betragen. Die Erkennbarkeit der Vorderkanten der Trittstufen muss auch bei Allgemeinbeleuchtung gewährleistet sein. Die Markierung der Trittstufen darf zu keinen Stolper- und Rutschgefahren führen, z. B. durch hochstehende Kanten oder große Abweichung von der Bewertungsgruppe der Rutschhemmung der Trittfläche.

Hinweis
Zusätzliche Markierungen an den Seiten der Tritt- und Setzstufen erhöhen die räumliche Erkennbarkeit des Treppenlaufes.

*(4) Türen im Verlauf von Fluchtwegen und Notausstiege sind mit langnachleuchtenden Materialien zu umranden. Die Umrandung muss mindestens eine Breite von 20 mm haben. Türgriffe und Notbetätigungseinrichtungen (z. B. Panikstangen) sind langnachleuchtend zu gestalten oder mit langnachleuchtendem Material hervorzuheben. Falls erforderlich ist dabei die Richtung, in der die Türgriffe und Notbetätigungseinrichtungen zu betätigen sind, anzugeben (siehe **Bild B.2**).*

(5) Gefahrenstellen und Hindernisse im Verlauf von Fluchtwegen, z. B. Vorsprünge, Stützen und Anstoßkanten, müssen deutlich und dauerhaft erkennbar sein. Dazu können Sicherheitsmarkierungen nach ASR 1.3 „Sicherheits- und Gesundheitsschutzkennzeichnung" verwendet werden.

(6) Langnachleuchtende Rettungszeichen, die Teil eines optischen Sicherheitsleitsystems sind, sind im Abstand von maximal 5 m im Verlauf des Fluchtweges anzubringen. Bei jeder Richtungsänderung des Fluchtweges ist ein langnachleuchtendes Rettungszeichen vorzusehen.

8.4.3 Elektrisch betriebene Sicherheitsleitsysteme

(1) Innenbeleuchtete Rettungszeichen, die Teil eines optischen Sicherheitsleitsystems sind, sind im Abstand von maximal 10 m im Verlauf des Fluchtweges anzubringen. Bei jeder Richtungsänderung des Fluchtweges ist ein innenbeleuchtetes Rettungszeichen vorzusehen.

(2) Um die Leitfunktion von innenbeleuchteten Rettungszeichen sicherzustellen, sind zusätzlich elektrisch betriebene Leitmarkierungen oder niedrig montierte Sicherheitsleuchten einzusetzen. Dabei darf der Abstand zwischen den Leitmarkierungen nicht mehr als 2,50 m betragen.

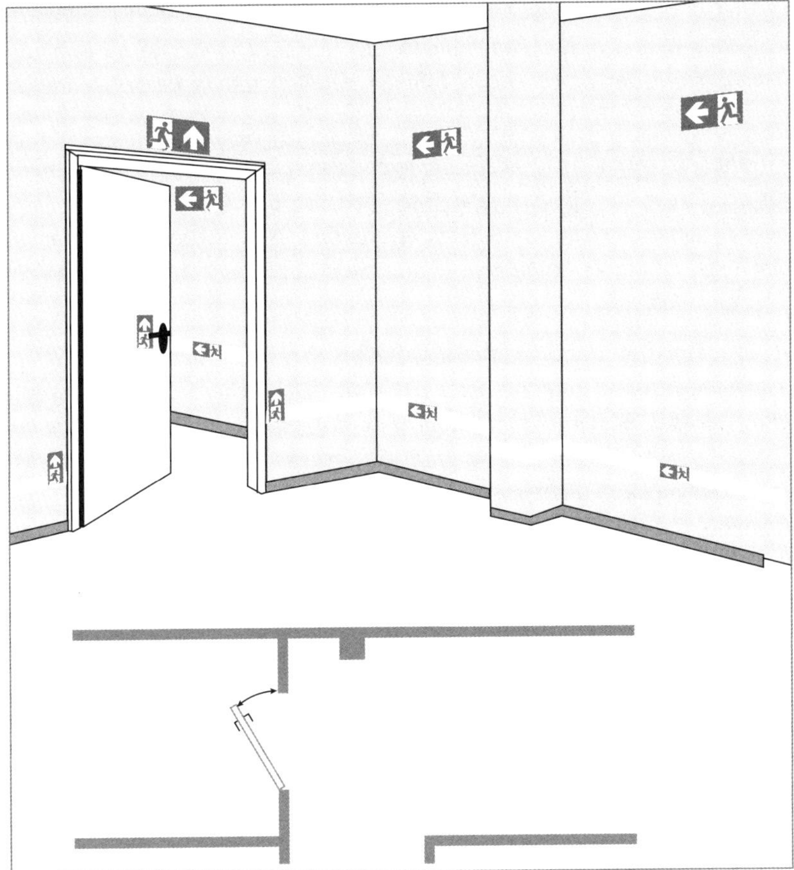

Bild B.2 Beispiel für die Anordnung von Komponenten eines langnachleuchtenden optischen Sicherheitsleitsystems und hochmontierter langnachleuchtender Sicherheitszeichen (räumliche Darstellung und Grundriss)

(3) Niedrig montierte Sicherheitsleuchten ermöglichen zusätzlich die Wahrnehmung von Hindernissen im Fluchtweg. Diese ist gegeben, wenn an jeder Stelle auf der Mitte des Fluchtweges eine Beleuchtungsstärke von mindestens 1 lx erreicht wird. Die Beleuchtungsstärke wird dabei auf einer vertikalen Fläche quer zur Fluchtrichtung in einer Höhe von maximal 20 cm über dem Fußboden und auf der Mitte des Fluchtweges gemessen. Die Beleuchtungsstärke darf dabei bis zum Rand des Fluchtweges auf 0,5 lx abfallen. Der Abstand zwischen den Sicherheitsleuchten darf nicht mehr als 10 m betragen, dabei ist Blendung zu vermeiden.

(4) Bei in den Fußboden eingelassenen elektrisch betriebenen Leitmarkierungen muss sich die Leuchtdichte der abstrahlenden Fläche von der Leuchtdichte der umgebenden Flächen deutlich unterscheiden, ohne zu blenden.

(5) Die elektrisch betriebenen Sicherheitsleitsysteme müssen mindestens für die Dauer, die für das gefahrlose Verlassen der Arbeitsstätte ins Freie oder in einen gesicherten Bereich erforderlich ist, funktionsfähig sein. In der Regel ist ein Zeitraum von 30 min nach Ausfall der Allgemeinbeleuchtung ausreichend.

(6) Die Funktion des Sicherheitsleitsystems darf durch den Ausfall der allgemeinen Stromversorgung nicht beeinträchtigt werden. Die Stromversorgung für das Sicherheitsleitsystem darf nur dann zusätzlich für andere Zwecke verwendet werden, wenn die Stromversorgung für das Sicherheitsleitsystem dadurch nicht beeinträchtigt wird.

Hinweis
Ein elektrisch betriebenes Sicherheitsleitsystem und eine Sicherheitsbeleuchtung können die gleiche Stromversorgung haben.

(7) Werden dynamische optische Sicherheitsleitsysteme eingesetzt, müssen alle damit verbundenen sicherheitsrelevanten Komponenten so gestaltet sein, dass auch bei Ausfall einzelner Komponenten die Funktionsfähigkeit des Gesamtsystems erhalten bleibt.

(8) In einem dynamischen optischen Sicherheitsleitsystem kann die Richtungsangabe je nach Gefahrenlage geändert werden. Dieses kann sowohl automatisch als auch durch manuelle Eingabe erfolgen. Es ist sicherzustellen, dass hochmontierte Richtungsangaben dazu nicht im Widerspruch stehen.

9 Sicherheitsbeleuchtung

Die Ausstattung von Fluchtwegen mit einer Sicherheitsbeleuchtung kann aus anderen Rechtsvorschriften, insbesondere dem Bauordnungsrecht, gefordert sein. Ist das nicht der Fall, muss geprüft werden, ob das gefahrlose Verlassen der Arbeitsstätte, insbesondere bei Ausfall der Allgemeinbeleuchtung, gewährleistet ist. Bei dieser Prüfung sind für Räume und Bereiche insbesondere folgende Kriterien zu beachten:

1. hohe Personenbelegung,
2. Flächenausdehnung (z.B. Hallen, Großraumbüros, Verkaufsstätten),

3. *fehlendes Tageslicht (z. B. Räume unter Erdgleiche, innenliegende Treppenräume und Flure, Schichtbetrieb, wenn nicht während der gesamten Arbeitszeit durch das einfallende Tageslicht ein Mindestwert der Beleuchtungsstärke von 1 lx für die Fluchtwege gegeben ist),*
4. *betriebliche Gründe für Dunkelheit (z. B. Fotolabor),*
5. *Anwesenheit ortsunkundiger Personen (z. B. Kunden, Besucher),*
6. *erhöhte Gefährdung (z. B. durch Stolpern und Stürzen, auf Treppen),*
7. *unübersichtliche Fluchtwegführung (z. B. bei Fluchtwegen mit häufigen Richtungsänderungen) oder*
8. *eingeschränkte Erkennbarkeit des Fluchtweges und seiner Begrenzung (z. B. durch neben dem Fluchtweg abgestelltes Lagergut oder im Zuge der Evakuierung spontan abgestellter Arbeitsmittel).*

Aus dem Ergebnis dieser Prüfung kann sich die Notwendigkeit einer Sicherheitsbeleuchtung ergeben.

9.1 Allgemeine Anforderungen

(1) Die Beleuchtungsstärke der Sicherheitsbeleuchtung für Fluchtwege muss mindestens 1 lx mit einer Gleichmäßigkeit (Verhältnis der maximalen zur minimalen Beleuchtungsstärke) weniger als 40:1 betragen. Die Beleuchtungsstärke ist auf der Mittellinie des Fluchtweges in maximal 20 cm Höhe über dem Fußboden oder den Treppenstufen zu messen.

(2) Nach Ausfall der Allgemeinbeleuchtung muss die Sicherheitsbeleuchtung für Fluchtwege 50 % der erforderlichen Beleuchtungsstärke nach Absatz 1 innerhalb von 5 s erreichen; 100 % der erforderlichen Beleuchtungsstärke müssen nach 60 s erreicht werden.
Für bereits vorhandene Sicherheitsbeleuchtungsanlagen entfällt die Anforderung nach Satz 1, 100 % der erforderlichen Beleuchtungsstärke müssen dabei nach 15 s erreicht werden. Dies gilt bis die jeweiligen Bereiche dieser Arbeitsstätten wesentlich erweitert oder umgebaut werden.
Die Sicherheitsbeleuchtung für Fluchtwege muss für die Dauer, die für das gefahrlose Verlassen der Arbeitsstätte ins Freie erforderlich ist, jedoch mindestens für einen Zeitraum von 30 min nach Ausfall der Allgemeinbeleuchtung, die erforderliche Beleuchtungsstärke erbringen.

(3) In Arbeitsstätten, in denen regelmäßig eine größere Anzahl ortsunkundiger Personen auf einen Fluchtweg angewiesen sein kann, ist mit einem erhöhten Unfallrisiko aufgrund des Ausfalls der Allgemeinbeleuchtung zu rechnen. Im Rahmen der Gefährdungsbeurteilung sind solche Fluchtwege

zu ermitteln. Auf diesen Fluchtwegen muss die erforderliche Beleuchtungsstärke der Sicherheitsbeleuchtung innerhalb von 1 s erreicht werden.

(4) Die Farbwiedergabe der Sicherheitsbeleuchtung ist so zu wählen, dass die Sicherheitsfarben erkennbar bleiben. Der Farbwiedergabeindex R_a darf nicht unter 40 liegen.

(5) Eine störende Blendung der Beschäftigten ist zu vermeiden oder – wenn dies nicht möglich ist – zu minimieren.

(6) Die Funktion der Sicherheitsbeleuchtung darf durch den Ausfall der allgemeinen Stromversorgung nicht beeinträchtigt werden. Die Stromversorgung für die Sicherheitsbeleuchtung darf nur dann zusätzlich für andere Zwecke verwendet werden, wenn die Stromversorgung der Sicherheitsbeleuchtung dadurch nicht beeinträchtigt wird.

Hinweis
Ein elektrisch betriebenes Sicherheitsleitsystem und eine Sicherheitsbeleuchtung können die gleiche Stromversorgung haben.

(7) Die Sicherheitsbeleuchtung ist instand zu halten und in regelmäßigen Abständen auf ihre Funktionsfähigkeit zu prüfen. Die Abstände und der Umfang für die Prüfung sowie die Dokumentationspflicht ergeben sich aus den Herstellerangaben und den anerkannten Regeln der Technik. Festgestellte Mängel sowie Schäden, die die Funktionsfähigkeit beeinträchtigen können, sind unverzüglich sachgerecht zu beseitigen.

Hinweis 1
Eine Sicherheitsbeleuchtung sollte bis zur Sammelstelle geführt werden.

Hinweis 2
Beim Einrichten von Fluchtwegen mit einer Sicherheitsbeleuchtung sollen die hochmontierten Sicherheitszeichen bevorzugt in innenbeleuchteter Ausführung verwendet werden (bessere Erkennbarkeit).

...

10 Flucht- und Rettungsplan

...

11 Unterweisung und Übung zur Evakuierung

...

12 Abweichende/ergänzende Anforderungen an Baustellen

...

(8) Auf Baustellen ist eine Sicherheitsbeleuchtung für Fluchtwege erforderlich, wenn während der Arbeitszeit durch das einfallende Tageslicht ein Mindestwert der Beleuchtungsstärke von 1 lx für die Fluchtwege nicht gegeben ist, z. B.

1. in Bereichen ohne Tageslicht, z. B. in innenliegenden Räumen und Gebäudeabschnitten ohne Lichtschächte und Maueröffnungen, in Räumen unter Geländeoberfläche, in Tunneln und Schächten, oder

2. jahreszeitlich bedingt.

Ergibt die Überprüfung der Gefährdungsbeurteilung, dass die Beleuchtungsstärke von 1 lx für die Nutzung des Fluchtwegs nicht ausreichend ist, damit die Beschäftigten einen Gefahrenbereich sicher verlassen können, muss die Beleuchtungsstärke entsprechend erhöht werden.

Hinweis
Zu Anforderungen an die Sicherheitsbeleuchtung für Tätigkeiten, Arbeitsplätze, Arbeitsräume und Bereiche in Arbeitsstätten, in denen bei Ausfall der Allgemeinbeleuchtung die Sicherheit der Beschäftigten gefährdet werden kann, siehe ASR A3.4 „Beleuchtung", Abschnitte 7, 8.4 und 9.

...

B.2.3 ASR A3.4 – Beleuchtung

Die folgenden Abschnitte sind ASR A3.4, Ausgabe April 2011 (zuletzt geändert GMBl 2022, S. 248), entnommen – maßgeblich ist der im GMBl bekanntgemachte ASR-Text.

Diese ASR A3.4 konkretisiert im Rahmen ihres Anwendungsbereichs Anforderungen der Verordnung über Arbeitsstätten. Bei Einhaltung dieser Technischen Regel kann der Arbeitgeber davon ausgehen, dass die entsprechenden Anforderungen der Verordnung erfüllt sind. Wählt der Arbeitgeber eine andere Lösung, muss er damit mindestens die gleiche Sicherheit und den gleichen Schutz der Gesundheit für die Beschäftigten erreichen.

Die vorliegende Technische Regel beruht auf der BGR 131, Teil 2 „Leitfaden zur Planung und zum Betrieb der Beleuchtung" des ehemaligen Fachausschusses „Einwirkungen und arbeitsbedingte Gesundheitsgefahren" der Deutschen Gesetzlichen Unfallversicherung (DGUV). Der Ausschuss für Arbeitsstätten hat die grundlegenden Inhalte der BGR 131, Teil 2, in Anwendung des Kooperationsmodells (BArbBl. 6/2003 S. 48) als ASR in sein Regelwerk übernommen.

1 Zielstellung

(1) Diese Arbeitsstättenregel konkretisiert die Anforderungen an das Einrichten und Betreiben der Beleuchtung von Arbeitsstätten in § 3a Abs. 1 sowie insbesondere im Punkt 3.4 Abs. 1 und 2 des Anhanges der Arbeitsstättenverordnung. Weiterhin konkretisiert diese Arbeitsstättenregel die Anforderungen im Punkt 3.4 Abs. 7 des Anhanges der Arbeitsstättenverordnung an das Einrichten und Betreiben der Sicherheitsbeleuchtung bei Ausfall der Allgemeinbeleuchtung und im Punkt 3.5 Abs. 2 bezüglich des Blendschutzes bei Sonneneinstrahlung.

(2) Die Festlegungen dieser ASR zur Beleuchtung dienen der Sicherheit und dem Gesundheitsschutz der Beschäftigten am Arbeitsplatz und beschreiben für ausgewählte Tätigkeiten die erforderliche Beleuchtung zur gesundheitsgerechten Erledigung der Sehaufgaben. Der Einfluss des Tageslichts am Arbeitsplatz wird soweit berücksichtigt, wie dies für die Gesundheit und Sicherheit der Beschäftigten erforderlich ist.

...

2 Anwendungsbereich

(1) Diese ASR findet Anwendung auf die natürliche und künstliche Beleuchtung von Arbeitsstätten in Gebäuden und fliegenden Bauten oder im Freien, soweit dem betriebstechnische Gründe nicht entgegenstehen, z. B. in Räumen mit Fotolaboren und in Gasträumen. Betriebstechnische Besonderheiten können die Nichtanwendung bestimmter Anforderungen dieser ASR begründen. In solchen Fällen ist im Rahmen der Gefährdungsbeurteilung vom Arbeitgeber zu entscheiden, welche Maßnahmen zur Sicherheit und zum Gesundheitsschutz der Beschäftigten durchgeführt werden müssen.

(2) Diese ASR gilt zudem für das Einrichten und Betreiben der Sicherheitsbeleuchtung für Tätigkeiten, Arbeitsplätze, Arbeitsräume und Bereiche mit besonderer Gefährdung.
Sie nennt Beispiele für Arbeitsstätten, für die eine Sicherheitsbeleuchtung erforderlich sein kann. Sie enthält die lichttechnischen Anforderungen an Sicherheitsbeleuchtung sowie Hinweise zu deren Betrieb, Instandhaltung und Prüfung.

Hinweis 1
Zu Anforderungen an die Sicherheitsbeleuchtung und Sicherheitsleitsysteme für Fluchtwege und Notausgänge siehe ASR A2.3 „Fluchtwege und Notausgänge".

Hinweis 2
Zu Anforderungen zum Schutz vor der thermischen Belastung durch Sonneneinstrahlung siehe ASR A3.5 „Raumtemperatur".

3 Begriffsbestimmungen

...

*3.14 Die **Sicherheitsbeleuchtung** ist eine Beleuchtung, die dem gefahrlosen Verlassen der Arbeitsstätte und der Vermeidung von Gefährdungen dient, die durch Ausfall der Allgemeinbeleuchtung entstehen können.*

Hinweis
In dieser ASR werden die Anforderungen der Sicherheitsbeleuchtung für Tätigkeiten, Arbeitsplätze, Arbeitsräume und Bereiche beschrieben.

...

7 Sicherheitsbeleuchtung für Tätigkeiten, Arbeitsplätze, Arbeitsräume und Bereiche

(1) Bereiche von Arbeitsstätten, in denen die Beschäftigten bei Ausfall der Allgemeinbeleuchtung Gefährdungen für Sicherheit und Gesundheit ausgesetzt sind, müssen eine ausreichende Sicherheitsbeleuchtung haben. Solche Bereiche sind im Rahmen einer Gefährdungsbeurteilung zu ermitteln. Das können z. B. sein:

1. *Laboratorien, in denen es notwendig ist, dass Beschäftigte einen laufenden Versuch beenden oder unterbrechen müssen, um eine akute Gefährdung von Beschäftigten und Dritten zu verhindern. Solche akuten Gefährdungen können z. B. Explosionen oder Brände sowie das Freisetzen von Krankheitserregern oder giftigen, sehr giftigen oder radioaktiven Stoffen in Gefahr bringender Menge sein,*
2. *Arbeitsplätze, die aus technischen Gründen dunkel gehalten werden müssen,*
3. *elektrische Betriebsräume und Räume für haustechnische Anlagen,*
4. *der unmittelbare Bereich langnachlaufender Arbeitsmittel mit nicht zu schützenden bewegten Teilen, die Gefährdungen für Sicherheit und Gesundheit der Beschäftigten verursachen können, z. B. Plandrehmaschinen,*

5. Steuereinrichtungen für ständig zu überwachende Anlagen, z.B. Schaltwarten und Leitstände für Kraftwerke, chemische und metallurgische Betriebe sowie Arbeitsplätze an Absperr- und Regeleinrichtungen, die betriebsmäßig oder bei Betriebsstörungen zur Vermeidung von Gefährdungen für Sicherheit und Gesundheit der Beschäftigten betätigt werden müssen, um Produktionsprozesse gefahrlos zu unterbrechen bzw. zu beenden,

6. Bereiche in der Nähe heißer Bäder oder Gießgruben, die aus produktionstechnischen Gründen nicht durch Geländer oder Absperrungen gesichert werden können,

7. Bereiche um Arbeitsgruben, die aus arbeitsablaufbedingten Gründen nicht abgedeckt sein können oder

8. Arbeitsplätze auf Baustellen (siehe hierzu Punkt 9).

(2) Die Beleuchtungsstärke der Sicherheitsbeleuchtung ist auf der Grundlage der Gefährdungsbeurteilung festzulegen. Die Beleuchtungsstärke muss mindestens 15 lx mit einer Gleichmäßigkeit (Verhältnis der maximalen zur minimalen Beleuchtungsstärke) von <10:1 betragen. Allgemein bewährt hat sich ein Wert von 10% der mittleren Beleuchtungsstärke der Allgemeinbeleuchtung. Im Einzelfall können höhere Beleuchtungsstärken erforderlich sein. Die Beleuchtungsstärke und die Gleichmäßigkeit sind am Ort der Sehaufgabe zu messen.

(3) Die erforderliche Beleuchtungsstärke der Sicherheitsbeleuchtung ist innerhalb von 0,5 s nach Ausfall der Allgemeinbeleuchtung zu erreichen. Diese Beleuchtungsstärke muss mindestens für die Dauer der besonderen Gefährdung zur Verfügung stehen.

(4) Die Lichtfarbe der Sicherheitsbeleuchtung ist so zu wählen, dass die Sicherheitsfarben erkennbar bleiben. Der allgemeine Farbwiedergabeindex R_a *darf nicht unter 40 liegen.*

(5) Eine störende Blendung der Beschäftigten ist zu vermeiden oder – wenn dies nicht möglich ist – zu minimieren.

(6) Eine Stromquelle für Sicherheitsbeleuchtung darf durch den Ausfall der allgemeinen Stromversorgung nicht beeinträchtigt werden. Diese Stromquelle darf nur dann zusätzlich für andere Zwecke verwendet werden, wenn die Verfügbarkeit für die Versorgung der Einrichtung für Sicherheitszwecke dadurch nicht beeinträchtigt wird.

...

8.4 Betrieb, Instandhaltung und Prüfung von Sicherheitsbeleuchtung

(1) Sicherheitsbeleuchtung ist an die aktuelle Gefährdungssituation anzupassen. Schäden, die die Funktionsfähigkeit beeinträchtigen können, sind unverzüglich zu beseitigen.

(2) Der Arbeitgeber hat die Sicherheitsbeleuchtung bei Bedarf auf seine Funktionsfähigkeit prüfen zu lassen. Die Wartungs-, Prüf- und Dokumentationspflichten ergeben sich aus der Gefährdungsbeurteilung unter Berücksichtigung der Herstellerangaben. Festgestellte Mängel sind unverzüglich sachgerecht zu beseitigen.

9 Abweichende/ergänzende Anforderungen für Baustellen

...

(3) Auf Baustellen ist eine Sicherheitsbeleuchtung erforderlich, wenn während der Arbeitszeit durch das einfallende Tageslicht ein Mindestwert der Beleuchtungsstärke von 1 lx nicht gegeben ist, z. B.:

1. in Bereichen ohne Tageslicht, z. B. in innenliegenden Räumen und Gebäudeabschnitten ohne Lichtschächte und Maueröffnungen, in Räumen unter Geländeoberfläche, in Tunneln und Schächten, oder

2. jahreszeitlich bedingt.

(4) Abweichend von Punkt 7 Abs. 2 darf die Beleuchtungsstärke in Bereichen, in denen nach Abs. 3 eine Sicherheitsbeleuchtung auf Baustellen erforderlich ist, mindestens 1 lx betragen. Ergibt die Überprüfung der Gefährdungsbeurteilung, dass die Beleuchtungsstärke von 1 lx nicht ausreichend ist, muss die Beleuchtungsstärke entsprechend erhöht werden.

(5) Bei Bauarbeiten unter Tage (z. B. Tunnelbauarbeiten) ist für die Sicherheitsbeleuchtung am Arbeitsplatz eine Beleuchtungsstärke von mindestens 15 lx erforderlich.

...

Anhang C Baurecht – Auszüge zur Sicherheitsbeleuchtung

C.1 Muster-Beherbergungsstätten – MbeVO [38]

...

§ 1 Anwendungsbereich

Die Vorschriften dieser Verordnung gelten für Beherbergungsstätten mit mehr als 12 Gastbetten.

...

§ 3 Rettungswege

(1) Für jeden Beherbergungsraum müssen mindestens zwei voneinander unabhängige Rettungswege vorhanden sein; sie dürfen jedoch innerhalb eines Geschosses über denselben notwendigen Flur führen. Der erste Rettungsweg muss für Beherbergungsräume, die nicht zu ebener Erde liegen, über eine notwendige Treppe führen, der zweite Rettungsweg über eine weitere notwendige Treppe oder eine Außentreppe. In Beherbergungsstätten mit insgesamt nicht mehr als 60 Gastbetten genügt als zweiter Rettungsweg eine mit Rettungsgeräten der Feuerwehr erreichbare Stelle des Beherbergungsraumes; dies gilt nicht, wenn in einem Geschoss mehr als 30 Gastbetten vorhanden sind.

(2) An Abzweigungen notwendiger Flure, an den Zugängen zu notwendigen Treppenräumen und an den Ausgängen ins Freie ist durch Sicherheitszeichen auf die Ausgänge hinzuweisen. Die Sicherheitszeichen müssen beleuchtet sein.

...

§ 8 Sicherheitsbeleuchtung, Sicherheitsstromversorgung

(1) Beherbergungsstätten müssen

1. *in notwendigen Fluren und in notwendigen Treppenräumen,*
2. *in Räumen zwischen notwendigen Treppenräumen und Ausgängen ins Freie,*
3. *für Sicherheitszeichen, die auf Ausgänge hinweisen und*
4. *für Stufen in notwendigen Fluren eine Sicherheitsbeleuchtung haben.*

(2) Beherbergungsstätten müssen eine Sicherheitsstromversorgung haben, die bei Ausfall der allgemeinen Stromversorgung den Betrieb der sicherheitstechnischen Anlagen und Einrichtungen übernimmt, insbesondere

1. *der Sicherheitsbeleuchtung,*
2. *der Alarmierungseinrichtungen und*
3. *der Brandmeldeanlagen.*

...

C.2 Muster-Garagen- und Stellplatzverordnung M-GarVO [40]

...

§ 1 Begriffe und allgemeine Anforderungen

...

(9) Garagen mit einer Nutzfläche

1. *bis 100 m² sind Kleingaragen,*
2. *über 100 m² bis 1.000 m² sind Mittelgaragen,*
3. *über 1.000 m² sind Großgaragen.*

...

§ 14 Rettungswege

(1) Jede Mittel- und Großgarage muss in jedem Geschoss mindestens zwei voneinander unabhängige Rettungswege haben, die unmittelbar oder über notwendige Treppenräume ins Freie führen. In oberirdischen Mittel- und Großgaragen genügt ein Rettungsweg, wenn ein Ausgang ins Freie in höchstens 10 m Entfernung erreichbar ist. Der zweite Rettungsweg darf auch über eine Rampe führen. Bei oberirdischen Mittel- und Großgaragen, deren Einstellplätze im Mittel nicht mehr als 3 m über der Geländeoberfläche liegen, genügen notwendige Treppen als Rettungswege nach Satz 1.

(2) Von jeder Stelle einer Mittel- und Großgarage muss in demselben Geschoss mindestens ein Ausgang ins Freie, ein notwendiger Treppenraum oder, wenn ein Treppenraum nicht erforderlich ist, mindestens eine notwendige Treppe

1. *bei offenen Mittel- und Großgaragen in einer Entfernung von höchstens 50 m,*
2. *bei geschlossenen Mittel- und Großgaragen in einer Entfernung von höchstens 35 m erreichbar sein.*

In geschlossenen Mittel- und Großgaragen gilt die Entfernung nach Satz 1 bis zur Sicherheitsschleuse. Die Entfernung ist in der Lauflinie, jedoch nicht über Stellplätze zu messen.

(3) In Mittel- und Großgaragen müssen dauerhafte und leicht erkennbare Hinweise auf die Ausgänge vorhanden sein. In Großgaragen müssen die zu den notwendigen Treppen oder zu den Ausgängen ins Freie führende Wege auf dem Fußboden durch dauerhafte und leicht erkennbare Markierungen sowie an den Wänden durch beleuchtete Hinweise gekennzeichnet sein.

(4) Für Dacheinstellplätze gelten die Absätze 1 bis 3 sinngemäß.

(5) Die Absätze 1 bis 3 gelten nicht für automatische Garagen.

§ 14 Beleuchtung

(1) In Mittel- und Großgaragen muss eine allgemeine elektrische Beleuchtung vorhanden sein. Sie muss so beschaffen und mindestens in zwei Stufen derartig schaltbar sein, dass an allen Stellen der Nutzflächen und Rettungswege in der ersten Stufe eine Beleuchtungsstärke von mindestens 1 Lux und in der zweiten Stufe von mindestens 20 Lux erreicht wird.

(2) In geschlossenen Großgaragen, ausgenommen eingeschossige Großgaragen mit festem Benutzerkreis, muss zur Beleuchtung der Rettungswege eine Sicherheitsbeleuchtung vorhanden sein.

(3) Die Absätze 1 und 2 gelten nicht für automatische Garagen.

C.3 Muster-Verkaufsstättenverordnung – MVKVO [45]

§ 1 Anwendungsbereich

Die Vorschriften dieser Verordnung gelten für jede Verkaufsstätte, deren Verkaufsräume und Ladenstraßen einschließlich ihrer Bauteile eine Fläche von insgesamt mehr als 2.000 m² haben.

...

§ 10 Rettungswege in Verkaufsstätten

...

(7) An Kreuzungen der Ladenstraßen und der Hauptgänge sowie an Türen im Zuge von Rettungswegen ist deutlich und dauerhaft auf die Ausgänge

durch Sicherheitszeichen hinzuweisen. Die Sicherheitszeichen müssen beleuchtet sein.

...

§ 18 Sicherheitsbeleuchtung

(1) In Verkaufsstätten muss eine Sicherheitsbeleuchtung vorhanden sein, die so beschaffen ist, dass sich Besucher und Betriebsangehörige auch bei vollständigem Versagen der allgemeinen Beleuchtung bis zu öffentlichen Verkehrsflächen hin gut zurechtfinden können.

(2) Eine Sicherheitsbeleuchtung muss vorhanden sein

1. *in notwendigen Treppenräumen, in Räumen zwischen notwendigen Treppenräumen und Ausgängen ins Freie und in notwendigen Fluren,*
2. *in Verkaufsräumen und allen übrigen Räumen für Besucher sowie Toilettenräumen mit mehr als 50 m^2 Grundfläche,*
3. *in Räumen für Beschäftigte mit mehr als 20 m^2 Grundfläche (ausgenommen Büroräume),*
4. *in elektrischen Betriebsräumen und Räumen für haustechnische Anlagen,*
5. *für Sicherheitszeichen von Ausgängen und Rettungswegen,*
6. *für Stufenbeleuchtungen.*

...

§ 21 Sicherheitsstromversorgungsanlagen

Verkaufsstätten müssen eine Sicherheitsstromversorgungsanlage haben, die bei Ausfall der allgemeinen Stromversorgung den Betrieb der sicherheitstechnischen Anlagen und Einrichtungen übernimmt, insbesondere der

1. *Sicherheitsbeleuchtung,*
2. *Beleuchtung der Stufen und Hinweise auf Ausgänge,*
3. *Sprinkleranlagen,*
4. *Rauchabzugsanlagen,*
5. *Schließeinrichtungen für Feuerschutzabschlüsse (z. B. Rolltore),*
6. *Brandmeldeanlagen,*
7. *Alarmierungseinrichtungen.*

...

§ 29 Zusätzliche Bauvorlagen

Die Bauvorlagen müssen zusätzliche Angaben enthalten über

1. eine Berechnung der Flächen der Verkaufsräume und der Brandabschnitte,
2. eine Berechnung der erforderlichen Breiten der Ausgänge aus den Geschossen ins Freie oder in Treppenräume notwendiger Treppen,
3. die Sprinkleranlagen, die sonstigen Feuerlöscheinrichtungen und die Feuerlöschgeräte,
4. die Brandmeldeanlagen,
5. die Alarmierungseinrichtungen,
6. die Sicherheitsbeleuchtung und die Sicherheitsstromversorgung,
7. die Rauchabzugsvorrichtungen und Rauchabzugsanlagen,
8. die Rettungswege auf dem Grundstück und die Flächen für die Feuerwehr.

...

C.4 Muster-Schulbaurichtlinie – MschulbauR [44]

1 Anwendungsbereich

Diese Richtlinie gilt für Anforderungen nach § 51 Abs. 1 MBO [39] an allgemeinbildende und berufsbildende Schulen, soweit sie nicht ausschließlich der Unterrichtung Erwachsener dienen.

...

3 Rettungswege

3.1 Allgemeine Anforderungen

Für jeden Unterrichtsraum müssen in demselben Geschoss mindestens zwei voneinander unabhängige Rettungswege zu Ausgängen ins Freie oder zu notwendigen Treppenräumen vorhanden sein. Anstelle eines dieser Rettungswege darf ein Rettungsweg über Außentreppen ohne Treppenräume, Rettungsbalkone, Terrassen und begehbare Dächer auf das Grundstück führen, wenn dieser Rettungsweg im Brandfall nicht gefährdet ist; dieser Rettungsweg gilt als Ausgang ins Freie.

3.2 Rettungswege durch Hallen

Einer der beiden Rettungswege nach Nummer 3.1 darf durch eine Halle führen; diese Halle darf nicht als Raum zwischen einem notwendigen Treppenraum und dem Ausgang ins Freie dienen.

3.3 Notwendige Flure

Notwendige Flure mit nur einer Fluchtrichtung (Stichflure) dürfen nicht länger als 10 m sein.

3.4 Breite der Rettungswege, Sicherheitszeichen

Die nutzbare Breite der Ausgänge von Unterrichtsräumen und sonstigen Aufenthaltsräumen sowie der notwendigen Flure und notwendigen Treppen muss mindestens 1,20 m je 200 darauf angewiesener Benutzer betragen.

Staffelungen sind nur in Schritten von 0,60 m zulässig. Es muss jedoch mindestens folgende nutzbare Breite vorhanden sein bei

a) Ausgängen von Unterrichtsräumen und sonstigen Aufenthaltsräumen 0,90 m,

b) notwendigen Fluren 1,50 m,

c) notwendigen Treppen 1,20 m.

Die erforderliche nutzbare Breite der notwendigen Flure und notwendigen Treppen darf durch offenstehende Türen, Einbauten oder Einrichtungen nicht eingeengt werden. Ausgänge zu notwendigen Fluren dürfen nicht breiter sein als der notwendige Flur. Ausgänge zu notwendigen Treppenräumen dürfen nicht breiter sein als die notwendige Treppe. Ausgänge aus notwendigen Treppenräumen müssen mindestens so breit sein wie die notwendige Treppe. An den Ausgängen zu notwendigen Treppenräumen oder ins Freie müssen Sicherheitszeichen angebracht sein.

…

8 Sicherheitsbeleuchtung

Eine Sicherheitsbeleuchtung muss in Hallen, durch die Rettungswege führen, in notwendigen Fluren und notwendigen Treppenräumen sowie in fensterlosen Aufenthaltsräumen vorhanden sein.

…

10 Sicherheitsstromversorgung

Sicherheitsbeleuchtung, Alarmierungsanlagen und elektrisch betriebene Einrichtungen zur Rauchableitung müssen an eine Sicherheitsstromversorgungsanlage angeschlossen sein.

…

C.5 Muster-Richtlinie über den Bau und Betrieb von Hochhäusern – MHHR [41]

1 Anwendungsbereich

Diese Richtlinie *regelt besondere Anforderungen und Erleichterungen im Sinne von § 51 Abs. 1 MBO [39] für den Bau und Betrieb von Hochhäusern (§ 2 Abs. 4 Nr. 1 MBO).*

ANMERKUNG
Hochhäuser sind Gebäude, bei denen der Fußboden eines Aufenthaltsraumes mehr als 22 m über der festgelegten Geländeoberfläche liegt [§ 2 Abs.4 MBO]

...

4 Rettungswege

4.1 Führung von Rettungswegen

4.1.1 Für Nutzungseinheiten und für Geschosse ohne Aufenthaltsräume müssen in jedem Geschoss mindestens zwei voneinander unabhängige bauliche Rettungswege ins Freie vorhanden sein, die zu öffentlichen Verkehrsflächen führen. Beide Rettungswege dürfen innerhalb des Geschosses über denselben notwendigen Flur führen. Die Rettungswege aus den oberirdischen Geschossen und den Kellergeschossen sind getrennt ins Freie zu führen.

4.1.2 Die lichte Breite eines jeden Teils von Rettungswegen muss mindestens 1,20 m betragen. Die lichte Breite der Türen aus Nutzungseinheiten auf notwendige Flure muss mindestens 0,90 m betragen.

4.1.3 Rettungswege müssen durch Sicherheitszeichen dauerhaft und gut sichtbar gekennzeichnet sein.

4.2 Notwendige Treppenräume, Sicherheitstreppenräume

4.2.1 In Hochhäusern mit nicht mehr als 60 m Höhe genügt anstelle von zwei notwendigen Treppenräumen ein Sicherheitstreppenraum.

4.2.2 In Hochhäusern mit mehr als 60 m Höhe müssen alle notwendigen Treppenräume als Sicherheitstreppenräume ausgebildet sein.

4.2.3 Innenliegende notwendige Treppenräume von oberirdischen Geschossen und notwendige Treppenräume von Kellergeschossen mit Aufenthaltsräumen müssen als Sicherheitstreppenraum ausgebildet sein.

4.2.4 Notwendige Treppenräume von Kellergeschossen dürfen mit den Treppenräumen oberirdischer Geschosse nicht in Verbindung stehen. In-

nenliegende Sicherheitstreppenräume dürfen durchgehend sein. Nummer 4.1.1 Satz 3 bleibt unberührt.

4.2.5 Sofern der Ausgang eines notwendigen Treppenraumes nicht unmittelbar ins Freie führt, muss der Raum zwischen dem notwendigen Treppenraum und dem Ausgang ins Freie

1. *ohne Öffnungen zu anderen Räumen sein,*
2. *Wände haben, die die Anforderungen an die Wände des Treppenraumes erfüllen.*

4.2.6 Öffnungen in den Wänden notwendiger Treppenräume, die keine Sicherheitstreppenräume sind, sind zulässig

1. *zu notwendigen Fluren,*
2. *ins Freie,*
3. *zu Räumen nach Nummer 4.2.5.*

4.2.7 Vor den Türen außenliegender Sicherheitstreppenräume müssen offene Gänge im freien Luftstrom so angeordnet sein, dass Rauch ungehindert ins Freie abziehen kann. Öffnungen in den Wänden der Sicherheitstreppenräume sind zulässig

1. *zu offenen Gängen,*
2. *ins Freie.*

Zur Belichtung der Sicherheitstreppenräume sind nur feste Verglasungen zulässig. Der Abstand von der Tür zum Sicherheitstreppenraum zu anderen Türen muss mindestens 3 m betragen.

4.2.8 Vor den Türen innenliegender Sicherheitstreppenräume müssen Vorräume angeordnet sein, in die Feuer und Rauch nicht eindringen kann. Öffnungen in den Wänden dieser Vorräume sind zulässig

1. *zum Sicherheitstreppenraum,*
2. *zu notwendigen Fluren.*

Der Abstand von der Tür zum Sicherheitstreppenraum zu anderen Türen muss mindestens 3 m betragen.

4.2.9 Vor den Türen notwendiger Treppenräume der Kellergeschosse müssen Vorräume angeordnet sein. Vor den Vorräumen müssen notwendige Flure angeordnet sein. Öffnungen in den Wänden dieser Vorräume sind zulässig

1. *zum notwendigen Treppenraum,*
2. *zu notwendigen Fluren.*

Der Abstand von der Tür zum notwendigen Treppenraum zu anderen Türen muss mindestens 3 m betragen.

4.3 Notwendige Flure

4.3.1 Ausgänge von Nutzungseinheiten müssen auf notwendige Flure oder ins Freie führen.

4.3.2 Von jeder Stelle eines Aufenthaltsraumes sowie eines Kellergeschosses muss mindestens ein Ausgang in einen notwendigen Treppenraum, einen Vorraum eines Sicherheitstreppenraumes oder ins Freie in höchstens 35 m Entfernung erreichbar sein.

4.3.3 Notwendige Flure mit nur einer Fluchtrichtung dürfen nicht länger als 15 m sein. Sie müssen zum Vorraum eines Sicherheitstreppenraums, zu einem notwendigen Flur mit zwei Fluchtrichtungen oder zu einem offenen Gang führen. Die Flure nach Satz 1 sind durch nichtabschließbare, rauchdichte und selbstschließende Abschlüsse von anderen notwendigen Fluren abzutrennen.

4.3.4 Innerhalb von Nutzungseinheiten mit nicht mehr als 400 m^2 Grundfläche, deren Nutzung hinsichtlich der Brandgefahren mit einer Büro- oder Verwaltungsnutzung vergleichbar ist, sind notwendige Flure nicht erforderlich.

4.3.5 In Nutzungseinheiten, die einer Büro- oder Verwaltungsnutzung dienen oder hinsichtlich der Brandgefahren mit einer Büro- oder Verwaltungsnutzung vergleichbar sind, müssen Räume mit mehr als 400 m^2 Grundfläche

1. *gekennzeichnete Gänge mit einer Breite von mindestens 1,20 m haben, die auf möglichst geradem Weg zu entgegengesetzt liegenden Ausgängen zu notwendigen Fluren führen und*
2. *Sichtverbindungen innerhalb der Räume zum nächstliegenden Ausgang haben, die nicht durch Raumteiler oder Einrichtungen beeinträchtigt wird.*

4.3.6 In notwendigen Fluren sind Empfangsbereiche unzulässig. Sie sind zulässig, wenn

1. *die Rettungswegbreite nicht eingeschränkt wird,*
2. *der Ausbreitung von Rauch in den notwendigen Flur vorgebeugt wird und*
3. *der notwendige Flur zwei Fluchtrichtungen hat.*

...

*6.5 **Sicherheitsbeleuchtung***

6.5.1 In Hochhäusern muss eine Sicherheitsbeleuchtung vorhanden sein, die bei Ausfall der allgemeinen Beleuchtung selbsttätig in Betrieb geht.

6.5.2 Eine Sicherheitsbeleuchtung muss vorhanden sein

1. *in Rettungswegen,*
2. *in Vorräumen von Aufzügen,*
3. *für Sicherheitszeichen von Rettungswegen.*

*6.6 **Sicherheitsstromversorgungsanlagen, Blitzschutzanlagen, Gebäudefunkanlagen***

6.6.1 Hochhäuser müssen Sicherheitsstromversorgungsanlagen haben, die bei Ausfall der allgemeinen Stromversorgung den Betrieb der sicherheitstechnischen Gebäudeausrüstung übernehmen, insbesondere der

1. *Sicherheitsbeleuchtung,*
2. *automatischen Feuerlöschanlagen und Druckerhöhungsanlagen für die Löschwasserversorgung,*
3. *Rauchabzugsanlagen,*
4. *Druckbelüftungsanlagen,*
5. *Brandmeldeanlagen,*
6. *Alarmierungsanlagen,*
7. *Aufzüge,*
8. *Gebäudefunkanlagen für die Feuerwehr.*

...

C.6 Musterverordnung über den Bau und Betrieb von Versammlungsstätten – MVStättVO [46]

*§ 1 **Anwendungsbereich, Anzahl der Besucher***

(1) Die Vorschriften dieser Verordnung gelten für den Bau und Betrieb von

1. *Versammlungsstätten mit Versammlungsräumen, die einzeln mehr als 200 Besucher fassen. Sie gelten auch für Versammlungsstätten mit mehreren Versammlungsräumen, die insgesamt mehr als 200 Besucher fassen, wenn diese Versammlungsräume gemeinsame Rettungswege haben,*
2. *Versammlungsstätten im Freien mit Szenenflächen und Tribünen, die keine fliegenden Bauten sind und insgesamt mehr als 1.000 Besucher fassen,*

3. *Sportstadien und Freisportanlagen mit Tribünen, die keine fliegenden Bauten sind, und die jeweils insgesamt mehr als 5.000 Besucher fassen.*

(2) Soweit sich aus den Bauvorlagen nichts anderes ergibt, ist die Anzahl der Besucher im Sinne dieser Verordnung wie folgt zu ermitteln:

1. *für Sitzplätze an Tischen: ein Besucher je m^2 Grundfläche des Versammlungsraumes,*
2. *für Sitzplätze in Reihen: zwei Besucher je m^2 Grundfläche des Versammlungsraumes,*
3. *für Stehplätze auf Stufenreihen: zwei Besucher je laufendem Meter Stufenreihe,*
4. *bei Ausstellungsräumen: ein Besucher je m^2 Grundfläche des Versammlungsraumes.*

Für sonstige Stehplätze sind mindestens zwei Besucher je m^2 Grundfläche anzusetzen. Für Besucher nicht zugängliche Flächen werden in die Berechnung nicht einbezogen. Für Versammlungsstätten im Freien, für Freisportanlagen und für Sportstadien gelten Satz 1 Nr. 1 bis 3, Halbsatz 2 und Satz 2 entsprechend.

(3) Die Vorschriften dieser Verordnung gelten nicht für

1. *Räume, die dem Gottesdienst gewidmet sind,*
2. *Unterrichtsräume in allgemein- und berufsbildenden Schulen,*
3. *Ausstellungsräume in Museen,*
4. *fliegende Bauten.*

§ 2 Begriffe

Versammlungsstätten sind bauliche Anlagen oder Teile baulicher Anlagen, die für die gleichzeitige Anwesenheit vieler Menschen bei Veranstaltungen, insbesondere erzieherischer, wirtschaftlicher, geselliger, kultureller, künstlerischer, politischer, sportlicher oder unterhaltender Art, bestimmt sind, sowie Schank- und Speisewirtschaften.

…

(3) Versammlungsräume sind Räume für Veranstaltungen oder für den Verzehr von Speisen und Getränken. Hierzu gehören auch Aulen und Foyers, Vortrags- und Hörsäle sowie Studios.

…

§ 6 Führung der Rettungswege

(1) Rettungswege müssen ins Freie zu öffentlichen Verkehrsflächen führen. Zu den Rettungswegen von Versammlungsstätten gehören insbesondere die freizuhaltenden Gänge und Stufengänge, die Ausgänge aus Versammlungsräumen, die notwendigen Flure und notwendigen Treppen, die Ausgänge ins Freie, die als Rettungsweg dienenden Balkone, Dachterrassen und Außentreppen sowie die Rettungswege im Freien auf dem Grundstück.

(2) Versammlungsstätten müssen in jedem Geschoss mit Aufenthaltsräumen mindestens zwei voneinander unabhängige bauliche Rettungswege haben; dies gilt für Tribünen entsprechend. Die Führung beider Rettungswege innerhalb eines Geschosses durch einen gemeinsamen notwendigen Flur ist zulässig. Rettungswege dürfen über Balkone, Dachterrassen und Außentreppen auf das Grundstück führen, wenn sie im Brandfall sicher begehbar sind.

(3) Rettungswege dürfen über Gänge und Treppen durch Foyers oder Hallen zu Ausgängen ins Freie geführt werden, soweit mindestens ein weiterer von dem Foyer oder der Halle unabhängiger baulicher Rettungsweg vorhanden ist. Foyers oder Hallen dürfen nicht als Raum zwischen notwendigen Treppenräumen und Ausgängen ins Freie im Sinn des § 35 Abs. 3 Satz 2 MBO [39] dienen.

(4) Versammlungsstätten müssen für Geschosse mit jeweils mehr als 800 Besucherplätzen nur diesen Geschossen zugeordnete Rettungswege haben.

(5) Versammlungsräume und sonstige Aufenthaltsräume, die für mehr als 100 Besucher bestimmt sind oder mehr als 100 m² Grundfläche haben, müssen jeweils mindestens zwei möglichst weit auseinander und entgegengesetzt liegende Ausgänge ins Freie oder zu Rettungswegen haben. Die nach § 7 Abs. 4 Satz 1 ermittelte Breite ist möglichst gleichmäßig auf die Ausgänge zu verteilen; die Mindestbreiten nach § 7 Abs. 4 Satz 3 und 4 bleiben unberührt.

(6) Ausgänge und sonstige Rettungswege müssen durch Sicherheitszeichen dauerhaft und gut sichtbar gekennzeichnet sein.

...

§ 14 Sicherheitsstromversorgungsanlagen, elektrische Anlagen und Blitzschutzanlagen

(1) Versammlungsstätten müssen eine Sicherheitsstromversorgungsanlage haben, die bei Ausfall der Stromversorgung den Betrieb der sicherheitstechnischen Anlagen und Einrichtungen übernimmt, insbesondere der

1. *Sicherheitsbeleuchtung,*
2. *automatischen Feuerlöschanlagen und Druckerhöhungsanlagen für die Löschwasserversorgung,*
3. *Rauchabzugsanlagen,*
4. *Brandmeldeanlagen,*
5. *Alarmierungsanlagen.*

(2) In Versammlungsstätten für verschiedene Veranstaltungsarten, wie Mehrzweckhallen, Theater und Studios, sind für die vorübergehende Verlegung beweglicher Kabel und Leitungen bauliche Vorkehrungen, wie Installationsschächte und -kanäle oder Abschottungen, zu treffen, die die Ausbreitung von Feuer und Rauch verhindern und die sichere Begehbarkeit, insbesondere der Rettungswege, gewährleisten.

(3) Elektrische Schaltanlagen dürfen für Besucher nicht zugänglich sein.

(4) Versammlungsstätten müssen Blitzschutzanlagen haben, die auch die sicherheitstechnischen Einrichtungen schützen (äußerer und innerer Blitzschutz).

§ 15 Sicherheitsbeleuchtung

(1) In Versammlungsstätten muss eine Sicherheitsbeleuchtung vorhanden sein, die so beschaffen ist, dass Arbeitsvorgänge auf Bühnen und Szenenflächen sicher abgeschlossen werden können und sich Besucher, Mitwirkende und Betriebsangehörige auch bei vollständigem Versagen der allgemeinen Beleuchtung bis zu öffentlichen Verkehrsflächen hin gut zurechtfinden können.

(2) Eine Sicherheitsbeleuchtung muss vorhanden sein

1. *in notwendigen Treppenräumen, in Räumen zwischen notwendigen Treppenräumen und Ausgängen ins Freie und in notwendigen Fluren,*
2. *in Versammlungsräumen sowie in allen übrigen Räumen für Besucher (z. B. Foyers, Garderoben, Toiletten),*
3. *für Bühnen und Szenenflächen,*
4. *in den Räumen für Mitwirkende und Beschäftigte mit mehr als 20 m^2 Grundfläche (ausgenommen Büroräume),*

5. *in elektrischen Betriebsräumen, in Räumen für haustechnische Anlagen sowie in Scheinwerfer- und Bildwerferräumen,*
6. *in Versammlungsstätten im Freien und Sportstadien, die während der Dunkelheit benutzt werden,*
7. *für Sicherheitszeichen von Ausgängen und Rettungswegen,*
8. *für Stufenbeleuchtungen.*

(3) In betriebsmäßig verdunkelten Versammlungsräumen, auf Bühnen und Szenenflächen muss eine Sicherheitsbeleuchtung in Bereitschaftsschaltung vorhanden sein. Die Ausgänge, Gänge und Stufen im Versammlungsraum müssen auch bei Verdunklung unabhängig von der übrigen Sicherheitsbeleuchtung erkennbar sein. Bei Gängen in Versammlungsräumen mit auswechselbarer Bestuhlung sowie bei Sportstadien mit Sicherheitsbeleuchtung ist eine Stufenbeleuchtung nicht erforderlich.

...

C.7 Muster-Bauordnung – MBO [39]

...

§ 33 Erster und zweiter Rettungsweg

(1) Für Nutzungseinheiten mit mindestens einem Aufenthaltsraum wie Wohnungen, Praxen, selbstständige Betriebsstätten müssen in jedem Geschoss mindestens zwei voneinander unabhängige Rettungswege ins Freie vorhanden sein; beide Rettungswege dürfen jedoch innerhalb des Geschosses über denselben notwendigen Flur führen.

(2) Für Nutzungseinheiten nach Absatz 1, die nicht zu ebener Erde liegen, muss der erste Rettungsweg über eine notwendige Treppe führen. Der zweite Rettungsweg kann eine weitere notwendige Treppe oder eine mit Rettungsgeräten der Feuerwehr erreichbare Stelle der Nutzungseinheit sein. Ein zweiter Rettungsweg ist nicht erforderlich, wenn die Rettung über einen sicher erreichbaren Treppenraum möglich ist, in den Feuer und Rauch nicht eindringen können (Sicherheitstreppenraum).

(3) Gebäude, deren zweiter Rettungsweg über Rettungsgeräte der Feuerwehr führt und bei denen die Oberkante der Brüstung von zum Anleitern bestimmten Fenstern oder Stellen mehr als 8 m über der Geländeoberfläche liegt, dürfen nur errichtet werden, wenn die Feuerwehr über die erforderlichen Rettungsgeräte wie Hubrettungsfahrzeuge verfügt. Bei Sonderbauten

ist der zweite Rettungsweg über Rettungsgeräte der Feuerwehr nur zulässig, wenn keine Bedenken wegen der Personenrettung bestehen.

...

§35 Notwendige Treppenräume, Ausgänge

...

(7) Notwendige Treppenräume müssen zu beleuchten sein. Notwendige Treppenräume ohne Fenster müssen in Gebäuden mit einer Höhe nach §2 Abs. 3 Satz 2 von mehr als 13 m eine Sicherheitsbeleuchtung haben.

...

C.8 Muster-Richtlinie über brandschutztechnische Anforderungen an Leitungsanlagen – MLAR [43]

1 Anwendungsbereich

Diese Richtlinie gilt für

1. *Leitungsanlagen in notwendigen Treppenräumen, in Räumen zwischen notwendigen Treppenräumen und Ausgängen ins Freie, in notwendigen Fluren ausgenommen in offenen Gängen,*
2. *die Führung von Leitungen durch raumabschließende Bauteile (Wände und Decken),*
3. *den Funktionserhalt von elektrischen Leitungsanlagen im Brandfall.*

...

3 Leitungsanlagen in Rettungswegen

3.1 Grundlegende Anforderungen

3.1.1 Gemäß §40 Abs.2 MBO [39] sind Leitungsanlagen in

a) notwendigen Treppenräumen gemäß §36 Abs. 1 MBO,

b) Räumen zwischen notwendigen Treppenräumen und Ausgängen ins Freie gemäß §35 Abs. 3 Satz 2 MBO, und

c) notwendigen Fluren gemäß §36 Abs.1 MBO nur zulässig, wenn eine Nutzung als Rettungsweg im Brandfall ausreichend lang möglich ist. Diese Voraussetzung ist erfüllt, wenn die Leitungsanlagen in diesen Räumen den Anforderungen der Abschnitte 3.1.2 bis 3.5.6 entsprechen.

Dabei gelten für bauordnungsrechtlich vorgeschriebene Vorräume und Sicherheitsschleusen die Anforderungen wie an notwendige Treppenräume.

3.1.2 Leitungsanlagen dürfen in tragende, aussteifende oder raumabschließende Bauteile sowie in Bauteilen von Installationsschächten und -kanälen nur so weit eingreifen, dass die erforderliche Feuerwiderstandsfähigkeit erhalten bleibt.

3.1.3 In Sicherheitstreppenräumen gemäß § 33 Abs.2 Satz 3 MBO und in Räumen zwischen Sicherheitstreppenräumen und Ausgängen ins Freie sind nur Leitungsanlagen zulässig, die ausschließlich der unmittelbaren Versorgung dieser Räume oder der Brandbekämpfung dienen.

...

5.2 Funktionserhalt

5.2.1 Der Funktionserhalt der Leitungen ist gewährleistet, wenn die Leitungen

a) die Prüfanforderungen der DIN 4102-12:1988-11 (Funktionserhaltsklasse E30 bis E90) erfüllen oder hierzu gleichwertig klassifiziert sind, oder

b) auf Rohdecken unterhalb des Fußbodens mit einer Dicke von mindestens 30 mm, oder

c) im Erdreich verlegt werden.

5.2.2 Verteiler für elektrische Leitungsanlagen mit Funktionserhalt nach Abschnitt 3.5 müssen

a) in eigenen, für andere Zwecke nicht genutzten Räumen untergebracht werden, die gegenüber anderen Räumen durch Wände, Decken und Türen mit einer Feuerwiderstandsfähigkeit entsprechend der notwendigen Dauer des Funktionserhalts und – mit Ausnahme der Türen – aus nichtbrennbaren Baustoffen abgetrennt sind,

b) durch Gehäuse abgetrennt werden, für die durch einen bauaufsichtlichen Verwendbarkeitsnachweis die Funktion der elektrotechnischen Einbauten des Verteilers im Brandfall für die notwendige Dauer des Funktionserhalts nachgewiesen ist, oder

c) mit Bauteilen (einschließlich ihrer Abschlüsse) umgeben werden, die eine Feuerwiderstandsfähigkeit entsprechend der notwendigen Dauer des Funktionserhalts haben und – mit Ausnahme der Abschlüsse – aus nichtbrennbaren Baustoffen bestehen, wobei sichergestellt werden muss, dass die Funktion der elektrotechnischen Einbauten des Verteilers im Brandfall für die Dauer des Funktionserhalts gewährleistet ist;

der Nachweis des Funktionserhalts der elektrotechnischen Einbauten ist zu dokumentieren.

5.3 Dauer des Funktionserhalts

...

5.3.1 Die Dauer des Funktionserhalts der Leitungsanlagen muss mindestens 90 Minuten betragen bei

a) ...
b) ...
c) ...

5.3.2 Die Dauer des Funktionserhalts der Leitungsanlagen muss mindestens 30 Minuten betragen bei

a) Sicherheitsbeleuchtungsanlagen; ausgenommen sind Leitungsanlagen, die der Stromversorgung der Sicherheitsbeleuchtung nur innerhalb eines Brandabschnittes in einem Geschoss oder nur innerhalb eines Treppenraumes dienen; die Grundfläche der Brandabschnitte darf höchstens 1.600 m² betragen,
b) ...
c) ...
d) ...

...

C.9 Verordnung über den Bau von Betriebsräumen für elektrische Anlagen – EltBauV [37]

§ 1 Geltungsbereich

Diese Verordnung gilt für die Aufstellung von

1. Transformatoren und Schaltanlagen für Nennspannungen über 1 kV,
2. ortsfesten Stromerzeugungsaggregaten für bauordnungsrechtlich vorgeschriebene sicherheitstechnische Anlagen und Einrichtungen und
3. zentralen Batterieanlagen für bauordnungsrechtlich vorgeschriebene sicherheitstechnische Anlagen und Einrichtungen in Gebäuden.

§ 2 Begriffsbestimmung

Betriebsräume für elektrische Anlagen (elektrische Betriebsräume) sind Räume, die ausschließlich zur Unterbringung von Einrichtungen im Sinne des § 1 dienen.

§ 3 Allgemeine Anforderungen

Innerhalb von Gebäuden müssen elektrische Anlagen nach § 1 in jeweils eigenen elektrischen Betriebsräumen untergebracht sein. Ein elektrischer Betriebsraum ist nicht erforderlich für die in § 1 Nummer 1 genannten elektrischen Anlagen in

1. *freistehenden Gebäuden und*
2. *in durch Brandwände abgetrennten Gebäudeteilen,*

wenn diese nur die in § 1 Nummer 1 aufgezählten elektrischen Anlagen enthalten.

§ 4 Anforderungen an elektrische Betriebsräume

(1) Elektrische Betriebsräume müssen so angeordnet sein, dass sie im Gefahrenfall von allgemein zugänglichen Räumen oder vom Freien leicht und sicher erreichbar sind und durch nach außen aufschlagende Türen jederzeit ungehindert verlassen werden können; sie dürfen von notwendigen Treppenräumen nicht unmittelbar zugänglich sein. Der Rettungsweg innerhalb elektrischer Betriebsräume bis zu einem Ausgang darf nicht länger als 35 m sein.

(2) Elektrische Betriebsräume müssen so groß sein, dass die elektrischen Anlagen ordnungsgemäß errichtet und betrieben werden können; sie müssen eine lichte Höhe von mindestens 2 m haben. Über Bedienungs- und Wartungsgängen muss eine Durchgangshöhe von mindestens 1,80 m vorhanden sein.

(3) Elektrische Betriebsräume müssen den betrieblichen Anforderungen entsprechend wirksam be- und entlüftet werden.

(4) In elektrischen Betriebsräumen dürfen Leitungen und Einrichtungen, die nicht zum Betrieb der jeweiligen elektrischen Anlagen erforderlich sind, nicht vorhanden sein. Satz 1 gilt nicht für die zur Sicherheitsstromversorgung aus der Batterieanlage erforderlichen Installationen in elektrischen Betriebsräumen nach § 1 Nummer 3.

…

§ 7 Zusätzliche Anforderungen an Betriebsräume

(1) Raumabschließende Bauteile von elektrischen Betriebsräumen für zentrale Batterieanlagen zur Versorgung bauordnungsrechtlich vorgeschriebener sicherheitstechnischer Anlagen und Einrichtungen, ausgenommen Außenwände, müssen in einer dem erforderlichen Funktionserhalt der zu

versorgenden Anlagen entsprechenden Feuerwiderstandsfähigkeit ausgeführt sein. § 5 Absatz 5 Satz 1 und 3 und § 6 Absatz 2 gelten sinngemäß für Lüftungsleitungen, die durch andere Räume führen, gilt Satz 1 entsprechend. Die Feuerwiderstandsfähigkeit der Türen muss derjenigen der raumabschließenden Bauteile entsprechen; die Türen müssen selbstschließend sein. An den Türen muss ein Schild „Batterieraum" angebracht sein.

(2) Fußböden von elektrischen Betriebsräumen nach Absatz 1 Satz 1, in denen geschlossene Zellen aufgestellt werden, müssen an allen Stellen für elektrostatische Ladungen einheitlich und ausreichend ableitfähig sein.

Anhang D Richtlinien

D.1 Niederspannungsrichtlinie 2014/35/EU [26c]

Die Niederspannungsrichtlinie ist eine zentrale Richtlinie für die Elektrotechnische Industrie. Sie umfasst alle elektrischen Betriebsmittel mit Versorgungsspannungen zwischen 50 V und 1.000 V Wechselspannung und 75 V bis 1.500 V Gleichspannung.

Für Leuchten gilt die DIN EN 60598-1 [72] zusammen mit den speziellen Anforderungen der DIN EN 60598-2-22 [74].

Als Konformitätsverfahren ist ausschließlich Modul A, die interne Fertigungskontrolle, vorgesehen. Das heißt, die Überwachung und Prüfung von Entwurf und Produktion liegt in alleiniger Verantwortung des Herstellers.

Die CE-Kennzeichnung ist auf dem Produkt, oder sollte dies nicht möglich sein, auf der Verpackung oder den Begleitunterlagen anzubringen.

Die Umsetzung der Niederspannungsrichtlinie ist in Deutschland durch die Erste Verordnung zum Geräte- und Produktsicherheitsgesetz (ProdSG) [31b], die Verordnung über das Inverkehrbringen elektrischer Betriebsmittel zur Verwendung innerhalb bestimmter Spannungsgrenzen erfolgt.

D.2 EMV-Richtlinie 2014/30/EU (Elektromagnetische Verträglichkeit) [26a]

Die EMV-Richtlinie beschreibt die grundlegenden Anforderungen der elektromagnetischen Verträglichkeit von Produkten und Anlagen innerhalb der EU.

Die Hauptziele der EMV-Richtlinie bestehen darin,

- sicherzustellen, dass die von elektrischen und elektronischen Geräten erzeugten elektromagnetischen Störungen das definierte Funktionieren anderer Geräte sowie von Funk- und Telekommunikationsnetzen, dazugehörigen Einrichtungen und von Verteilernetzen für elektrische Energie nicht beeinträchtigen,
- sicherzustellen, dass Geräte ein angemessenes eigenes Störfestigkeitsniveau gegenüber elektromagnetischen Störungen aufweisen, damit sie bestimmungsgemäß betrieben werden können.

Für Leuchten kommen die folgenden Normen zur Anwendung:

- Störaussendung – DIN EN 55015 [66]
- Netzstromoberschwingungen – niederfrequente Netzrückwirkungen (Oberwellen) – DIN EN 61000-3-2 [76]
- Spannungsschwankungen und Flicker – DIN EN 61000-3-3 [77]
- Störfestigkeit – DIN EN 61547 [86]

Die angegebenen Normen gelten bei Notleuchten auch für den Fall, dass das Netz der Allgemeinbeleuchtung ausgefallen ist.

Die Konformität eines Produktes mit der EMV-Richtlinie bzw. dem nationalen Gesetz wird durch die CE-Kennzeichnung dokumentiert. Bei Einhaltung der unter der EMV-Richtlinie im Europäischen Amtsblatt referenzierten Normen besteht die Vermutungswirkung, dass die wesentlichen Anforderungen der EMV-Richtlinie erfüllt werden.

D.3 EMF-Richtlinie 2013/35/EU (Elektromagnetische Felder) [25]

Die EMF-Richtlinie beschreibt die Mindestvorschriften zum Schutz von Sicherheit und Gesundheit der Arbeitnehmer vor der Gefährdung durch physikalische Einwirkungen (elektromagnetische Felder).

Die EMF-Norm DIN EN 62493 [90] beschreibt Beurteilungsverfahren (für die allgemeine Öffentlichkeit) bezüglich der Exposition von Personen gegenüber elektromagnetischen Feldern von Leuchten. Die Norm behandelt NICHT die EMV, sie ist eine Sicherheitsnorm und ist in Europa unter der Niederspannungsrichtlinie gelistet. EMF spielt bei Notleuchten eine untergeordnete Rolle.

D.4 ATEX-Richtlinien (Atmosphères Explosibles)

Die technischen Anforderungen an die Beleuchtung in explosionsgefährdeten Bereichen unterscheiden sich wesentlich von denen, die in der Allgemeinbeleuchtung anzuwenden sind. Durch die Gefahr des Auftretens explosionsfähiger Atmosphäre, wie zum Beispiel in chemischen Fabriken, Raffinerien, Lackfabriken, Lackierereien, Reinigungsanlagen, Mühlen und Lager für Mahlprodukte, Tank- und Verladeanlagen für brennbare Gase, Flüssigkeiten und Feststoffe, dürfen Leuchten bzw. Notleuchten nur dann in diesen Bereichen betrieben werden, wenn sie keine Zündquelle für die explosionsfähige Atmosphäre darstellen. ATEX bedeutet: „Atmosphères Explosibles“, d.h. „explosionsfähige Atmosphäre“.

D.4.1 EU-Richtlinie 2014/34/EU [26b]

Diese ATEX-Richtlinie richtet sich an die Hersteller von explosionsgeschützten Betriebsmitteln. Sie dient der Angleichung von Rechtsvorschriften der Mitgliedstaaten der Europäischen Union für Geräte und Schutzsysteme zur bestimmungsgemäßen Verwendung in explosionsgefährdeten Bereichen.

Die EG-Richtlinie 94/9/EG ersetzte ab dem 1. Juli 2003 die auf europäischer Ebene bisher vorliegenden Richtlinien zum Explosionsschutz und musste deshalb seit diesem Zeitpunkt für sämtliche in Europa in den Verkehr gebrachten explosionsgeschützten Geräte angewandt werden. Bereits bestimmungsgemäß installierte Geräte durften weiterbetrieben werden. Bis zum 19. April 2016 war die Richtlinie 94/9/EG anzuwenden, die ab dem 20. April 2016 von der aktuell gültigen Richtlinie 2014/34/EU abgelöst wurde.

Die Umsetzung der ATEX-Richtlinie erfolgte in Deutschland durch die elfte Verordnung zum Produktsicherheitsgesetz (Explosionsschutzprodukteverordnung – 11. ProdSV) vom 6. Januar 2016. Die 11. ProdSV wurde am 15. Januar 2016 im Bundesgesetzblatt veröffentlicht.

Bei Anwendung der harmonisierten Normen der Reihe DIN EN 60079 ff. [9], die die unterschiedlichen Zündschutzarten beschreiben, kann der Anwender der Betriebsmittel davon ausgehen, dass die Vermutungswirkung gilt und die Schutzziele der ATEX-Richtlinie eingehalten sind. Die Übereinstimmung mit den Anforderungen der Richtlinie wird durch die EU-Baumusterprüfbescheinigung nachgewiesen. Die EU-Baumusterprüfbescheinigung kann sowohl von einer deutschen Prüfstelle, z. B. Physikalisch Technische Bundesanstalt (PTB, Kennung 0102), als auch von einer anderen benannten europäischen Prüfstelle ausgestellt werden. In diesem Fall muss eine solche Prüfstelle eine sogenannte „Benannte Stelle“ (auch „notifizierte Stelle“ oder „Notified Body“ gemäß der ATEX-Richtlinie sein.

D.4.2 EU-Richtlinie 1999/92/EG [12b]

Die EG-Richtlinie 1999/92/EG wird umgangssprachlich ATEX 137 genannt (wegen des seinerzeit relevanten Art. 137 des EG-Vertrages) und richtet sich vor allem an den Betreiber von Anlagen mit explosionsgefährdeten Bereichen. In Deutschland wurde sie als „Betriebssicherheitsverordnung“ {Verordnung über Sicherheit und Gesundheitsschutz bei der Verwendung von Arbeitsmitteln (Betriebssicherheitsverordnung – BetrSichV [28])} in nationales Gesetz umgesetzt.

Bestehende Anlagen müssen danach seit dem 1. Januar 2006 dieser Richtlinie entsprechen. Die deutsche Verordnung (Umsetzung in nationales Recht) ist am 27. Juli 2010 in Kraft getreten (BGBl. I. Nr. 38 S. 960).

D.5 RoHS-Richtlinie 2011/65/EU [22a]

Die Neufassung der Richtlinie 2011/65/EU zur Beschränkung der Verwendung bestimmter gefährlicher Stoffe in Elektro- und Elektronikgeräten beinhaltet wesentliche Änderungen, um gegenüber der alten Richtlinie 2002/95/EG mehr Klarheit zu schaffen. Eine wesentliche Neuerung ist die Einführung der CE-Kennzeichnung und der Konformitätsbewertung. Zudem wurde seit dem 22. Juli 2019 der Anwendungsbereich schrittweise auf praktisch alle Elektroprodukte ausgeweitet. Hierfür gibt es eine neue Kategorie 11. Der Anwendungsbereich ist nun eigenständig und wird sich nicht mehr auf die Elektroaltgeräte-Richtlinie beziehen. Die Liste der Stoffverbote bleibt vorerst bestehen. Jedoch sieht die Revision auch neue Prozeduren für künftige Stoffbeschränkungen vor.

Die Anforderungen der Richtlinie 2011/65/EU sind am 3. Januar 2013 in Kraft getreten. Das heißt, sie müssen im Konformitätsausweis für in der EU in Verkehr gebrachte Produkte berücksichtigt werden.

D.6 WEEE-Richtlinie 2012/19/EU [23]

Die Elektroaltgeräterichtlinie (Waste of Electrical and Electronic Equipment – WEEE) in der Fassung 2012/19/EU [23] gilt für sämtliche privat und gewerblich genutzten Elektro- und Elektronikgeräte. Diese Richtlinie soll zur Nachhaltigkeit von Produkten und Verbrauch sowie zur effizienten Ressourcennutzung und zur Rückgewinnung von wertvollen Rohstoffen beitragen.

Die WEEE-Richtlinie soll jenen Herstellern, die nicht in ihrem Hoheitsgebiet, sondern in einem anderen EU-Mitgliedstaat niedergelassen sind, die Möglichkeit geben, einen Bevollmächtigten zu benennen, der für die Erfüllung ihrer Verpflichtungen gemäß der Richtlinie verantwortlich ist. Zusätzlich soll sich dadurch der Verwaltungsaufwand für Registrierung und Berichterstattung verringern und die Erhebung von doppelten Gebühren für Registrierungen innerhalb einzelner EU-Mitgliedsstaaten verhindert werden.

Für die Entsorgung von Batterien gilt die EG-Batterierichtlinie [18] bzw. das Batteriegesetz in Deutschland. Der Verbraucher kann über das „Gemeinsame Rücknahmesystem“ GRS seine Altbatterien entsorgen.

Die betroffenen Geräte sind durch das Symbol (**Bild D.1**) mit der durchgestrichenen Mülltonne gekennzeichnet. Das Symbol soll dem Verbraucher signalisieren, dass er diese Geräte im „Elektroschrott“ entsorgen muss.

In Deutschland ist die WEEE-Richtlinie gemeinsam mit der RoHS-Richtlinie im Elektro- und Elektronikgerätegesetz (ElektroG) umgesetzt.

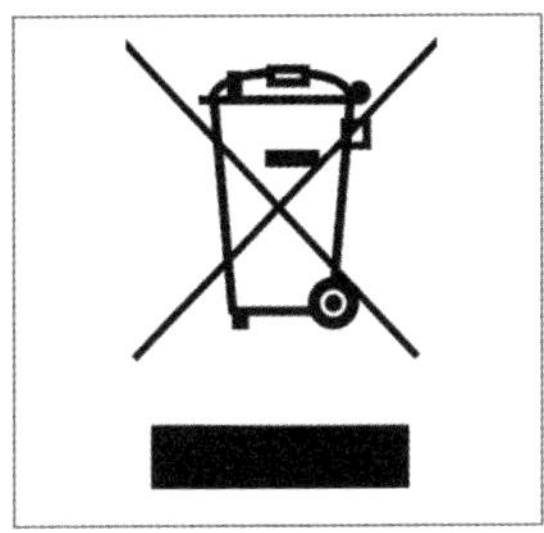

Bild D.1 Kennzeichnung von „Elektroschrott“

D.7 ErP-Richtlinie zur umweltgerechten Gestaltung von energieverbrauchsrelevanten Produkten (Ökodesign-Richtlinie 2009/125/EG) [19]

Die Richtlinie 2009/125/EG [19] bildet den europäischen Rechtsrahmen für die Festlegung von Anforderungen an die umweltgerechte Gestaltung energieverbrauchsrelevanter Produkte (ErP). Die Richtlinie gilt seit Oktober 2009 und hat die erste Fassung aus dem Jahr 2005 (2005/32/EG) abgelöst.

Die Richtlinie hat das Ziel, eine ressourcenschonende, insbesondere energieeffiziente Produktgestaltung durch politische Instrumente zu unterstützen. Durch eine Harmonisierung der rechtlichen Rahmenbedingungen sollen Wettbewerbsverzerrungen innerhalb der EU vermieden werden. Die Richtlinie legt fest, welche Produktgruppen betroffen sein können und welche Rahmenbedingungen für die Definition von Maßnahmen gelten.

In Deutschland erfolgte die nationale Umsetzung der ErP-Richtline unter Federführung des Bundeswirtschaftsministeriums. Ergebnis war das Energiebetriebene-Produkt-Gesetz (EBPG) vom 27. Februar 2008. Nach der Novellierung der ErP- oder auch Ökodesign-Richtlinie auf EU-Ebene im Oktober 2009 wurde auch das EBPG angepasst. Die Neufassung trat am 25. November 2011 in Kraft.

D.8 Gebäudeenergieeffizienzrichtlinie 2010/31/EU [21]

Energieeffizienzanforderungen an die Beleuchtung sind auch Bestandteil der revidierten Richtlinie 2010/31/EU [21] zur Gesamtenergieeffizienz von Gebäuden (ersetzte die alte Richtlinie 2002/91/EG). Bei der Festlegung von Gesamtenergieeffizienzanforderungen für gebäudetechnische Systeme sollen die EU-Mitgliedstaaten, soweit verfügbar und angemessen, harmonisierte Instrumente einsetzen. Dies bezieht sich auf Prüf- und Berechnungsmethoden sowie Energieeffizienzklassen, die im Rahmen von Durchführungsmaßnahmen zu der Richtlinie 2009/125/EG [19] (Schaffung eines Rahmens für die Festlegung von Anforderungen an die umweltgerechte Gestaltung energieverbrauchsrelevanter Produkte) und zu der Richtlinie 2010/30/EU [20] (Angabe des Verbrauchs an Energie und anderen Ressourcen durch energieverbrauchsrelevante Produkte mittels einheitlicher Etiketten und Produktinformationen) entwickelt wurden. Die Anwendung harmonisierter Instrumente soll die Kohärenz zu sämtlichen relevanten Initiativen gewährleisten und eine potenzielle Fragmentierung des Marktes so weit wie möglich vermeiden.

Die Bundesregierung hat dazu am 6. Februar 2013 die vom Bundesministerium für Verkehr, Bau und Stadtentwicklung und vom Bundesministerium für Wirtschaft und Technologie vorgelegten Entwürfe zur Änderung des Energieeinsparungsgesetzes (EnEG) und zur Änderung der Energieeinsparverordnung (EnEV) beschlossen. Anlass dazu gaben, neben der neu gefassten EU-Richtlinie über die Gesamtenergieeffizienz von Gebäuden (2010/31/EU [21]), auch die Kabinettsbeschlüsse zum Energiekonzept und zur Energiewende vom September 2010 beziehungsweise Juni 2011.

D.9 Verordnung EU 244/2012 zur Ergänzung der Gebäudeenergieeffizienzrichtlinie [27a]

Die Richtlinie 2010/31/EU [21] über die Gesamtenergieeffizienz von Gebäuden regelt im Artikel 5 (Berechnung kostenoptimaler Niveaus von Mindestanforderungen an die Gesamtenergieeffizienz), dass die EU-Kommission delegierte Rechtsakte erlässt. Diese delegierten Rechtsakte legen den EU-Mitgliedstaaten einen Rahmen für eine Vergleichsmethode oben genannter Berechnung vor, der von ihnen zu verwenden ist. Den Rahmen für die Vergleichsmethode legt Anhang III fest. Dabei wird zwischen neuen und bestehenden Gebäuden sowie verschiedenen Gebäudekategorien differenziert.

Die Rechtsakte wurde mit neunmonatiger Verspätung am 21. März 2012 im EG-Amtsblatt als EU-Verordnung Nr. 244/2012 veröffentlicht und ergänzt die Richtlinie 2010/31/EU [21].

Der Rahmen für die Methode gibt Regeln vor, wie Energieeffizienzmaßnahmen und Maßnahmen zur Nutzung erneuerbarer Energiequellen sowie Bündel und Varianten dieser Maßnahmen auf der Grundlage der Primärenergieeffizienz und der für ihre Durchführung veranschlagten Kosten zu vergleichen sind. Er legt außerdem fest, wie diese Regeln auf Referenzgebäude anzuwenden sind, um die kostenoptimalen Niveaus von Mindestanforderungen an die Gesamtenergieeffizienz zu ermitteln. Gemäß den Begriffsbestimmungen bezeichnet die bereitgestellte Energie jene Energie (angegeben je Energieträger), die durch die Systemgrenze hindurch an die gebäudetechnischen Systeme geliefert wird, um den berücksichtigten Verwendungszwecken zu genügen (Heizung, Kühlung, Lüftung, Brauchwarmwasserbereitung, Beleuchtung, Geräte usw.) oder Strom zu erzeugen. Die Verordnung gilt ab 9. Januar 2013 für von Behörden genutzte Gebäude und ab 9. Juli 2013 für andere Gebäude. Sie ist in allen ihren Teilen verbindlich und gilt unmittelbar in jedem EU-Mitgliedsstaat. Tabelle 1 gibt eine Übersicht der gesetzlichen Ökodesign-Anforderungen.

D.10 Richtlinie 2014/53/EU vom 16. April 2014 zur Bereitstellung von Funkanlagen (Funkanlagenrichtlinie) [29]

Die Funkanlagenrichtlinie 2014/53/EU (RED), ergänzt durch Richtlinie (EU) 2022/2380 vom 23. November 2022, legt einen Rechtsrahmen für das Inverkehrbringen von Funkanlagen fest, die als elektrische oder elektronische Erzeugnisse zum Zweck der Funkkommunikation und/oder der Funkortung bestimmungsgemäß Funkwellen ausstrahlen und/oder empfangen. Sie ist auch auf Produkte zu beziehen, die als elektrische oder elektronische Erzeugnisse Zubehör, etwa eine Antenne, benötigen, damit sie zum Zweck der Funkkommunikation und/oder der Funkortung bestimmungsgemäß Funkwellen ausstrahlen und/oder empfangen können. (Definition einer Funkanlage nach 2014/53/EU, [29])

Durch die Funkanlagenrichtlinie werden die grundlegenden Anforderungen an die Sicherheit und Gesundheit, die elektromagnetische Verträglichkeit und die effiziente Nutzung des Funkspektrums, die das Gesamtprodukt erfüllen muss, geregelt. Auch ist sie die Grundlage für weitere Vorschriften, die einige zusätzliche Aspekte regeln. Dazu gehören technische Merkmale für den Schutz der Privatsphäre, personenbezogener Daten und gegen Betrug. Weitere Aspekte betreffen die Interoperabilität, den Zugang zu Notdiensten und die Einhaltung der Vorschriften für die Kombination von Funkgeräten und Software.

Anhang E Herleitung der grundlegenden lichttechnischen Anforderungen an die Notbeleuchtung

ANMERKUNG

Der hier in Anhang E wiedergegebene Text ist erstmalig in den DIN-Mitteilungen Juli 2021 erschienen. Die in eckigen Klammern aufgeführten Literaturhinweise sind nicht Bestandteil des Literaturverzeichnisses des Buches. Sie beziehen sich auf die Literaturangaben des Originaltextes.

Die nachfolgenden Ausführungen, erstmalig erschienen in DIN-Mitteilungen Juli 2021, geben einen Überblick über die grundlegenden Untersuchungen, die zu den lichttechnischen Anforderungen an die Notbeleuchtung in DIN EN 1838 [1] geführt haben. Diese Untersuchungen und Anforderungen gehen bis in die 70er Jahre und waren erstmals normativ in DIN 5035-5 [2] berücksichtigt.

E.1 Einleitung

DIN EN 1838 [1] legt die lichttechnischen Anforderungen an Notbeleuchtungssysteme fest. Sie ist grundsätzlich anwendbar in Bereichen/Gebäuden, die der Öffentlichkeit oder Arbeitnehmern zugänglich sind. Derzeit befindet sich EN 1838 [1] in Überarbeitung.

Die im Folgenden beschriebenen Untersuchungen und Berechnungen führten u.a. zu lichttechnischen Anforderungen zum Mindestwert und zur Gleichmäßigkeit der Beleuchtungsstärke für Rettungswege sowie zu Grenzwerten für die physiologische Blendung. Die Ausführungen in diesem Beitrag geben einen kurzen Überblick über die damaligen Untersuchungen und Berechnungen, die zu den Angaben in DIN EN 1838 [1] geführt haben.

Notbeleuchtung ist nach DIN EN 1838 [1] definiert als Beleuchtung, die bei Störung der Stromversorgung der allgemeinen künstlichen Beleuchtung wirksam wird. Die zu betrachtenden Beleuchtungsstärken sind üblicherweise durch die Allgemeinbeleuchtung und die Notbeleuchtung vorgegeben – siehe **Bild E.1**.

Bei einer Adaptation auf 100 lx bis 1.000 lx bei der Allgemeinbeleuchtung fällt diese Allgemeinbeleuchtung z.B. durch eine Störung der Stromversorgung aus. Nach einer sogenannten „Einschaltverzögerung“ Δt wird die Notbeleuchtung mit wesentlich geringeren Beleuchtungsstärken als die Allgemeinbeleuchtung mit z.B. 1 lx wirksam. Bei den weiteren Betrachtun-

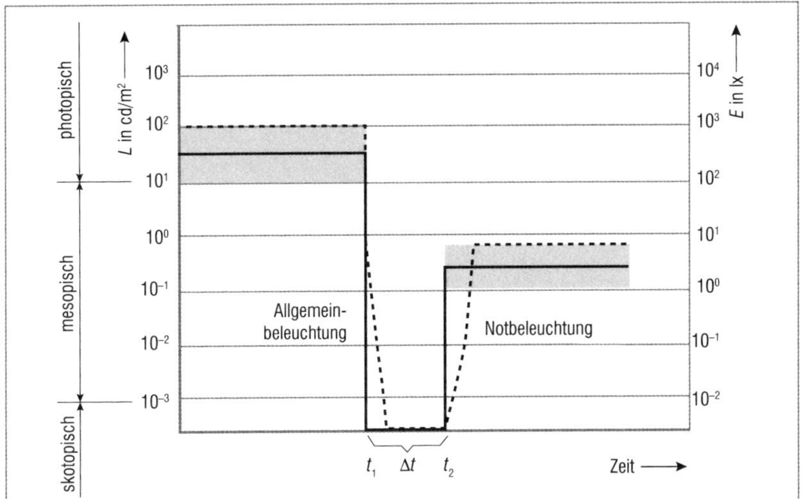

Bild E.1 Beleuchtungsstärken bzw. Leuchtdichten in Abhängigkeit von der Zeit nach Ausfall der Allgemeinbeleuchtung [13]

gen wurde als Reflexionsgrad für den Adaptationsbereich ϱ = 30 % angenommen.

Obwohl wir uns hier im mesopischen Bereich (Dämmerungssehen) befinden, werden die weiteren Betrachtungen aus praktischen Gründen im photopischen Bereich (Tages- oder Zapfensehen) durchgeführt. Bei der wesentlich geringeren Adaptationsleuchtdichte der Notbeleuchtung müssen notwendige Sehaufgaben wie z. B. das sichere Finden und Benutzen des Rettungsweges durchgeführt werden können.

E.2 Mindestbeleuchtungsstärke

Um einen Überblick über die wesentlichen Parameter, unter anderem zur Bestimmung der Mindestbeleuchtungsstärke zu erhalten, wurden verschiedene Vorversuche durchgeführt. Beispielhaft werden die Versuche von R. C. Simmons [3] von 1975 erwähnt.

Nach längerer Adaptation (500 lx, 1.000 lx, 2.000 lx) wurde auf eine Beleuchtungsstärke von 0,016 lx bis 18 lx umgeschaltet. Die Aufgabe der Probanden war es, einen Faden in eine Nadel einzufädeln. Die Zeit vom Ausfall der Beleuchtung bis zum Beginn des Einfädelns (Erkennen des Nadelöhrs) wurde als Maß für die Lösung dieser Sehaufgabe festgelegt. Das Ergebnis zeigt **Bild E.2**.

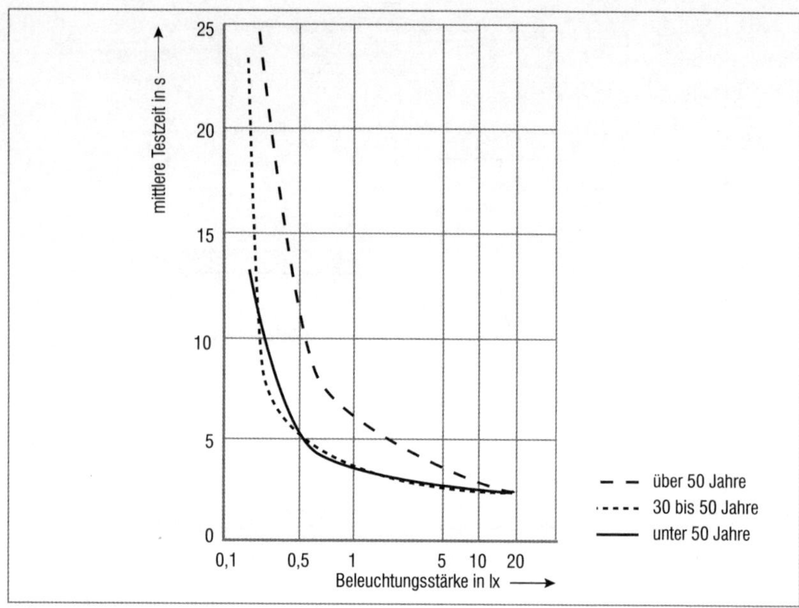

Bild E.2 Benötigte Zeit in Abhängigkeit von der Beleuchtungsstärke [3]

Nach den Ergebnissen der Voruntersuchung wurden für die weiteren Untersuchungen folgende Parameter ausgewählt:

- Alter der Versuchspersonen über 50 Jahre,
- Beleuchtungsstärke für die Notbeleuchtung maximal 1,5 lx,
- Adaptation bei 1.000 lx.

Der Hauptversuch wurde in einem Testraum durchgeführt, den **Bild E.3** zeigt.

Auf dem Boden lagen 6 graue Würfel (12 cm bis 45 cm hoch), wobei die Lage der Würfel, die als Hindernisse ausgelegt waren, den Probanden nicht bekannt war. Jeder Proband hat die Teststrecke separat durchlaufen. Das Ergebnis zeigt **Bild E.4**.

Als Ergebnis wurde festgehalten, dass bei blendfreier und gleichmäßiger Beleuchtung bei einem Wert von 0,28 lx die Sehaufgabe von den Probanden sicher gelöst wurde.

Eine andere Untersuchung aus dem Jahr 1973 führte *V. D. Nikitin* [4] mit Gruppen von 6 bis 12 Personen durch. Aufgabe der Gruppen war es, nach Ausfall der Beleuchtung in der Produktion bei einer Notbeleuchtungsstärke von 0,1 lx bis 0,5 lx den Raum sicher zu verlassen. Gemessen wurden die fehlerhaft berührten Hindernisse. Das Resultat zeigt **Bild E.5**.

Als Ergebnis dieser Untersuchungen wurde damals für Arbeitsräume mit einer großen Anzahl von Arbeitenden eine Beleuchtungsstärke von 5 lx für die Notbeleuchtung festgelegt.

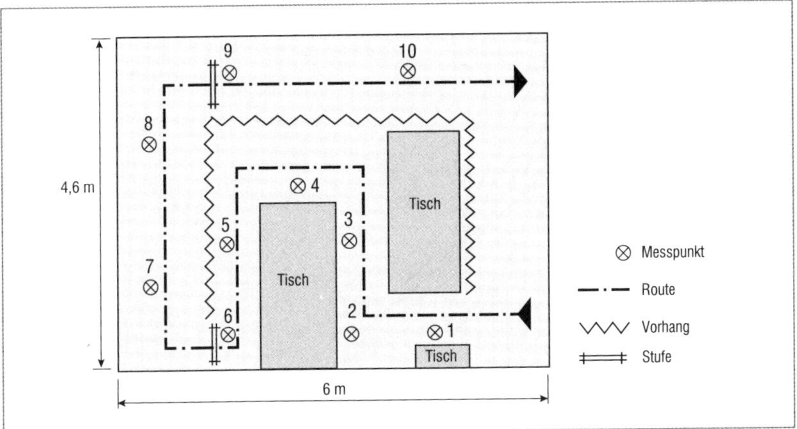

Bild E.3 Testraum mit Teststrecke (Route) [3]

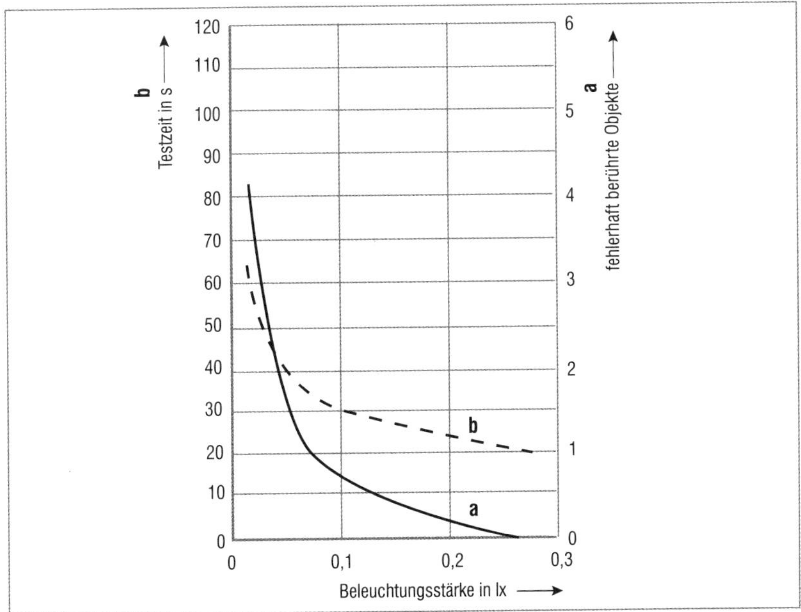

Bild E.4 Fehlerhaft berührte Würfel und Testzeit in Abhängigkeit von der Beleuchtungsstärke [3]

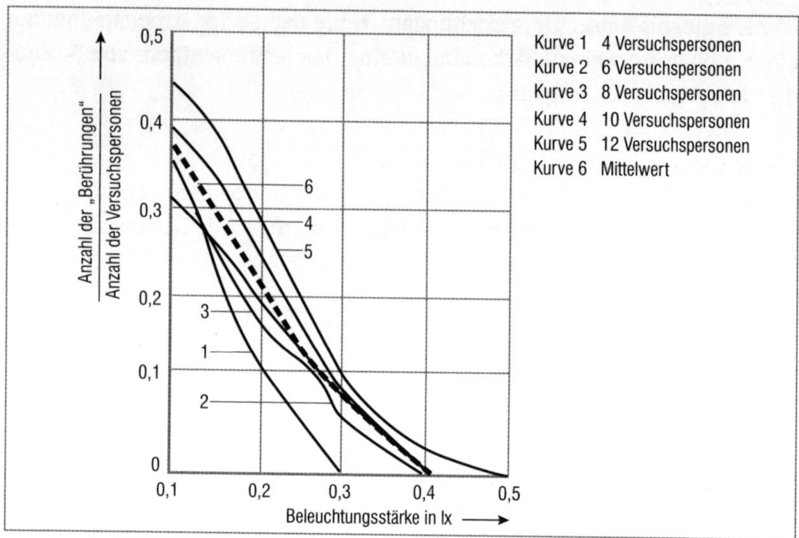

Bild E.5 Anzahl der Berührungen pro Testperson in Abhängigkeit von der Beleuchtungsstärke [4]

In Deutschland gab es 1981 ein Forschungsvorhaben im Auftrag des Bundesministers für Arbeit und Sozialordnung mit dem Titel „Untersuchung über die Festlegung der erforderlichen Beleuchtungsstärke der Sicherheitsbeleuchtung zur Evakuierung von Arbeitsstätten (Panikbeleuchtung)" [5]. Betrachtet man hier die verschiedenen Parameter des Versuchsraumes mit einer mittleren Grenzbeleuchtungsstärke von 2 lx, ergibt sich für die genutzte Versuchsanlage eine minimale Beleuchtungsstärke von 1 lx.

Weitere Berechnungen und Untersuchungen nach S. Kokoschka [6] von 1972 und von *H. J. Schuck, S. Walter und B. Weis* [7] von 1982 haben als Ergebnis: Bei Umfeldleuchtdichten von 0,1 cd/m^2 bis 0,2 cd/m^2 konnte ein Visus (Sehschärfe) von 0,13 erreicht werden. Bei einem diffusen Reflexionsgrad von ϱ = 30 % entspricht das einer Beleuchtungsstärke auf dem Boden von ca. 1 lx.

Weitere Untersuchungen führten *P.R. Boyce und M. Cibse* [8] 1985 durch. Sie fanden in einem 16 m x 30 m großen Büroraum statt. Nach einer Voradaptation mussten die Testpersonen bei sechs verschiedenen Beleuchtungsstärken (0,002 lx bis 6,3 lx) die Ausgangstür erreichen. Die Zeit und die Art und Weise, wie sich die Personen auf dem Rettungsweg bewegten, wurde gemessen und beobachtet.

Es konnte festgestellt werden, dass bei einer mittleren Beleuchtungsstärke von 0,8 lx bis 6 lx keine fehlerhaften Berührungen mehr stattfanden. **Bild E.6** zeigt, dass 1 lx ein sicheres Minimum für die Lösung der Sehaufgabe darstellt. Diese Schlussfolgerungen gelten sowohl für ortsfremde als auch für Personen, die älter als 55 Jahre sind.

Zusammenfassend ist festzustellen: 1 lx als Mindestbeleuchtungsstärke (örtlich und zeitlich) ist ein sicherer Wert, um anfallende Sehaufgaben, wie z.B. das Finden und Benutzen von Rettungswegen, zu lösen.

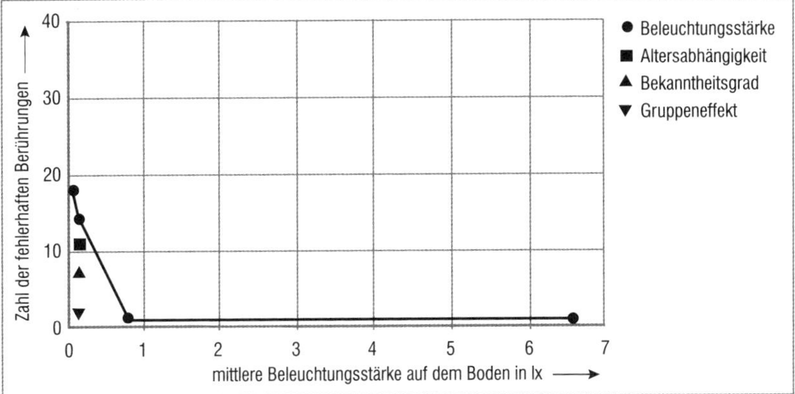

Bild E.6 Fehlerhafte Berührungen in Abhängigkeit von der mittleren Beleuchtungsstärke auf dem Boden [8]

E.3 Gleichmäßigkeit

Zu diesem Thema gibt es nur sehr wenige grundsätzliche Untersuchungen. Eine Versuchsreihe führte *R. C. Simmons* [3] 1975 durch. Das Ergebnis dieser Versuchsreihe zeigt die Abhängigkeit der mittleren Testzeit zum Begehen des betrachteten Fluchtweges von der Gleichmäßigkeit von E_{min}/E_{max} – siehe **Bild E.7**.

Als Ergebnis wurde festgestellt, dass die dargebotene „Gleichmäßigkeit" in einem Bereich von 1:1 zu 1:50 keinen großen Einfluss auf die Gehgeschwindigkeit und damit die Sehleistung der Probanden hatte.

Diese Ergebnisse werden in der Praxis bestätigt. Werte für die Gleichmäßigkeit E_{min}/E_{max} könnten bei mittlerer Fluchtgeschwindigkeit auch zwischen 1:50 bis 1:100 liegen. Schwierigere Fluchtsituationen wie Treppen sind hier nicht berücksichtigt. Der in der Norm angegebene untere Grenzwert von 1:40 für E_{min}/E_{max} ist sicher größenordnungsmäßig sinnvoll, sollte aber u. a. für Treppen näher untersucht werden.

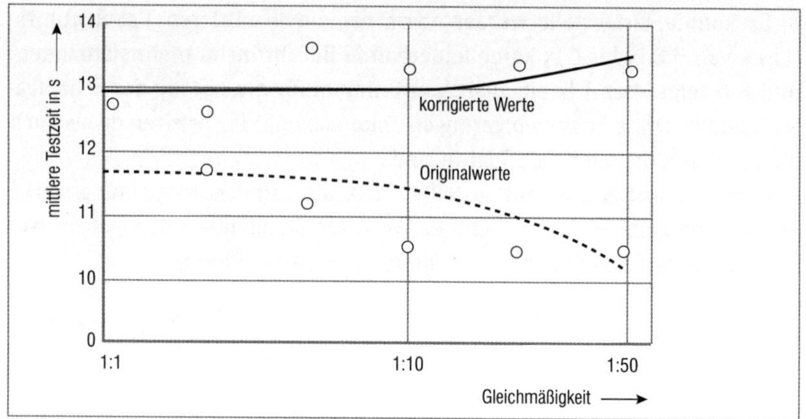

Bild E.7 Zeit zur Bewältigung des Rettungsweges in Abhängigkeit von der Gleichmäßigkeit der Beleuchtungsstärke [3]

E.4 Blendung

Bei der Notbeleuchtung spielt die Blendung eine wesentliche Rolle. Hierbei geht es u. a. um das gefahrlose Benutzen der Rettungswege. Die Sehaufgabe besteht hierbei in einer Erkennung von groben Details, die für die Sicherheit notwendig sind, und in dem sicheren Erkennen der Rettungswegkennzeichnung. Bei der Notbeleuchtung spielt nur die physiologische Blendung, d. h. die Beeinflussung einer Sehfunktion (z. B. Unterschiedsempfindlichkeit, Formenerkennbarkeit) eine Rolle. Die Schwelle der physiologischen Blendung wurde sehr ausführlich z. B. in Zusammenhang mit der Straßenbeleuchtung untersucht.

Grundlegende Untersuchungen und Berechnungen zu diesem Thema in der Notbeleuchtung führten *R. C. Simmons* [3] 1975 sowie *B. Weis* und *A. Willing* [9] 1979 durch.

R. C. Simmons benutzte die Versuchsanordnung entsprechend Bild E.3. Die Versuchsperson adaptierte auf die Leuchtdichte, die sich bei einer Beleuchtungsstärke von 0,2 lx ergab. In einer Ecke des Ganges war ein Scheinwerfer aufgestellt. Danach wurde ein „Stolpertest“ durchgeführt. Das Ergebnis zeigte, dass diese Lichtquelle für das Erkennen von Hindernissen auf dem Boden kaum störend wirkte. Wesentlich kritischer ist es jedoch, wenn der Winkel zwischen Blendlichtquelle und Sehobjekt relativ klein ist. Die Kontrastempfindlichkeit sollte durch die Blendung nicht wesentlich beeinträchtigt werden. Mithilfe dieser Parameter und Annahmen erhielt *R. C. Simmons* eine Zuordnung von der Adaptationsleuchtdichte bzw. Notbeleuchtungsstärke zur maximalen Schleierleuchtdichte bzw. maximal zulässigen Lichtstärke. Das Ergebnis zeigt **Bild E.8.** Daraus kann man ablesen, dass bei einer Beleuchtungsstärke von 1 lx und einem Reflexionsgrad von 15 % sich eine maximale Leuchtenlichtstärke in Beobachterrichtung von 1.800 cd ergibt. Das entspricht in etwa den Werten aus DIN EN 1838 [1], die für eine Lichtpunkthöhe von 3 m eine Begrenzung der Lichtstärke auf 1.600 cd fordert.

Ausgiebige Überlegungen und Berechnungen zu diesem Thema führten auch *B. Weis* und *A. Willing* [9] 1979 durch.

Die physiologische Blendung wird oft durch die messbare Verminderung der Unterschiedsempfindlichkeit beschrieben. Die Wirkung einer Störlichtquelle kann man sich als eine Überlagerung eines Lichtschleiers am Wahrnehmungsort der Retina vorstellen, der die für das Auge maßgebende Leuchtdichte erhöht und auf diese Weise z. B. die Unterschiedsempfindlichkeit störend beeinflusst.

Man bezeichnet eine gleichförmige Umfeldleuchtdichte, die dieselbe Schwellenwerterhöhung bewirkt wie die Blendlichtquelle, auch als „äquivalente Schleierleuchtdichte l_s“.

Bei allen Arten der Notbeleuchtung ist davon auszugehen, dass man mit möglichst wenig Leuchten auskommen möchte. Bei der Ermittlung der physiologischen Blendung genügt es, wenn nur eine Leuchte bzw. Lichtquelle betrachtet wird.

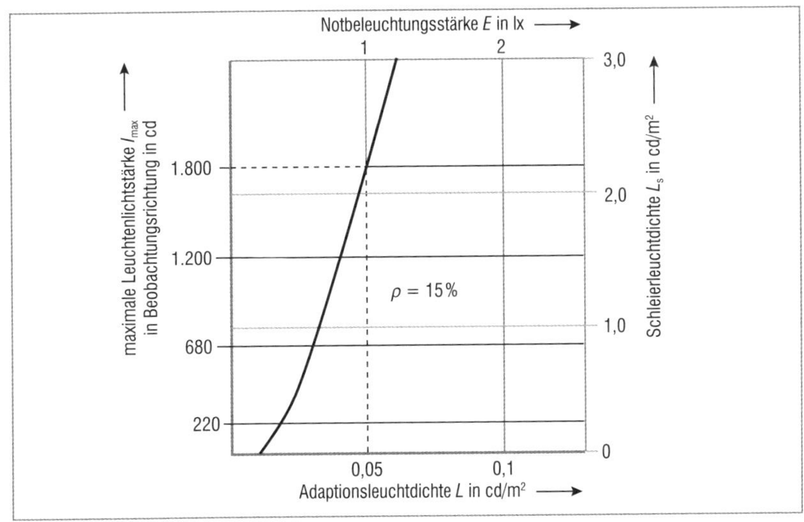

Bild E.8 Zuordnung der Adaptationsleuchtdichte l zur maximalen zulässigen Lichtstärke I [3]

B. Weis und *A. Willing* [9] konnten 1979 zeigen, dass in dem Adaptationsbereich der Notbeleuchtung ein nahezu linearer Zusammenhang zwischen Adaptationsleuchtdichte *l* und maximal zulässiger Lichtstärke *I* besteht, bei konstanten Parametern wie relative Schwellenwerterhöhung Ti (Threshold increment) und den bestimmten geometrischen Bedingungen. Im Bereich höherer Adaptationsdichten ab 5 cd/m^2 ist dieser Proportionalitätsfaktor größer als unterhalb dieser Grenze. Lässt man die Adaptationsdichten und die Geometrie konstant, so erhält man die in der oben angeführten Publikation [9] ermittelte Abhängigkeit.

Diese Überlegungen wurden auch bei der Erarbeitung von DIN EN 1838 [1] zugrunde gelegt und führten zu den in DIN EN 1838 [1], Tabelle 1, angeführten Grenzwerten zur physiologischen Blendung.

Die in DIN EN 1838 [1] vorgenommene Begrenzung der Lichtstärke in der Notbeleuchtung schränkt die Verwendung von Scheinwerfern oder anderen punktförmigen Lichtquellen stark ein. Für die Praxis ergaben sich mit diesen Werten für auf dem Markt befindliche Notleuchten keine Einschränkungen.

Weitere Berechnungen und Überlegungen wurden auch für Hinweisleuchten und für die Sicherheitsbeleuchtung für Arbeitsplätze mit besonderer Gefährdung durchgeführt. Die Ergebnisse sind in DIN EN 1838 [1] eingeflossen.

Weitere Untersuchungen und Veröffentlichungen zu diesem Thema erfolgten durch *H. J. Schuck, S. Walter, B. Weis* [7] 1982 und *H. Johanni, B. Weis* [10] 1989. Aus etwa 8.000 Einzelmessungen wurden die Zusammenhänge zwischen Umfeldleuchtdichte, Blendlichtstärke und Blendwinkel ermittelt und mithilfe eines Rechenprogrammes graphisch dargestellt. **Bild E.9** zeigt eine schematische Darstellung des Versuchsaufbaus.

Bild E.10 zeigt den Visus (Sehschärfe) in Abhängigkeit der maximal zulässigen Lichtstärke (in Beobachterrichtung), bei verschiedenen Umfeldleuchtdichten.

Bei der Berechnung der Werte für die Begrenzung der Lichtstärke von der Lichtpunkthöhe gingen *B. Weis* und *H. Johanni* [10] 1989 davon aus, dass man im ungünstigsten Fall in einer Entfernung von 1,5 m ein Hindernis von 1 cm Größe erkennen können muss. Die dabei am Auge auftretende Vertikalbeleuchtungsstärke betrug unter Verwendung der in DIN 5035-5 [2] angegebenen Grenzlichtstärke 21 lx. Auf die Versuchsanordnung von Bild E.9 übertragen, entspricht dies bei einem Beobachtungsabstand von 3,8 m einem Visus von 0,063, der bei einer Blendlichtstärke von 71 cd unter ei-

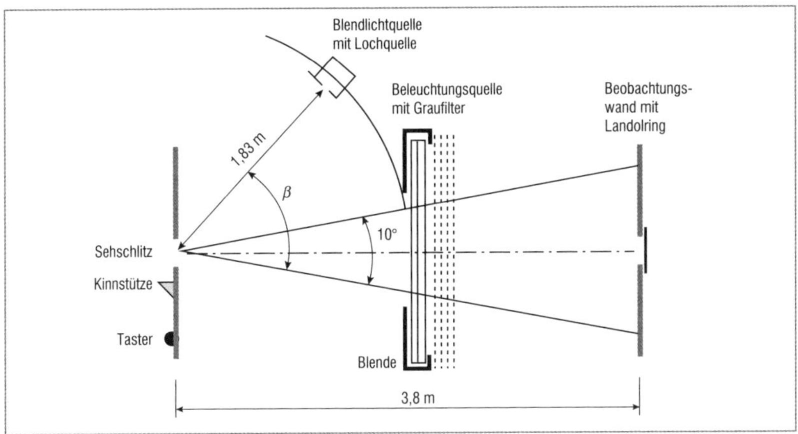

Bild E.9 Schematische Darstellung des Versuchsaufbaus zur Bestimmung der Blendlichtstärke [7]

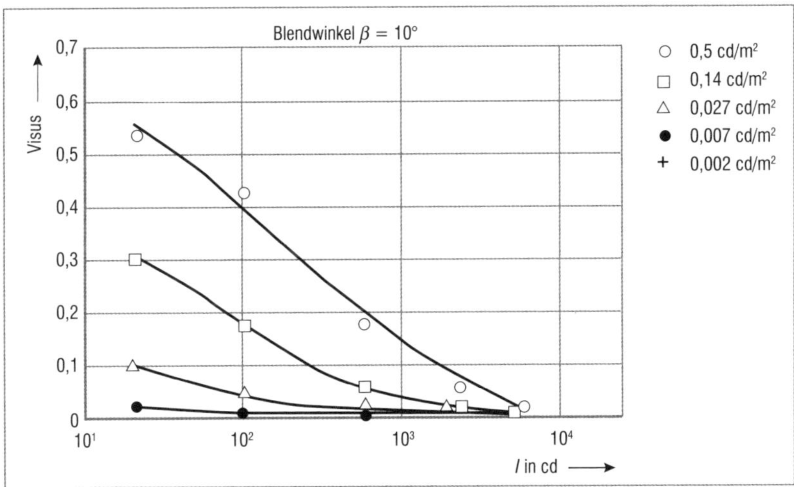

Bild E.10 Visus (Sehschärfe) in Abhängigkeit von der Blendlichtstärke *i* [10]

nem Blendwinkel von $\beta = 13°$ erreicht wird. Für eine Umfeldleuchtdichte $0{,}14\ cd/m^2$ und für einen Blendwinkel von $\beta = 10°$ konnten 86 % der Beobachter das Sehzeichen mit einem Visus von 0,063 erkennen.

Zusammenfassend kann man sagen, dass die in DIN EN 1838 [1] angegebenen Werte für die Grenzen der Lichtstärke in Abhängigkeit von der Lichtpunkthöhe den „worst-case" abdecken und durch die oben erwähnten Untersuchungen und Berechnungen weitgehend bestätigt werden.

Durch den heute üblichen Einsatz von LED-Leuchten mit den unter anderem sehr hohen Lichtstärken bzw. Leuchtdichten sollten bei zukünftigen Untersuchungen zur Blendungsbegrenzung in der Notbeleuchtung diese Werte überprüft werden.

E.5 Zusammenfassung

Die hier aufgeführten Überlegungen und Untersuchungen zu den grundlegenden lichttechnischen Anforderungen an die Notbeleuchtung zur Mindestbeleuchtungsstärke, zur Gleichmäßigkeit und zur Blendung zeigen, dass die in DIN EN 1838 [1] angegebenen Werte fundiert ermittelt worden sind. Alle Untersuchungen wurden mit den zu dem Zeitpunkt üblichen Lichtquellen durchgeführt. Es ist erforderlich, diese Untersuchungen mit den heute zum Einsatz kommenden LED-Lichtquellen zu wiederholen, dies besonders im Hinblick auf die Anmerkungen zu LED-Lichtquellen und Blendung.

Zur Gleichmäßigkeit fehlen ergänzende Untersuchungen zu Fluchtwegen, z. B. über Treppen, besonders unter den Beleuchtungsbedingungen der LED-Technik.

E.6 Literaturangaben

[1] DIN EN 1838:2019-11: Angewandte Lichttechnik – Notbeleuchtung

[2] DIN 5035-5:1987-12: Innenraumbeleuchtung mit künstlichem Licht; Notbeleuchtung

[3] *R. C. Simmons:* Illuminance, diversity and disability glare in emergency lighting. Lighting Research and Technology Bd. 7 (1975), Nr. 2

[4] *V. D. Nikitin:* Trebuemyj uroven ósveščennosti ot avarijonogo osvesčenija dlja évakuacii ljudej (Geforderte Beleuchtungsstärkeniveaus für die Notbeleuchtung zur Räumung durch Menschen) Svetotekhnika (1973) Nr. 6, S. 9

[5] Beleuchtungsstärke der Sicherheitsbeleuchtung: Forschungsbericht ISSN 0174-4992. Untersuchung über die Festlegung der erforderlichen Beleuchtungsstärke der Sicherheitsbeleuchtung zur Evakuierung von Arbeitsstätten (Panikbeleuchtung); Bundesministerium für Arbeit und Sozialordnung, Presse und Information; Postfach 140280; Bonn; Februar 1981

[6] *S. Kokoschka:* Untersuchungen zur mesopischen Strahlungsbewertung, Die Farbe 21 (1972), 1/6, S. 39–112

[7] *H. J. Schuck, S. Walter, B. Weis:* Lösung einer Sehaufgabe bei niedrigen Beleuchtungsstärken, licht-Forschung 4 (1982) Nr. 1, S. 13–17

[8] *P. R. Boyce, M. Cibse:* Movement under emergency lighting: the effect of illuminance, lighting Research & Technology, Vol 17 No. 2, 1985

[9] *B. Weis, A. Willing:* Physiologische Blendung bei niedrigen Umfeldleuchtdichten am Beispiel der Notbeleuchtung, licht-Forschung 1 (1979) Nr. 2, S. 2–10

[10] *H. Johanni, B. Weis:* Untersuchungen zur physiologischen Blendung bei niedrigen Umfeldleuchtdichten, LICHT 7–8/1989

[11] CIE S 017:2020; CIE ILV:2020 Internationales Wörterbuch der Lichttechnik

[12] DIN EN 12665:2018-08, Licht und Beleuchtung – Grundlegende Begriffe und Kriterien für die Festlegung von Anforderungen an die Beleuchtung; Deutsche Fassung EN 12665:2018

[13] *B. Weis:* Notbeleuchtung, Richard Pflaum Verlag KG [1985], ISBN 3-7905-0434-3

Literaturverzeichnis

		Weiterführende Literatur	**Stand/Ausgabe**
[1]	ICNIRP 2020	ICNIRP Guidelines for limiting exposure to electromagnetic fields (100 kHZ to 300 GHz)), Health Physics, May 2020; 118(5):483	2020
[2]	ICNIRP 2010	ICNIRP Guidelines for limiting exposure to time-varying electric and magnetic fields (1 Hz to 100 kHz). Health Physics, Dec. 2010; 99(6):818	2010
[3]	IEEE Std C95.1	IEEE standard for safety levels with respect to human exposure to radio frequency electromagnetic fields, 3 kHz to 300 GHz	2005
[4]	IEEE C95.6	IEEE Standard for Safety Levels with Respect to Human Exposure to Electromagnetic Fields, 0 to 3 kHz	2002
[5]	Licht-Forschung 1	*Weis, B.; Willing, A.* (1979): Physiologische Blendung bei niedrigen Umfeldleuchtdichten am Beispiel einer Notbeleuchtung. Licht-Forschung, 1(2), 5–10.	1979
[6]	licht.de	Leitfaden zur DIN EN 12464-1	
[7]	licht.forum 56	Sicherheitsbeleuchtungen für Arbeitsstätten Herausgeber: licht.de	
[8]	licht.forum 57	Optische Sicherheitsleitsysteme Herausgeber: licht.de	
[9]	Licht.wissen 10	Heft 10 „Notbeleuchtung, Sicherheitsbeleuchtung" Herausgeber: licht.de	2016-02
[10a]	ZVEI	Kennzeichnung der Fluchtrichtung – Positionspapier des Fachverbands Licht zur Bedeutung der Richtungspfeile bei der Kennzeichnung von Fluchtwegen und Notausgängen	2016-02
[10b]	ZVEI	Information zur Umrüstung von Leuchten der Allgemeinbeleuchtung zu Notleuchten	2019-05
[10c]	ZVEI	Informationspapier: Ausnahmen für Leuchtstofflampen der Notbeleuchtung	2022-05
[10d]	ZVEI	Positionspapier: Die Funkanlagenrichtlinie RED – Informationen für Hersteller von Beleuchtungsprodukten mit Funkkommunikation	2020-05

		Richtlinien/Verordnungen/Mandate	**Stand/Ausgabe**
[11]	89/654/EWG	Richtlinie 89/654/EWG des Rates vom 30. November 1989 über Mindestvorschriften für Sicherheit und Gesundheitsschutz in Arbeitsstätten (Erste Einzelrichtlinie im Sinne des Artikels 16 Absatz 1 der Richtlinie 89/391/EWG)	1989-11
[12a]	92/58/EWG	Richtlinie 92/58/EWG des Rates vom 24. Juni 1992 über Mindestvorschriften für die Sicherheits- und/oder Gesundheitsschutzkennzeichnung am Arbeitsplatz (Neunte Einzelrichtlinie im Sinne von Artikel 16 Absatz 1 der Richtlinie 89/391/EWG)	1992-06
[12b]	1999/92/EG	Richtlinie 1999/92/EG des Europäischen Parlaments und des Rates vom 16. Dezember 1999 über Mindestvorschriften zur Verbesserung des Gesundheitsschutzes und der Sicherheit der Arbeitnehmer, die durch explosionsfähige Atmosphären gefährdet werden können (Fünfzehnte Einzelrichtlinie im Sinne von Artikel 16 Absatz 1 der Richtlinie 89/391/EWG)	1999-12
[12c]	Guidelines 92/58/ EEC	Non-binding Guidelines Regarding Directive 92/58/EEC Safety and/or Health Signs at Work	2020-12

		Richtlinien/Verordnungen/Mandate	Stand/Ausgabe
[13]	EG/245/2009	Verordnung (EG) Nr. 245/2009 der Kommission vom 18. März 2009 zur Durchführung der Richtlinie 2005/32/EG des Europäischen Parlaments und des Rates im Hinblick auf die Festlegung von Anforderungen an die umweltgerechte Gestaltung von Leuchtstofflampen ohne eingebautes Vorschaltgerät, Hochdruckentladungslampen sowie Vorschaltgeräte und Leuchten zu ihrem Betrieb und zur Aufhebung der Richtlinie 2000/55/EG des Europäischen Parlaments und des Rates	2009-03
[14]	EG/1907/2006	Verordnung (EG) Nr. 1907/2006 des europäischen Parlaments und des Rates vom 18. Dezember 2006 zur Registrierung, Bewertung, Zulassung und Beschränkung chemischer Stoffe (REACH)	2006-12
[15]	2001/95/EG	Richtlinie 2001/95/EG des europäischen Parlaments und des Rates vom 3. Dezember 2001 über die allgemeine Produktsicherheit	2001-12
[16]	2004/108/EG	Richtlinie 2004/108/EG des Europäischen Parlaments und des Rates vom 15. Dezember 2004 zur Angleichung der Rechtsvorschriften der Mitgliedstaaten über die elektromagnetische Verträglichkeit und zur Aufhebung der Richtlinie 89/336/EWG Text von Bedeutung für den EWR	2004-12
[17a]	2006/25/EG	Richtlinie 2006/25/EG des Europäischen Parlaments und des Rates vom 5. April 2006 über Mindestvorschriften zum Schutz von Sicherheit und Gesundheit der Arbeitnehmer vor der Gefährdung durch physikalische Einwirkungen (künstliche optische Strahlung)	2006-05
[17b]	2006/42/EG	Richtlinie 2006/42/EG des Europäischen Parlaments und des Rates vom 17. Mai 2006 über Maschinen und zur Änderung der Richtlinie 95/16/EG (Neufassung)	2006-05
[18]	2006/66/EG	Richtlinie 2006/66/EG des Europäischen Parlaments und des Rates vom 6. September 2006 über Batterien und Akkumulatoren sowie Altbatterien und Altakkumulatoren und zur Aufhebung der Richtlinie 91/157/EWG	2006-09
[19]	2009/125/EG	Richtlinie 2009/125/EG des Europäischen Parlaments und des Rates vom 21. Oktober 2009 zur Schaffung eines Rahmens für die Festlegung von Anforderungen an die umweltgerechte Gestaltung energieverbrauchsrelevanter Produkte (ErP-Richtlinie)	2009-10
[20]	2010/30/EU	Richtlinie 2010/30/EU des Europäischen Parlaments und des Rates vom 19. Mai 2010 über die Angabe des Verbrauchs an Energie und anderen Ressourcen durch energieverbrauchsrelevante Produkte mittels einheitlicher Etiketten und Produktinformationen	2010-05
[21]	2010/31/EU	Richtlinie 2010/31/EU des Europäischen Parlaments und des Rates vom 19. Mai 2010 über die Gesamtenergieeffizienz von Gebäuden (Gebäudeenergieeffizienz-Richtlinie)	2010-05
[22a]	2011/65/EU	Richtlinie 2011/65/EU des Europäischen Parlaments und des Rates vom 8. Juni 2011 zur Beschränkung der Verwendung bestimmter gefährlicher Stoffe in Elektro- und Elektronikgeräten (RoHS-Richtlinie)	2011-08
[22b]	2019/2020/EU	Verordnung Festlegung von Ökodesign-Anforderungen an Lichtquellen und separate Betriebsgeräte gemäß der Richtlinie 2009/125/EG des Europäischen Parlaments und des Rates und zur Aufhebung der Verordnungen (EG) Nr. 244/2009, (EG) Nr. 245/2009 und (EU) Nr. 1194/2012 der Kommission [14]	2019-10
[23]	2012/19/EU	Richtlinie 2012/19/EU des Europäischen Parlaments und des Rates vom 4. Juli 2012 über Elektro- und Elektronik-Altgeräte (WEEE-Richtlinie)	2012-07

		Richtlinien/Verordnungen/Mandate	Stand/Ausgabe
[24]	2012/27/EU	Richtlinie 2012/27/EU des Europäischen Parlaments und des Rates vom 25. Oktober 2012 zur Energieeffizienz, zur Änderung der Richtlinien 2009/125/EG und 2010/30/EU und zur Aufhebung der Richtlinien 2004/8/EG und 2006/32/EG	2012-10
[25]	2013/35/EG	Richtlinie 2013/35/EU des Europäischen Parlaments und des Rates vom 26. Juni 2013 über Mindestvorschriften zum Schutz von Sicherheit und Gesundheit der Arbeitnehmer vor der Gefährdung durch physikalische Einwirkungen (elektromagnetische Felder), (EMF-Richtlinie)	2013-06
[26a]	2014/30/EU	Richtlinie 2014/30/EU des Europäischen Parlaments und des Rates vom 26. Februar 2014 zur Harmonisierung der Rechtsvorschriften der Mitgliedstaaten über die elektromagnetische Verträglichkeit (EMV-Richtlinie)	2014-02
[26b]	2014/34/EU	Richtlinie 2014/34/EU des Europäischen Parlaments und des Rates vom 26. Februar 2014 zur Harmonisierung der Rechtsvorschriften der Mitgliedstaaten für Geräte und Schutzsysteme zur bestimmungsgemäßen Verwendung in explosionsgefährdeten Bereichen (Neufassung)	2014-02
[26c]	2014/35/EU	Richtlinie 2014/35/EU des Europäischen Parlaments und des Rates vom 26. Februar 2014 zur Harmonisierung der Rechtsvorschriften der Mitgliedstaaten über die Bereitstellung elektrischer Betriebsmittel zur Verwendung innerhalb bestimmter Spannungsgrenzen auf dem Markt	2014-02
[27a]	EU/244/2012	Delegierte Verordnung (EU) Nr. 244/2012 der Kommission vom 16. Januar 2012 zur Ergänzung der Richtlinie 2010/31/EU des Europäischen Parlaments und des Rates über die Gesamtenergieeffizienz von Gebäuden durch die Schaffung eines Rahmens für eine Vergleichsmethode zur Berechnung kostenoptimaler Niveaus von Mindestanforderungen an die Gesamtenergieeffizienz von Gebäuden und Gebäudekomponenten	2012-01
[27b]	89/391/EWG	Richtlinie 89/391/EWG des Rates vom 12. Juni 1989 über die Durchführung von Maßnahmen zur Verbesserung der Sicherheit und des Gesundheitsschutzes der Arbeitnehmer bei der Arbeit	1989-12
[28a]	BetrSichV	Verordnung über Sicherheit und Gesundheitsschutz bei der Bereitstellung von Arbeitsmitteln (Betriebssicherheitsverordnung – BetrSichV)	2017-03
[28b]	PrüfVO	Verordnung über die Prüfung technischer Anlagen und wiederkehrende Prüfungen von Sonderbauten (Prüfverordnung – PrüfVO NRW)	2009-11
[29]	2014/53/EU	Richtlinie 2014/53/EU des europäischen Parlaments und des Rates vom 16. April 2014 über die Harmonisierung der Rechtsvorschriften der Mitgliedstaaten über die Bereitstellung von Funkanlagen auf dem Markt und zur Aufhebung der Richtlinie 1999/5/EG	2014-04

		Arbeitsrecht	Stand/Ausgabe
[30]	ArbSchG	Arbeitsschutzgesetz	1996
[31a]	ArbStättV	Arbeitsstättenverordnung	2004 zuletzt geändert 2020-12
[31b]	ProdSG	Gesetz über die Bereitstellung von Produkten auf dem Markt (Produktsicherheitsgesetz)	2021-07

		Arbeitsrecht	Stand/Ausgabe
[31c]	TRBS	Technische Regeln für Betriebssicherheit	
[31d]	BetrSichV	Betriebssicherheitsverordnung	2015-02
[31e]	TRGS	Technische Regeln für Gefahrstoffe	
[32]	ASR A1.3	Sicherheits- und Gesundheitsschutzkennzeichnung	2013-02 zuletzt geändert GMBl 2022
[33]	ASR A2.3	Fluchtwege und Notausgänge	2022-03
[34]	ASR A3.4	Beleuchtung	2011-04 zuletzt geändert GMBl 2022
[35]	ASR A3.4/3	Sicherheitsbeleuchtung, optische Sicherheitsleitsysteme ANMERKUNG: ersetzt durch die aktuellen Ausgaben von A1.3 [32], A2.3 [33] und A3.4 [34]	2014-04
[36]	BGV A8	Sicherheits- und Gesundheitsschutzkennzeichnung ANMERKUNG: ersetzt durch ASR A1.3 [32]	2007-03

		Baurecht	Stand/Ausgabe
[37]	EltBauV	Muster einer Verordnung über den Bau von Betriebsräumen für elektrische Anlagen	2021-05
[38]	MbeVO	Muster-Beherbergungsstättenverordnung	2014-05
[39]	MBO	Muster-Bauordnung	2016-05
[40]	M-GarVO	Muster-Garagen- und Stellplatzverordnung	2022-07
[41]	MhochhausR	Muster-Hochhausrichtlinie	2008-04
[42]	MIndBauRL	Muster-Industriebaurichtlinie	2014-07
[43]	MLAR	Muster-Richtlinie über brandschutztechnische Anforderungen an Leitungsanlagen (Muster-Leitungsanlagen-Richtlinie – MLAR)	2020-09
[44]	MschulbauR	Muster-Schulbau-Richtlinie	2009-04
[45]	MVKVO	Muster-Verkaufsstättenverordnung	2014-07
[46]	MVStättVO	Muster-Versammlungsstättenverordnung	2014-07

		Technische Regeln	Stand/Ausgabe
[47]	TRBS 1203	Technische Regel für Betriebssicherheit 1203 – Befähigte Personen (TRBS 1203)	2010-03 2019-03
[48]	TRBS 2152-2	Technische Regel für Betriebssicherheit 2152 – Teil 2: Vermeidung oder Einschränkung gefährlicher explosionsfähiger Atmosphäre	2010-10

		Normen	Stand/Ausgabe
[49]	CIE S 017/ ILV	Internationales Wörterbuch der Lichttechnik	2020
[50]	DIN 4844-1	Graphische Symbole – Sicherheitsfarben und Sicherheitszeichen – Teil 1: Erkennungsweite und farb- und photometrische Anforderungen	2012-06
[51]	DIN 4844-2	Graphische Symbole – Sicherheitsfarben und Sicherheitszeichen – Teil 2: Registrierte Sicherheitszeichen	2021-11
[52]	DIN SPEC 4844-4	Graphische Symbole – Sicherheitsfarben und Sicherheitszeichen – Teil 4: Leitfaden zur Anwendung von Sicherheitszeichen	2020-07

		Normen	**Stand/Ausgabe**
[53]	DIN 5031-3	Strahlungsphysik im optischen Bereich und Lichttechnik; Größen, Formelzeichen und Einheiten der Lichttechnik	1982-03
[54]	DIN 5035-6	Beleuchtung mit künstlichem Licht – Teil 6: Messung und Bewertung	2006-11
[55]	DIN 6280-13	Stromerzeugungsaggregate – Stromerzeugungsaggregate mit Hubkolben-Verbrennungsmotoren – Teil 13: Für Sicherheitsstromversorgung in Krankenhäusern und in baulichen Anlagen für Menschenansammlungen	1994-12
[56a]	DIN EN 1838	Angewandte Lichttechnik – Notbeleuchtung	2013-10
[56b]	DIN EN 1838	Angewandte Lichttechnik – Notbeleuchtung	2019-11
[56c]	Entwurf DIN EN 1838	Angewandte Lichttechnik – Notbeleuchtung	2022-06
[56d]	Beiblatt 1 – DIN EN 1838	Angewandte Lichttechnik – Notbeleuchtung	2018-09
[57]	DIN EN 12193	Licht und Beleuchtung – Sportstättenbeleuchtung; Deutsche Fassung EN 12193:2018	2019-07
[58]	DIN EN 13032-1	Messung und Darstellung photometrischer Daten von Lampen und Leuchten – Teil 1: Messung und Datenformat; Deutsche Fassung EN 13032-1+A1:2012	2012-06
[59]	DIN EN 13032-3	Licht und Beleuchtung – Messung und Darstellung photometrischer Daten von Lampen und Leuchten – Teil 3: Darstellung von Daten für die Notbeleuchtung von Arbeitsstätten; Deutsche Fassung EN 13032-3:2021	2022-01
[60a]	DIN EN 12464-1	Licht und Beleuchtung – Beleuchtung von Arbeitsstätten – Teil 1: Arbeitsstätten in Innenräumen	2021-11
[60b]	DIN EN 12464-2	Licht und Beleuchtung – Beleuchtung von Arbeitsstätten – Teil 2: Arbeitsplätze im Freien	2014-05
[61]	DIN EN 12665	Licht und Beleuchtung – Grundlegende Begriffe und Kriterien für die Festlegung von Anforderungen an die Beleuchtung	2018-08
[62]	DIN EN 23601	Sicherheitskennzeichnung – Flucht- und Rettungspläne	2021-11
[63]	DIN EN 50171 (VDE 0558-508)	Zentrale Stromversorgungssysteme; Deutsche Fassung EN 50171:2021	2001-11 2022-10
[64a]	DIN EN 50172 (VDE 0108-100)	Sicherheitsbeleuchtungsanlagen	2005-01
[64b]	Entwurf DIN EN 50172 (VDE 0108-100)	Sicherheitsbeleuchtungsanlagen	2022-06
[65]	DIN EN IEC 62485-2 (VDE 0510-485-2)	Sicherheitsanforderungen an Sekundär-Batterien und Batterieanlagen – Teil 2: Stationäre Batterien (IEC 62485-2:2010); Deutsche Fassung EN IEC 62485-2:2018	2019-04
[66]	DIN EN 55015 (VDE 0875-15-1)	Grenzwerte und Messverfahren für Funkstörungen von elektrischen Beleuchtungseinrichtungen und ähnlichen Elektrogeräten (CISPR 15:2013 + IS1:2013/IS2:2013 + A1:2015)	2016-04
[67]	DIN EN 60061-1	Lampensockel und -fassungen sowie Lehren zur Kontrolle der Austauschbarkeit und Sicherheit – Teil 1: Lampensockel	2014

		Normen	Stand/Ausgabe
[68]	DIN EN 60073 (VDE 0199)	Grund- und Sicherheitsregeln für die Mensch-Maschine-Schnittstelle, Kennzeichnung – Codierungsgrundsätze für Anzeigengeräte und Bedienteile	2003-05
[69]	DIN EN 60079-0 (VDE 0170-1)	Explosionsgefährdete Bereiche – Teil 0: Betriebsmittel – Allgemeine Anforderungen (IEC 60079-0:2017); Deutsche Fassung EN 60079-0:2018	2019-09
[70]	DIN EN 60155 (VDE 0712-101)	Glimmstarter für Leuchtstofflampen	2007-07
[71]	DIN EN IEC 60598-1 (VDE 0711-1)	Leuchten – Teil 1: Allgemeine Anforderungen und Prüfungen (IEC 60598-1:2022)	2022-03
[72]	DIN EN 60598-1/ A11 (VDE 0711-1/A11)	Leuchten – Teil 1: Allgemeine Anforderungen und Prüfungen; Deutsche Fassung EN IEC 60598-1:2021/A11:2022	2023-01
[73a]	DIN EN 60598-2-1 (VDE 0711-2-1)	Leuchten – Teil 2-1: Besondere Anforderungen – Ortsfeste Leuchten für allgemeine Zwecke; Deutsche Fassung EN IEC 60598-2-1:2021	2021-11
[73b]	DIN EN 60598-2-2 (VDE 0711-2-2)	Leuchten – Teil 2-2: Besondere Anforderungen – Einbauleuchten (IEC 60598-2-2:2012)	2012-10
[74]	DIN EN IEC 60598-2-22 (VDE 0711-2-22)	Leuchten – Teil 2-22: Besondere Anforderungen – Leuchten für Notbeleuchtung (IEC 60598-2-22:2022)	2023-07
[75]	DIN EN 60896-21	Ortsfeste Blei-Akkumulatoren – Teil 21: Verschlossene Bauarten – Prüfverfahren	2004-12
[76]	DIN EN 61000-3-2 (VDE 0838-2)	Elektromagnetische Verträglichkeit (EMV) – Teil 3-2: Grenzwerte – Grenzwerte für Oberschwingungsströme (Geräte-Eingangsstrom ≤ 16 A je Leiter)	2015-03
[77]	DIN EN 61000-3-3 (VDE 0838-3)	Elektromagnetische Verträglichkeit (EMV) – Teil 3-3: Grenzwerte – Begrenzung von Spannungsänderungen, Spannungsschwankungen und Flicker in öffentlichen Niederspannungs-Versorgungsnetzen für Geräte mit einem Bemessungsstrom ≤ 16 A je Leiter, die keiner Sonderanschlussbedingung unterliegen	2014-03
[78]	DIN EN 61056-1 (VDE 0510-25)	Bleibatterien für allgemeine Anwendungen (verschlossen) – Teil 1: Allgemeine Anforderungen, Eigenschaften	2013-06
[79]	DIN EN 61951-1 (VDE 0510-53)	Akkumulatoren und Batterien mit alkalischen oder anderen nicht-säurehaltigen Elektrolyten – Tragbare wiederaufladbare gasdichte Einzelzellen – Teil 1: Nickel-Cadmium	2014-10

		Normen	Stand/Ausgabe
[80]	DIN EN 61951-2 (VDE 0510-31)	Akkumulatoren und Batterien mit alkalischen oder anderen nicht-säurehaltigen Elektrolyten – Tragbare wiederaufladbare gasdichte Einzelzellen – Teil 2: Nickel-Metallhydrid	2012-03
[81]	DIN EN 61347-1 (VDE 0712-30)	Geräte für Lampen – Teil 1: Allgemeine und Sicherheitsanforderungen	2016-5
[82a]	DIN EN 62347-2-2 (VDE 0712-32)	Geräte für Lampen – Teil 2-2: Besondere Anforderungen an gleich- oder wechselstromversorgte elektronische Konverter für Glühlampen	2012-11
[82b]	DIN EN 61347-2-3 (VDE 0712-33)	Geräte für Lampen – Teil 2-3: Besondere Anforderungen an wechsel- und/oder gleichstromversorgte elektronische Betriebsgeräte für Leuchtstofflampen	2017-10
[83]	DIN EN 61347-2-7 (VDE 0712-37)	Geräte für Lampen – Teil 2-7: Besondere Anforderungen an elektronische Betriebsgeräte für die Notbeleuchtung, die von einer Stromquelle für Sicherheitszwecke (ESSS) versorgt werden (selbstversorgt) (IEC 61347-2-7:2011 + A1:2017 + A2:2021); Deutsche Fassung EN 61347-2-7:2012 + A1:2019 + A2:2022)	2023-03
[84]	DIN EN 61347-2-12 (VDE 0712-42)	Geräte für Lampen – Teil 2-12: Besondere Anforderungen an gleich- oder wechselstromversorgte elektronische Vorschaltgeräte für Entladungslampen (ausgenommen Leuchtstofflampen)	2011-04
[85]	DIN EN 61347-2-13 (VDE 0712-43)	Geräte für Lampen – Teil 2-13: Besondere Anforderungen an gleich- oder wechselstromversorgte elektronische Betriebs-geräte für LED-Module	2017-10
[86]	DIN EN 61547 (VDE 0875-15-2)	Einrichtungen für allgemeine Beleuchtungszwecke – EMV-Störfestigkeitsanforderungen	2010-03
[87]	DIN EN IEC 62031 (VDE 0715-5)	LED-Module für Allgemeinbeleuchtung – Sicherheitsanforderungen	2020-08
[88]	DIN EN 62034 (VDE 0711-400)	Automatische Prüfsysteme für batteriebetriebene Sicherheitsbeleuchtung für Rettungswege	2013-02
[89]	DIN EN 62386-202	Digital adressierbare Schnittstelle für Beleuchtung – Teil 202: Besondere Anforderungen an Betriebsgeräte-Notbeleuchtung mit Einzelbatterie	2010-04
[90]	DIN EN 62493 (VDE 0848-493)	Beurteilung von Beleuchtungseinrichtungen bezüglich der Exposition von Personen gegenüber elektromagnetischen Feldern	2016-09
[91]	DIN EN 62722-1	Arbeitsweise von Leuchten – Teil 1: Allgemeine Anforderungen	2016-12
[92]	DIN EN 62776	Sicherheitsanforderungen für zweiseitig gesockelte LED-Lampen	2015-12
[93]	DIN EN ISO 7010	Graphische Symbole – Sicherheitsfarben und Sicherheitszeichen – Registrierte Sicherheitszeichen	2020-07
[94]	DIN ISO 3864-1	Graphische Symbole – Sicherheitsfarben und Sicherheitszeichen – Teil 1: Gestaltungsgrundlagen für Sicherheitszeichen und Sicherheitsmarkierungen	2012-06

		Normen	Stand/Ausgabe
[95]	DIN VDE 0108-1	Starkstromanlagen und Sicherheitsstromversorgung in baulichen Anlagen für Menschenansammlungen – Allgemeines	1989-10 zurückgezogen
[96a]	DIN V VDE V 0108-100 (VDE V 0108-100)	Sicherheitsbeleuchtungsanlagen	2010-08
[96b]	DIN VDE V 0108-100-1 (VDE V 0108-100-1)	Sicherheitsbeleuchtungsanlagen – Teil 100-1: Vorschläge für ergänzende Festlegungen zu EN 50172:2004	2018-12
[97a]	DIN VDE 0100-560 (VDE 0100-560)	Errichten von Niederspannungsanlagen – Teil 5-56: Auswahl und Errichtung elektrischer Betriebsmittel – Einrichtungen für Sicherheitszwecke (IEC 60364-5-56:2018); Deutsche Übernahme von HD 60364-5-56:2018	2022-10
[97b]	DIN VDE V 0100-560-1 (VDE V 0100-560-1)	Einrichtungen für Sicherheitszwecke -Teil 560-1: Vorschläge für ergänzende Festlegungen zu HD 60364-5-56:2018	2022-10
[98]	DIN VDE 0100-600 (VDE 0100-600)	Errichten von Niederspannungsanlagen –Teil 6: Prüfungen (IEC 60364-6:2016); Deutsche Übernahme HD 60364-6:2016 + A11:2017	2017-06
[99]	DIN VDE 0100-718	Errichten von Niederspannungsanlagen – Teil 7-718: Anforderungen für Betriebsstätten, Räume und Anlagen besonderer Art – Öffentliche Einrichtungen und Arbeitsstätten (IEC 60364-7-718:2011); Deutsche Übernahme HD 60364-7-718:2013	2014-06
[100]	DIN VDE 0100-729	Errichten von Niederspannungsanlagen – Teil 7-729: Anforderungen für Betriebsstätten, Räume und Anlagen besonderer Art – Bedienungsgänge und Wartungsgänge (IEC 60364-7-729:2007, modifiziert); Deutsche Übernahme HD 60364-7-729:2009	2010-02
[101]	DIN VDE 0100-731	Errichten von Niederspannungsanlagen – Teil 7-731: Anforderungen für Betriebsstätten, Räume und Anlagen besonderer Art – Abgeschlossene elektrische Betriebsstätten	2014-10
[102]	DIN VDE 0105-100	Betrieb von elektrischen Anlagen – Teil 100: Allgemeine Festlegungen	2015-10
[103]	DIN VDE 1000-10	Anforderungen an die im Bereich der Elektrotechnik tätigen Personen	2009-10 2021-06
[104]	ISO 8528-12	Reciprocating internal combustion engine driven alternating current generating sets – Part 12: Emergency power supply to safety services	2020-08
[105a]	ISO 16069	Graphical symbols – Safety signs – Safety way guidance systems	2017-11
[105b]	DIN ISO 16069	Graphische Symbole – Sicherheitszeichen – Sicherheitsleitsysteme; ISO 16069:2017	2019-04
[105c]	DIN VDE V 0108-200 (VDE V 0108-200)	Sicherheitsbeleuchtungsanlagen – Teil 200: Elektrisch betriebene optische Sicherheitsleitsysteme	2007-11
[105d]	DIN 67510-1	Langnachleuchtende Pigmente und Produkte – Teil 1: Messung und Kennzeichnung beim Hersteller	2020-05
[106]	ISO 30061 (CIE S 020)	Emergency lighting	2007

		Normen	Stand/Ausgabe
[107]	DIN EN 62560 (VDE 0715-13)	LED-Lampen mit eingebautem Vorschaltgerät für Allgemeinbeleuchtung für Spannungen > 50 V Sicherheitsanforderungen (IEC 62560:2011, modifiziert + corrigendum Jan. 2012 + A1:2015, modifiziert + A1:2015/Cor. 1:2015 + Cor. 2:2015); Deutsche Fassung EN 62560:2012 + A1:2015 + A11:2019	2019-10
[108]	DIN EN 60146-1-1 (VDE 0558-11)	Halbleiter-Stromrichter – Allgemeine Anforderungen und netzgeführte Stromrichter – Teil 1-1: Festlegung der Grundanforderungen (IEC 60146-1-1:2009)	2011-04
[109]	CIE 121-SP1	The photometry and goniophotometry of luminaires – Supplement 1: Luminaries for emergency lighting	2009
[110]	ISO 3864-4	Graphische Symbole – Sicherheitsfarben und Sicherheitszeichen – Teil 4: Farb- und photometrische Eigenschaften von Trägermaterialien für Sicherheitszeichen	2011-03
[111]	DIN EN 60570 (VDE 0711-300)	Elektrische Stromschienensysteme für Leuchten	2020-08
[112]	DIN 4102-12	Brandverhalten von Baustoffen und Bauteilen – Teil 12: Funktionserhalt von elektrischen Kabelanlagen; Anforderungen und Prüfungen	1998-11

Stichwortverzeichnis